分子细胞生物学前沿

主　编　肖俊杰

副主编　周　永　杨力明　武多娇

上海大学出版社

·上海·

图书在版编目(CIP)数据

分子细胞生物学前沿 / 肖俊杰主编；周永，杨力明，武多娇副主编. —上海：上海大学出版社，2022.11
ISBN 978 - 7 - 5671 - 4548 - 1

Ⅰ.①分… Ⅱ.①肖… ②周… ③杨… ④武… Ⅲ.
① 分子生物学-细胞生物学 Ⅳ.①Q7

中国版本图书馆 CIP 数据核字(2022)第 197894 号

责任编辑 盛国誉
封面设计 柯国富
技术编辑 金 鑫 钱宇坤

分子细胞生物学前沿

肖俊杰 主编
上海大学出版社出版发行
(上海市上大路 99 号 邮政编码 200444)
(https://www.shupress.cn 发行热线 021 - 66135112)
出版人 戴骏豪
*
南京展望文化发展有限公司排版
上海新艺印刷有限公司印刷 各地新华书店经销
开本 710mm×1000mm 1/16 印张 22.25 字数 248
2022 年 11 月第 1 版 2022 年 11 月第 1 次印刷
ISBN 978 - 7 - 5671 - 4548 - 1/Q · 13 定价 50.00 元

前 言

分子细胞生物学是多门学科相互结合、相互渗透、相互融合形成的一门交叉学科，既包括分子生物学、细胞生物学、发育生物学、癌症生物学与神经生物学等知识内容，也包括基因组学、转录组学、蛋白质组学、代谢组学等新兴进展。分子细胞生物学的主要研究对象是细胞。细胞是生物体结构和功能的基本单位。分子细胞生物学从显微、亚显微和分子水平三个不同层次上研究细胞生命活动的基本规律，是生命科学最活跃的前沿学科之一。

随着现代科学与技术的突飞猛进，在分子细胞生物学的各个研究领域不断取得突破，在细胞结构与功能研究中产生了许多重大的科学发现。为培养能够适应学科发展、胜任新时代挑战的新型研究型人才，上海大学生命科学学院和上海大学医学院的教师们合力编写了这本涵盖分子细胞生物学领域主要前沿研究进展的、供研究生使用的教材。

《分子细胞生物学前沿》教材共设十三个章节，教材内容包括细胞命运转换与疾病治疗新策略、肿瘤微环境与免疫微环境、免疫代谢与肿瘤免疫治疗新策略、铁死亡与炎症相关疾病、侧脑室下区成体神经干细胞与神经再生、非编码 RNA 调控与疾病、细胞自噬的分子机制、基因治疗、干细胞与再生医学、肥胖的分子机制和预防措施、染色质结构及其调控基因转录的分子机制、分子流行病学等,同时紧跟学科进入数据驱动发展的趋势,编写了生物信息学算法与应用的相关内容。除此之外,为适应学科发展的需求,为适应当代转化医学的需求,本教材将分子细胞生物学与临床医学紧密联系起来,阐述了当前分子细胞生物学在医学领域中的应用与发展前景。

2021 年伊始,经与三位副主编、十六位编委多次商讨,仔细斟酌后确定了这本教材的主要章节和内容框架,历时近一年时间最终完成。本教材的所有参编人员都具有丰富的教学经验,也都在各自的研究领域中不断开拓创新,熟悉分子细胞生物学的学科特点和发展现状。本教材的编写受到了 2021 年度地方高水平大学建设拔尖创新人才培养计划的资助,在此表示衷心地感谢。非常感谢出版社傅玉芳老师的大力支持和帮助,使得这本教材得以付梓。

本教材虽经几次修改,但由于受资料、编者水平及其他条件限制,不足之处在所难免,恳请同行专家批评指正。

肖俊杰

2022 年 5 月

序 言

　　人类战胜大灾大疫离不开科学发展和技术创新。随着生命科学、医学科技的发展与创新，生命科学、医学的科研成果不断涌现，持续增强着人类抵御重大公共卫生突发事件的能力。生命科学已成为各国综合实力建设的重要领域之一，抢占生命科学发展的制高点也是提升国家核心竞争力的关键之一。

　　1948年，我出生于中国香港，是与新中国同龄的人，几乎见证了祖国从贫穷落后走向繁荣富强的全部历程。1968年我前往美国读大学和研究生，1978年返回香港（香港大学）工作，而那年刚好是国家改革开放的第一年。我的研究领域是神经保护和神经再生，包括纳米医学、营养因子、中草药提取物、免疫反应、康复训练等。工作期间我一直与内地的神经科学专家们保持着密切的科研合作，我们一起发现并证实了再生神经的性质，也一起获得了1995年度的国家自然科学奖。

　　1665年，英国科学家罗伯特·胡克（Robert Hooke）首次使用了"细胞"一词。随后，"细胞学说"由三位德国科学家施莱登（Matthias Schleiden）、施旺（Theodor Schwann）和魏尔肖（Rudolf Virchow）提出，并与能量守恒定律和生物进化论一起，被恩格斯并称为19世纪自然科学的三大发现。从19世纪中叶到20世纪初期，科研人员主要利用显微镜研究细胞结构与功能,并认识到细胞是生命活动的基本功能单位。20世纪70年代,电子显微技术诞生并得到广泛运用,细胞超微结构、细胞内各种细胞器如线粒体、叶绿体等的结构与功能的发现标志着细胞生物学的诞生。分子生物学诞生于20世纪50年代,在我读书和工作期间,正是分子生物学蓬勃发展的时期。细胞生物学与分子生物学的结合愈来愈紧密,科研人员开始在分子水平研究细胞的结构及其在生命活动中的功能,随着分子生物学的快速发展,细胞生物学的发展也突飞猛进,分子生物学与细胞生物学还有其他学科包括神经生物学、发育生物学等相互结合,相互交叉,并逐渐融合成一门交叉学科——分子细胞生物学。

分子细胞生物学是生命科学最前沿的学科之一。每一个教育者都应该思考"为谁培养人、培养什么人、怎样培养人"这个教育的根本问题。肖俊杰教授主编的《分子细胞生物学前沿》研究生教材就是切实响应新时代人才强国战略号召,为培养能够胜任新时代挑战的创新型人才而编。主编肖俊杰教授是上海大学生命科学学院副院长、医学院副院长,是国家级高层次青年人才获得者,上海市曙光学者以及宝钢优秀教师奖获得者。在肖俊杰教授的组织下,三位副主编和十六位编委花费了近一年的时间完成了该教材的编撰。在紧张的科研和教学工作之余,所有参编人员花费大量时间对当前分子细胞生物学的前沿热点和难点领域进行了总结与写作,实属难能可贵。

《分子细胞生物学前沿》包括细胞命运转换与疾病治疗新策略、肿瘤微环境与免疫微环境、免疫代谢与肿瘤免疫治疗新策略、铁死亡与炎症相关疾病、侧脑室下区成体神经干细胞与神经再生、非编码RNA调控与疾病、细胞自噬的分子机制、基因治疗、干细胞与再生医学、肥胖的分子机制和预防措施、染色质结构及其调控基因转录的分子机制、分子流行病学以及生物信息学算法与应用等十三个章节。

该教材图文并茂,知识体系丰富,内容新颖,每部分内容都深入浅出,由简单到复杂,一步一步引导学生,每章节的思考题也涵盖了当前分子细胞生物学研究领域的热点和难点,能极大地调动研究生的学习兴趣。《分子细胞生物学前沿》是一部难得的优秀教材。

苏国辉

中国科学院院士

暨南大学粤港澳中枢神经再生研究院院长

目　录

第一章
细胞命运转换与疾病治疗新策略

贝毅桦　肖俊杰

本章学习目标

1. 掌握细胞分化、细胞增殖对组织再生和修复的重要意义；

2. 理解细胞增殖、细胞周期调控在肿瘤发生发展中的作用；

3. 描述细胞自噬、细胞衰老的细胞结构、功能改变特点和生物学意义；

4. 描述细胞衰老的发生机制及其与衰老相关性疾病的关系；

5. 简要概述调节性细胞死亡的分类、形态学特征及分子机制；

6. 理解细胞命运转换在治疗肿瘤、心血管疾病中的重要意义。

　　生物体是由细胞构成的，细胞是生物体的基本结构和功能单位。生命如此美丽，我们对于构筑生命体的细胞命运转换的认知也在不断地丰富和深入。细胞命运的转换受到细胞内外各种因素的影响。在细胞"饥饿"时，细胞会发生自噬；当细胞"缺氧"时，细胞可能会发生凋亡或者坏死；当细胞"衰老"时，又会导致细胞自身的损伤修复能力降低。如果我们想找到人类疾病的起源，就必须深入理解细胞命运调控及其转换的关键节点和分子机理。

一、引言

细胞是生物体的基本结构和功能单位。无论是原核细胞还是真核细胞，单细胞生物还是多细胞生物，每个生物体都是由细胞所构成的。在整个生命过程中，细胞命运（cell fate）与个体发育、稳态维持、疾病发生等息息相关。多细胞生物受精卵在发育过程中，通过不断地分裂和变化，同源细胞之间逐渐产生形态结构、生理功能和生化特征等的稳定差异，形成不同类型细胞的过程，称为细胞分化（cell differentiation）。在个体经历生长、发育、年轻、衰老乃至疾病的不同阶段，细胞命运又将在增殖、凋亡、分化、衰老、癌变等不同的状态中转换。细胞命运转换（cell fate transition）与个体内外环境的变化以及细胞内或细胞间的分子网络调控密切相关。因此，科学家正试图寻找到能够调控细胞命运转换的关键分子，揭示这些分子的精密调控网络，进而为疾病的治疗提供新的方法和策略。

二、细胞命运转换的奥秘

1. 细胞分化

在胚胎发育早期，细胞分化是未定形的细胞逐渐向不同形态、结构和功能的细胞群发展的过程，这是胚胎发育与形态发生的重要细胞学基础。在多细胞生物个体中，不同种类的细胞具有相同的遗传背景，却发生了基因选择性表达的差异。基因选择性表达可以在基因转录水平、转录后加工、翻译水平、翻译后修饰等不同层面发生调控，这也是细胞决定（cell determination）先于细胞分化的重要分子基础。

源于囊胚/胚泡内内细胞团的胚胎干细胞具有分化/发育的全能性，而成体干细胞则具有分化的多能性或单一性。细胞分化对于成年个体的健康也至关重要，例如：骨髓造血干细胞经过分化成熟为外周血中的红细胞、白细胞和血小板；间充质干细胞则具有分化成肌细胞、成骨细胞、脂肪细胞、基质细胞等多种细胞的能力，在血液系统疾病、心血管疾病、神经系统疾病、骨骼肌肉损伤等疾病中具有很大的治疗应用潜能。

细胞分化也是细胞形态与功能趋向稳定化和精细化的过程，分化状态的稳定性是细胞分化的重要特点。然而，分化成熟的细胞是否能够重新获得分化的潜能呢？2012年诺贝尔生理学奖或医学奖授予了英国发育生物学家约翰·戈登（John B. Gurdon）和日本科学家山中伸弥（Shinya Yamanaka），他们揭示了成熟体细胞可以通过重编程获得分化多能性的奥秘。约翰·戈登提出细胞的特化（specialization）是可逆转的，他运用细胞生物学技术将蛙卵细胞的细胞质与一个来自蛙成熟小肠上皮细胞的细胞核融合，这个融合细胞具有生长发育成一个成熟蝌蚪的能力，该研究成果为后续开展哺乳动物的克隆实验奠定了基础。山中伸弥通过"无数次"的组合筛选，将一组四个因子（Oct3/4、Sox2、c－Myc和Klf4）转入成熟哺乳动物的成纤维细胞，发现成熟的体细胞重新获得了多向分化的潜能，山中伸弥及其团队将其命名为多能诱导干细胞(induced pluripotent stem cell, iPSC)。如今,源于人类体细胞的多能诱导干细胞已经可以通过基因编辑以及诱导分化应用于人类疾病的治疗,如视网膜疾病、肿瘤、血液系统疾病、神经退行性疾病等;而病变个体来源的多能诱导干细胞亦可为新药的体外功能筛选以及药理学、毒理学评价提供极具价值的研究工具。

2. 细胞增殖

细胞增殖(cell proliferation)是通过细胞分裂增加细胞数量的过程,也是个体生长发育、组织再生与修复过程中重要的细胞学基础。然而,细胞增殖过于旺盛却会引发疾病。细胞增殖受到细胞周期(cell cycle)的调控,细胞周期是细胞由分裂产生的新细胞的生长开始到下一次细胞分裂形成子细胞结束所经历的过程,即由一次分裂结束到下一次分裂结束所经历的过程。在复杂的生命活动中,各种细胞的分裂增殖能力不尽相同。诸如表皮细胞、造血干细胞等具有持续分裂的能力的细胞称为持续分裂细胞。而有一些细胞在成体后即退出细胞周期,几乎失去了分裂的能力,此类细胞称为终端分化细胞,如红细胞。另有一些细胞暂时处于细胞周期以外的 G_0 期,被称为休眠细胞,此类细胞在适当条件的诱导下可以重新进入细胞周期,如肝细胞。在肝大切诱导肝再生的小鼠模型中,残余的肝细胞可以在肝大切手术后的 48 小时内重新进入细胞周期的 G_1 期进行 DNA 合成,进而发生细胞分裂。2001 年诺贝尔生理学奖或医学奖授予了美国科学家哈特韦尔(Leland H. Hartwel)以及英国科学家亨特(R. Timothy Hunt)和纳斯(Paul M. Nurse),以表彰他们在细胞周期调控关键因子研究方面做出的贡献。他们的研究揭示了细胞周期的正常运转需要通过细胞周期检验点（check point），并受到细胞周期蛋白（cyclin）以及细胞周期蛋白依赖性激酶（cyclin-dependent kinase，CDK）的调控。

p53 和 Rb 基因是目前被鉴定出的重要的抑癌基因。p53 基因被视为细胞内的"警察"，主要负责在细胞周期 G_1 期检验点检测 DNA 损伤。Rb 基因因首次在眼部恶性肿瘤视网膜母细胞瘤（retinoblastoma）中被报道，因此被称为视网膜母细胞瘤基因（retinoblastoma gene，Rb gene）。Rb 基因有磷酸化和非磷酸化两种形式，非磷酸化是 Rb 的活化状态，而磷酸化是其非活化状态。Rb 基因正常发挥作用是通过结合转录因子 E2F，有效抑制与 DNA 复制有关的 S 期基因的转录，从而控制细胞周期的过速运转。当 DNA 发生损伤时，活化的 p53 可以诱导细胞周期抑制因子 p21 的转录表达，后者作为 CDK 的抑制蛋白，结合到 G_1 期细胞周期蛋白-细胞周期蛋白依赖性激酶的复合体上，从而阻碍 Rb 蛋白的磷酸化，使得 E2F 无法解离，进一步抑制 S 期基因的转录与表达，使细胞周期停滞在 G_1 期。如果细胞能够完成 DNA 损伤修复，则细胞通过 G_1 期检验点，进入 S 期。但如果细胞未能有效完成 DNA 损伤修复，则 p53 可以诱导细胞发生凋亡。因此，p53 基因的突变会破坏细胞 DNA 损伤修复的自我保护机制，使得突变或异常的细胞不受控制地增殖，从而诱导肿瘤的发生。

酪氨酸激酶受体 EGFR 与受体络氨酸激酶 Ras 信号转导途径的激活与肿瘤的形成关系密切。Ras 可以进一步激活 MAPK 信号途径，MAPK 通过激活 G_1 期细胞周期蛋白-细胞周期蛋白依赖性激酶的活性,使得 Rb 蛋白发生磷酸化,释放转录因子 E2F,促进 S 期基因的转录表达,进而推动细胞周期 G_1/S 期的运转。Ras 基因、ErbB 基因(编码 EGFR)是重要的原癌基因(proto-oncogene),原癌基因在健康生物个体内是正常表达的,但是 Ras、ErbB 等原癌基因的突变或异常表达增加会导致细胞生长、增殖的失控,促进肿瘤的发生发展。因此,对于肿瘤细胞而言,寻找到细胞周期调控的关键因子,是有望控制肿瘤细胞恶性生长、增殖的重要途径。

除了肿瘤等疾病的异常状态以外,机体的组织再生与修复也与细胞增殖密不可分。肝脏具有强大的再生能力,部分肝移植术正是在肝组织具有强大的再生修复潜能的理论和实验基础上发展起来的临床治疗策略。在小鼠肝脏大部分(70%)切除后,剩余肝组织中的肝细胞可以通过细胞增殖,生长修复到原来的肝脏体积。这一过程涉及一系列亲肝因子、细胞因子、转录因子、信号通路的调控。一旦肝脏生长恢复到原来的体积,肝细胞又将恢复到休眠期。倘若能够在器官损伤修复时适时地控制细胞进入细胞周期的开关,将为有效促进组织再生带来新的契机。

3. 细胞凋亡

细胞凋亡(apoptosis)一词来源于古希腊语,意指"花瓣或树叶的自然脱落",是指生物体内细胞在特定的内源和外源信号诱导下,其死亡途径被激活,并在有关基因的调控下发生的程序性细胞死亡(programmed cell death,PCD)过程。在生理条件下,细胞凋亡对多细胞生物个体发育、维持个体内的细胞数量及稳态至关重要。2002年,布伦纳(Sydney Brenner)等三位科学家因在器官发育与程序性细胞死亡的遗传调控研究中作出的突出贡献,被授予诺贝尔生理学奖或医学奖。科学家们以秀丽杆线虫(*C. elegans*)作为研究对象,发现在其整个发育过程中,线虫通过死去 131 个细胞的方式,最终形成了具有 959 个细胞的个体。基于这一现象,科学家提出生物体可以通过程序性细胞死亡来清除不需要的细胞,并将这一活动命名为凋亡。通过秀丽杆线虫发育阶段细胞谱系的绘制,科学家发现每个细胞的命运在发育初始阶段已经被确定。在线虫发育过程中鉴定出参与调控细胞凋亡的基因包括 ced - 3、ced - 4、ced - 9、nuc - 1 等,分别与 PCD 执行死亡、吞噬、控制 DNA 降解等功能有关。同样地,在哺乳动物中也找到了这些基因具有保守性的同源物,例如 Bcl - 2 家族以及 Caspase 家族的编码基因。

细胞凋亡与细胞坏死(necrosis)在形态学上具有显著的差异。细胞凋亡发生时,细胞皱缩,染色质凝聚,细胞膜反折包裹片段化断裂的染色质及细胞器,以出芽的形式形成凋亡小体,后者被邻近的巨噬细胞吞噬清除,整个过程中细胞膜保持完整,没有细胞内容物的溢出和炎症反应。而细胞坏死发生时,细胞肿胀,细胞膜通透性增大,细胞器及染色质毁坏,细胞内容物溢出并发生炎症反应。除形态学差异以外,细胞凋亡与细胞坏死在诱发因素、生化反应、分子机制等多方面都有显著区别。天冬氨酸特异性半胱氨酸蛋白酶家族(Caspase)以及凋亡抑制因子家族(Bcl - 2)是经典的细胞凋亡的调控因子,两大家族成员在胞外途径以及胞内途径诱导的细胞凋亡中发挥重要的调节作用。

随着分子细胞生物学研究的飞速发展,细胞凋亡的不同途径及其调控的分子机制逐步被阐明。细胞凋亡可以由不同的途径介导,包括胞外途径、线粒体途径、内质网应激途径等，后两者均属于胞内途径所致的细胞凋亡。源自细胞表面的死亡受体 Fas 可以被细胞外的"死亡信号"激活，通过细胞内的衔接蛋白（Fas-associated death domain protein，FADD）进一步激活 Caspase-8 和 Caspase-10，这就是外源性凋亡途径，也被称为死亡受体途径。除了胞外途径，当细胞遭受 DNA 损伤、营养或能量供给不足时，会诱导 Bcl-2 家族成员 Bid 发生高表达，后者促使 Bax 和 Bak 蛋白插入线粒体外膜，进而使线粒体膜电位发生变化，线粒体通透性转换孔（permeability transition pore，MPTP）开放，细胞色素 c 释放到胞浆中。细胞色素 c 通过与 ced-4 的同源物 Apaf-1 蛋白形成复合体，激活 Caspase-9 诱导线粒体途径凋亡的发生。无论是外源性途径还是线粒体途径，最终都将激活细胞凋亡的执行者 Caspase-3、Caspase-6 和 Caspase-7，诱导细胞凋亡的发生。

除了经典的细胞凋亡途径以外，过度的内质网应激（endoplasmic reticulum stress）也可以诱导细胞凋亡。内质网应激本身是细胞的一种保护性反应。细胞在缺氧、饥饿、氧化应激、钙离子失衡等情况下，会通过内质网应激诱导 GRP78、GRP94 等内质网"分子伴侣"的表达，降低错误折叠或未折叠蛋白的沉积，此过程称为未折叠蛋白反应（unfolded protein response，UPR）。此外，内质网还可以通过调节肌质网/内质网钙 ATP 酶（SERCA）等蛋白改善钙离子的失衡状态。然而，当内质网应激过度时，则会激活 ATF6、IRE1、PERK 信号通路诱导 ATF4、JNK、CHOP 的表达，或者通过内质网高钙离子浓度诱导细胞凋亡。在内质网途径介导的细胞凋亡中，Caspase-12 的激活发挥着重要的作用。

综上，细胞凋亡是个体在生理条件下所必需的细胞行为。然而，在病理刺激条件下，过度的细胞凋亡也是导致细胞丢失、组织和器官功能下降的重要病理学基础。在细胞遭受病理刺激，如过度的内质网应激时，细胞的命运究竟是走向适应性的未折叠蛋白反应还是走向细胞凋亡，其中的分子调控机制是值得深入探索的科学领域。近年来的研究报道显示，转录因子 QRICH1 在控制内质网应激之后的细胞命运走向中发挥着关键作用，抑制 QRICH1 有望为疾病的治疗提供新的药物靶点。

4. 细胞自噬

细胞自噬（autophagy）是溶酶体或者液泡内膜直接内陷将底物包裹并降解的过程。"auto"一词在古希腊语中意指"自己"，"phagein"则意为"吃"，合起来即指"吃掉自己"。细胞自噬主要包括：巨自噬（macroautophagy）、微自噬（microautophagy）和分子伴侣介导的自噬（chaperone-mediated autophagy，CMA）。细胞自噬的现象早在20世纪 60 年代就已经被发现，然而一直到日本科学家大隅良典（Yoshinori Ohsumi）在酵母自噬的精巧实验中鉴定出与自噬有关的一系列基因之后，人们才对细胞自噬的过程以及分子机制有了更深入的了解，大隅良典也因此被授予了 2016 年诺贝尔生理学奖或医学奖。

在细胞自噬过程中，需要降解的生物大分子或者细胞器首先被双层膜的囊泡所包裹，形成自噬体（autophagosome），自噬体与溶酶体融合以后，被溶酶体中的酸性水解酶降解，所产生的生物大分子也可以通过溶酶体膜上的运输蛋白输送到细胞质中循环再利用，这种自噬过程称为巨自噬（macroautophagy）。大隅良典在研究酵母自噬发生机制的实验过程中,运用饥饿诱导酵母细胞发生自噬,发现在酵母细胞的液泡内出现了大量聚集的自噬体,这是由自噬体与液泡融合而形成的,而酵母中的液泡与哺乳动物细胞内的溶酶体类似。大隅良典通过引入基因突变,发现了一连串与细胞自噬密切相关的基因,这些基因后来被统一命名为自噬基因(autophagy gene,ATG)。ATG 基因编码的自噬基因蛋白(autophagy-related protein,Atg)在自噬的各个环节中发挥着各自的功能,例如,自噬诱导、自噬泡形成、自噬泡与液泡/溶酶体融合、Atg 蛋白循环、囊泡降解以及生物大分子循环再利用等。

PI3K/Akt/mTOR 信号通路、Ras/cAMP/PKA 信号通路、eIF2α激酶信号通路是调节细胞自噬的关键信号通路。胰岛素、生长因子激活的 Ⅰ 型 PI3K/Akt(也称蛋白激酶 B,PKB)可以进一步激活mTOR,mTOR 与 mLST8(衔接蛋白)以及 mTOR 调节性相关蛋白共同组成 mTORC1 复合物,活化的 mTORC1 复合物可以通过磷酸化 S6K(磷酸化核糖体蛋白 S6 的激酶)抑制自噬的发生。在营养充足的条件下,Ras 呈现活化状态,并通过激活蛋白激酶 A(protein kinase A,PKA)来抑制细胞自噬。而在细胞能量下降时,AMP/ATP 比值增高,能量感应器 AMP 活化蛋白激酶(AMP-activated protein kinase,AMPK)在感知细胞能量的变化后被激活,进一步通过抑制mTORC1 复合物的活性以促进细胞自噬的发生。以 mTOR 为核心的自噬信号转导通路是位于 Atg 上游的信号通路,而 Atg 体系以及促分裂原活化的蛋白激酶(mitogen-activated protein kinase,MAPK)则在自噬体的形成以及晚期自噬步骤中发挥重要的作用。

细胞自噬与营养感应、能量代谢、细胞内合成和分解代谢平衡的调控密不可分,同时也参与调节免疫系统和衰老过程,是机体所必需的适应性保护机制。在衰老的过程中,细胞自噬水平逐渐降低,衰老成体干细胞的活性趋于下降,而细胞自噬对维持年轻成体干细胞的代谢平衡与分化潜能至关重要。然而,过度自噬或者自噬不足也会导致疾病的发生。自噬细胞究竟是存活还是死亡,经研究发现,将组蛋白乙酰转移酶 hMOF/KAT8/MYST1 下调,可使组蛋白 H4K16 乙酰化水平下降,进而可下调自噬的相关调控基因;相反,若抑制 H4K16 乙酰化水平下降,则会促进细胞的死亡。这一发现从组蛋白修饰水平揭示了调控自噬细胞命运的分子机制。细胞自噬参与肥胖、糖尿病、肿瘤、心血管系统、神经系统等疾病的发展过程,探索并发现细胞自噬命运的控制开关将为这些疾病的治疗开辟新的途径。

5. 细胞衰老

任何生物体都有一定的寿命,衰老是生命必然的规律。伴随着时间的推移,个体内的细胞也会发生细胞衰老(cell senescence)。细胞衰老与机体衰老是两个不同的概念,正如一个刚出生婴儿体内的红细胞寿命是 120 天,而一位老年人体内的红细胞寿命也是 120 天。换言之,在衰老个体中,并非所有的细胞都是衰老的。但是,个体的衰老是以整体环境内细胞的衰老为基础而发展的。

科学家海弗利克(Leonard Hayflick)和穆尔黑德(Paul Moorhead)在体外培养胚胎成纤维细胞与成年组织成纤维细胞的实验中发现,体外培养的细胞倍增数是有限的,当传代培养一定的次数后,细胞便不再分裂了,这就是著名的海弗利克极限(Hayflick limit)。更有意思的是,来源于胚胎的成纤维细胞可以在体外分裂传代 40—60 次,而源于成年组织的成纤维细胞的传代次数显著减少,说明衰老个体来源的细胞的分裂增殖能力明显降低。衰老细胞在形态学、代谢免疫、细胞功能、分裂阻滞等方面具有一些共同的特征。细胞衰老时,细胞体积增大,细胞周期延长,分裂能力下降,出现多核细胞;细胞清除生物大分子能力下降,即自噬减弱,细胞内垃圾增多,脂褐素沉积;线粒体数量减少,细胞代谢功能减退;细胞质膜流动性下降,质膜脂质过氧化。

20世纪50年代,哈曼(Denham Harman)提出了氧化中心自由基导致细胞衰老的学说。在衰老个体的整体环境中,活性氧(reactive oxygen species,ROS)不断产生与积累,氧化应激是引起细胞衰老的重要机制之一。尽管在生理条件下,细胞的线粒体在合成ATP时会产生超氧自由基,但这些超氧自由基可以在超氧化物歧化酶(superoxide dismutase,SOD)以及过氧化氢酶(catalase,CAT)的催化作用下被还原成水。细胞质中的超氧离子也可以在SOD、谷胱甘肽过氧化物酶(glutathione peroxidase,GPX)、过氧化氢酶等的作用下被还原成水。然而伴随着衰老,SOD等抗氧化物酶的活性降低,导致大量的氧自由基在细胞中积累,这些自由基又将使细胞内的生物分子如核酸、脂质、蛋白质的结构和功能发生变化,并导致DNA复制、蛋白质翻译出现错误,这些自由基还可以作用于细胞膜使其发生脂质过氧化,该反应可以用维生素C和维生素E阻止。除此之外,端粒理论是细胞衰老的另一个重要理论基础。端粒(telomere)是真核染色体两臂末端由特定的DNA重复序列构成的结构。使正常染色体端部间不发生融合,保证每条染色体的完整性。但是,细胞每分裂一次,端粒都会缩短一小段,当在端粒检验点检查到显著缩短的端粒时,细胞周期阻滞,细胞分裂停止,细胞开始衰老。为了抵抗 DNA 复制和细胞分裂过程中的端粒缩短,增殖能力强的细胞会表达端粒酶(telomerase),端粒酶是一种自身携带模板的逆转录酶,由 RNA 和蛋白质组成,RNA 组分中含有一段短的模板序列与端粒 DNA 的重复序列互补,而其蛋白质组分具有逆转录酶活性,以 RNA 为模板催化端粒 DNA 的合成,将其加到端粒的 3′ 端,以维持端粒长度及功能。然而在衰老过程中,细胞端粒酶的活性会显著降低,细胞端粒缩短,进而导致细胞周期阻滞和细胞衰老。

衰老与衰老相关性疾病拥有一些共同的分子机制,其中,Sirtuin 蛋白家族是衰老的重要调控因子。哺乳动物体内的 Sirtuin 蛋白家族包含 Sirt1—Sirt7 这 7 个成员,属于烟酰胺腺嘌呤二核苷酸(nicotinamide adenine dinucleotide,NAD)依赖的去乙酰化酶。Sirtuin 蛋白家族参与调控代谢以及衰老相关性的疾病,包括阿尔茨海默病、帕金森病、糖尿病和一些心血管疾病等。在一项衰老以及心肌肥厚所致心力衰竭的研究中,科学家发现 Sirt2 的表达及活性在衰老小鼠心脏和血管紧张素 II 诱导心肌肥厚的小鼠心脏组织中均显著降低。Sirt2 敲除的衰老小鼠会出现心功能恶化,加重衰老心脏的心肌肥厚和心脏纤维化,降低心脏组织的自噬水平。而在血管紧张素 II 诱导心肌肥厚和心力衰竭的小鼠模型中,过表达 Sirt2 能够显著改善心功能,抑制心肌肥厚和心室重构。有趣的是,过表达 Sirt2 可以通过激活 AMPK、去乙酰化修饰 LKB1 激酶,从而改善心肌肥厚以及衰老心脏表型,并介导二甲双胍激活 AMPK 抵抗心力衰竭的保护作用。由此可见,一些在衰老及衰老相关性疾病里共同变化的分子,如 Sirtuin 蛋白家族,可能在衰老相关性疾病的发生发展中发挥重要的作用,明确这些分子在细胞衰老、个体衰老以及衰老相关性疾病中的功能及作用机制,将为这类疾病的治疗带来新靶点和新策略。

三、调节性细胞死亡

事实上,细胞死亡(cell death)的方式并非如人们最初所认识的那样局限。除了细胞凋亡、细胞坏死,还存在着各种各样的细胞死亡方式。与高压、高温、高渗、高 pH 等破坏性刺激条件下产生的不可控制的意外细胞死亡(accidental cell death,ACD)不同的是,自然界存在另一大类可以调控的细胞死亡。大量实验证据表明,这类有目的性的,清除多余的、不可逆损伤的或者有潜在危害的细胞的细胞死亡过程,可以由精密的遗传编码和分子机器调控,并可在基因层面、药理学层面受到人为的干预。这一大类可调控的细胞死亡,称为调节性细胞死亡(regulated cell death,RCD)。

调节性细胞死亡目前主要分为三大类。第一类,即 I 型细胞死亡或者凋亡性细胞死亡,主要表现为细胞质皱缩、染色质凝聚、核内 DNA 断裂,细胞质膜出芽形成膜包被完整的小囊泡(凋亡小体),随后被邻近的细胞所吞噬和消化,这些都是典型的细胞凋亡所具有的形态学特征。第二类,即 II 型细胞死亡或自噬性细胞死亡,主要表现为胞浆内形成许多囊泡或者吞噬体,最终与溶酶体融合,消化或分解大分子物质。第三类,即 III 型细胞死亡或者坏死性细胞死亡,这类细胞死亡在清除死亡细胞的时候不会出现明显的吞噬或者溶酶体消化过程,但也会受到严格精密的调控,坏死性凋亡、焦亡、铁死亡等属于 III 型细胞死亡。

当胞外或者胞内环境紊乱被特殊的死亡受体所感知，就会引发细胞的坏死性凋亡（necroptosis）。这类死亡受体包括 FAS 受体、肿瘤坏死因子受体 1（tumor necrosis factor receptor 1，TNFR1）、Toll 样受体（Toll-like receptor，TLR）等。坏死性凋亡具有类似于坏死的细胞形态，比如，细胞肿胀、细胞膜破裂、释放细胞内容物、产生炎症反应等。但是，区别于细胞坏死，细胞的坏死性凋亡是可以被程序性调控的。伴随着 TNFR1 的激活，TNFR1 相关死亡结构域（TRADD）激活 RIPK1 并招募 RIPK3 形成坏死体（necrosome），RIPK3 进一步磷酸化 MLKL 诱导其向细胞质膜转移，导致膜通透性的增加。然而，RIPK3 也可不依赖于 RIPK1 而被激活，MLKL 也并非 RIPK3 诱导坏死性凋亡的唯一底物。值得注意的是，RIPK1/RIPK3 的功能活性依赖于 Caspase‐8 的状态，当 Caspase‐8 活性增加时，会抑制 RIPK1/RIPK3，从而诱导细胞发生凋亡；相反，当 Caspase‐8 受到抑制时，细胞才会启动坏死性凋亡的程序。这种细胞命运的转换影响着疾病的发生发展，坏死性凋亡的分子机制正被越来越多的科学家所关注，并在疾病的各个领域中被研究。

近年来，其他的细胞死亡方式如细胞焦亡、铁死亡也受到越来越多的研究。细胞焦亡（pyroptosis）是与机体固有免疫相关的细胞死亡形式，在形态学上表现为染色质凝聚、DNA 随机降解、细胞体积膨胀、细胞质膜通透性的增加，进而释放细胞内容物激活强烈的炎症反应。区别于细胞凋亡，细胞焦亡通常可以由外源性或内源性致病的细菌、病毒或者内毒素 LPS 导致炎症性的 Caspase 激活，Caspase‐1 活化可以促进白细胞介素 IL‐1β 和 IL‐18 的合成及分泌，而 Caspase‐4/5 活化可以切割并释放 GSDMD‐N 端结构域从而诱导细胞膜通透性的增加,导致炎症的发生。此外,铁死亡(ferroptosis)是由于细胞内环境失调,细胞内二价铁离子数量增多,ROS 产生增加,进而导致细胞膜脂质过氧化,诱导细胞死亡。铁死亡与谷胱甘肽过氧化物酶 GPx4 的表达量降低及失活密切相关。

调节性细胞死亡的分类和命名受到细胞死亡命名委员会(Nomenclature Committee on Cell Death,NCCD)的严格审核,不同的调节性细胞死亡具有不同的信号转导途径和效应机理。更有意思的是,不同的调节性细胞死亡可能在分子机制调控上具有一定的重叠性,并且可以相互转换(crosstalk between cell death)。值得期待的是,靶向调节性细胞死亡,寻找合适的干预靶点,将为人类疾病的治疗带来新的希望。

四、细胞命运转换与心血管疾病

心脏是循环系统的重要器官,通过心脏的泵血功能将血液传输至全身各处,供给组织氧气及营养。在承担这项重要生理功能的同时,心脏自身也需要一套供血系统,冠状动脉及其分支是营养心肌的重要血管。冠状动脉源于主动脉根部,分左右两支行走于心脏表面。在临床上,由于冠状动脉发生粥样硬化、管腔狭窄或闭塞所致的心脏病,称为冠状动脉性心脏病(coronary heart disease,CHD),可导致发生心绞痛、缺血性心肌病、心肌梗死甚至心力衰竭。

在心肌梗死发生时,大量的心肌细胞在短时间内发生细胞死亡。遗憾的是,心肌细胞的自我更新能力非常有限,一个健康的年轻人每年仅约有 1% 的心肌细胞会被新的心肌细胞所替代。因此,一旦发生心肌梗死,临床上会及时通过早期心肌再灌注,如药物溶栓、经皮冠状动脉介入治疗(percutaneous coronary intervention,PCI),来有效降低心肌的梗死面积。然而,在这一治疗过程中,随着心肌供血的突然恢复,心肌血流再灌注本身会对心肌造成额外的损伤,这就是缺血再灌注损伤(ischemia reperfusion injury,I/R)。在心肌 I/R 的早期,心肌细胞会发生凋亡和坏死。如图 1-1 所示,心肌细胞外的死亡信号激活细胞膜表面的死亡受体,通过形成一系列蛋白复合体后逐

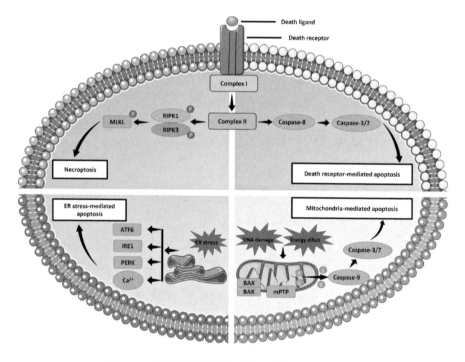

图 1-1 部分病理刺激下心肌细胞发生凋亡和坏死

图中所示为部分病理刺激下心肌细胞不同的凋亡和坏死途径:死亡受体介导的细胞坏死性凋亡(necroptosis)、死亡受体介导的细胞凋亡(death receptor-mediated apoptosis)、线粒体途径介导的细胞凋亡(mitochondria-mediated apoptosis)、内质网应激介导的细胞凋亡(ER stress-mediated apoptosis)。P 代表磷酸化修饰,C 代表细胞色素 C。

级激活下游 Caspase－8、Caspase－3/7,诱导死亡受体介导的细胞凋亡。死亡受体激活也可以通过 RIPK1/RIPK3 磷酸化以及 MLKL 磷酸化,诱导心肌细胞发生坏死性凋亡。另一方面,细胞内 DNA 损伤、能量不足等病理刺激可诱导 Bid 蛋白表达,继而促使 Bax 蛋白和 Bak 蛋白插入线粒体外膜,mPTP 开放并释放细胞色素 C 至胞浆中,逐级激活 Caspase－9、Caspase－3/7,激活线粒体凋亡途径。此外,当细胞内的内质网应激过度时,可以通过激活 ATF6、IRE1、PERK 等信号通路或者通过内质网高钙离子浓度诱导心肌细胞的凋亡。

众所周知,运动员的心脏较常人会稍大一些。长期、规律性、适度的运动有益于心血管健康。科学研究发现,经常进行游泳运动的小鼠心脏中,心肌细胞会发生生理性的体积增大,而增殖标志物如 EdU、Ki67$^+$ 的心肌细胞的比例上升。分子细胞生物学实验筛选并鉴定出 PI3K/Akt 信号通路、转录因子 C/EBPβ－CITED4、微小 RNA－222、微小 RNA－17－3p、长链非编码 RNA CPhar 在运动诱导的生理性心肌肥厚中发挥了重要的作用。例如,在运动中表达上调的长链非编码 RNA CPhar 可以促进心肌细胞的生理性肥大、增殖增加,并且可以抑制心肌细胞的凋亡。更值得关注的是,增加 CPhar 的表达可以有效地抵抗心肌缺血再灌注损伤和心力衰竭。

在过去很长一段时间,科学家们对程序性细胞死亡的认识在很大程度上局限于细胞凋亡。然而,实验证据表明,特殊类型的细胞坏死,如坏死性凋亡(necroptosis)也是可调控的。除了经典的 RIPK1/RIPK3 激活 MLKL 通路以外,科学家发现 RIPK3 可以通过非 RIPK1 依赖的途径,磷酸化钙离子-钙调蛋白依赖性激酶(CaMKII),进而开放线粒体通透转运孔道(mPTP),诱导心肌细胞发生坏死性凋亡;相反,敲除 RIPK3、或抑制 CaMKII 则可以降低心肌 I/R。

衰老是心血管疾病的独立危险因素。LARP7 是 LA 家族 RNA 结合蛋白成员之一,作为 7SK RNA 结合蛋白,在 DNA 损伤响应(DNA damage response,DDR)中参与调控 DNA 同源重组修复,从而影响肿瘤形成以及放化疗的敏感性。衰老过程伴随着 DNA 损伤修复能力的下降,进一步的研究发现,DDR 诱导的磷酸激酶 ATM 的激活,使得 LARP7 在衰老小鼠的各种组织中的表达一致性地下调。敲低 LARP7 会加速细胞衰老,诱导细胞周期阻滞。分子细胞生物学实验发现,LARP7 是组蛋白去乙酰化酶 SIRT1 的别构激活剂。LARP7 结合于 SIRT1 蛋白的 N 端,增强 SIRT1 的去乙酰化酶活性。而在衰老过程中,由于 LARP7 表达下调,使得 SIRT1 的去乙酰化酶活性下降,进而加速了细胞衰老。进一步的研究表明,诱导型 LARP7 敲除会加速小鼠衰老,且加重高脂喂养的 ApoE 敲除小鼠的主动脉粥样硬化的病理改变,而抑制 ATM – LARP7 – SIRT1 通路则能够延缓动脉粥样硬化的发生。

本章小结

在个体"生、老、病、死"的各个环节,细胞命运及其转换贯穿着生命的整个过程。细胞分化、增殖、凋亡、自噬、衰老等不同的细胞生物学行为与个体发育、稳态维持、疾病发生等密切相关。调节性细胞死亡概念的提出更是丰富并加深了人们对于细胞命运转换及调控的认识。这些不同的细胞命运具有各自独特的形态学特征及发生机制,在信号通路以及分子机理方面,它们又可以相互影响并发生转换。

科学研究正带领人类越来越深入地理解细胞命运调控及其转换的分子机制,将有望从药理学层面、基因表达干预层面通过靶向干预细胞命运转换的关键节点,达到治疗疾病的目的。

思考与练习

1. 请比较细胞凋亡、细胞坏死性凋亡、细胞坏死的特点及区别。
2. 细胞凋亡可由不同的因素所导致,请描述细胞凋亡的不同途径及其所涉及的重要信号通路。
3. 在心肌缺血再灌注损伤时,心肌细胞会经历哪些改变?请从细胞死亡的角度分析治疗心肌缺血再灌注损伤的方法和策略。
4. 肿瘤是衰老相关性疾病,请分析衰老与肿瘤的内在联系,并分析如何通过调控细胞命运来治疗肿瘤的潜在途径。

本章参考文献

［1］ Perez-Ramirez CA, Christofk HR. Challenges in studying stem cell metabolism. *Cell stem cell*. 2021;28(3):409-423.

［2］ Okano H, Morimoto S. iPSC-based disease modeling and drug discovery in cardinal neurodegenerative disorders. *Cell stem cell*. 2022;29(2):189-208.

［3］ Hendriks D, Clevers H, Artegiani B. CRISPR-Cas tools and their application in genetic engineering of human stem cells and organoids. *Cell stem cell*. 2020;27(5):705-731.

［4］ Huang M, Jiao JZ, Cai H, et al. CCL5 confines liver regeneration by downregulating reparative macrophage-derived HGF in an FoxO3a dependent manner. *Hepatology*. 2022.

［5］ Knudsen ES, Kumarasamy V, Nambiar R, et al. CDK/cyclin dependencies define extreme cancer cell-cycle heterogenity and collateral vulnerabilities. *Cell reports*. 2022;38(9):110448.

［6］ Engeland K. Cell cycle regulation: p53 - p21 - RB signaling. *Cell death and differentiation*. 2022.

[7] Janic A, Valente LJ, Wakefield MJ, et al. DNA repair processes are critical mediators of p53‑dependent tumor suppression. *Nature Medicine*. 2018; 24: 947‑953.

[8] Chen LL, Li Y, Lin CH, et al. Recoding RNA editing of AZIN1 predisposes to hepatocellular carcinoma. *Nature Medicine*. 2013; 19: 209‑216.

[9] Dong YY, Van Tine BA, Oyama T, et al. Taspase1 cleaves MLL1 to activate cyclin E for HER2/neu breast tumorigenesis. *Cell research*. 2014; 24: 1354‑1366.

[10] Yan J, Ying H, Gu F, et al. Cloning and characterization of a mouse liver-specific gene mfrep‑1, up-regulated in liver regeneration. *Cell research*. 2002; 12: 353‑361.

[11] Huang K, O'Neill KL, Li J, et al. BH3‑only proteins target BCL‑xL/MCL‑1, not BAX/BAK, to initiate apoptosis. *Cell research*. 2019; 29: 942‑952.

[12] Rothstein TL. Inducible resistance to Fas-mediated apoptosis in B cells. *Cell research*. 2000; 10: 245‑266.

[13] Le X, Mu JH, Peng WY, et al. DNA methylation downregulated ZDHHC1 suppresses tumor growth by altering cellular metabolism and inducing oxidative/ER stress-mediated apoptosis and pyroptosis. *Theranostics*. 2020; 10 (21): 9495‑9511.

[14] You K, Wang LF, Chou CH, et al. QRICH1 dictates the outcome of ER stress through transcriptional control of proteostasis. *Science*. 2021; 371 (6524): eabb6896.

[15] Kinsey CG, Camolotto SA, Boespflug AM, et al. Protective autophagy elicited by RAF→MEK→ERK inhibition suggests a treatment strategy for RAS-driven cancers. *Nature Medicine*. 2019; 25: 620‑627.

[16] Yu L, McPhee CK, Zheng LX, et al. Termination of autophagy and reformation of lysosomes regulated by mTOR. *Nature*. 2010; 465: 942‑946.

[17] Li W, Tanikawa T, Kryczek I, et al. Aerobic glycolysis controls myeloid-derived suppressor cells and tumor immunity via a specific CEBPB isoform in triple-negative breast cancer. *Cell metabolism*. 2018; 28(1): 87‑103(e6).

[18] Ho TT, Warr MR, Adelman ER, et al. Autophagy maintains the metabolism and function of young and old stem cells. *Nature*. 2017; 543(7644): 205‑210.

[19] Füllgrabe J, Lynch-Day MA, Heldring N, et al. The histone H4 lysine 16 acetyltransferase hMOF regulates the outcome of autophagy. *Nature*. 2013; 500

(7463)：468 – 471.

[20] Baxley RM, Leung W, Schmit MM, et al. Bi-allelic MCM10 variants associated with immune dysfunction and cardiomyopathy cause telomere shortening. *Nature Communications*. 2021；12(1)：1 – 19.

[21] Tang XQ, Chen XF, Wang NY, et al. SIRT2 acts as a cardioprotective deacetylase in pathological cardiac hypertrophy. *Circulation*. 2017；136(21)：2051 – 2067.

[22] Galluzzi L, Kepp O, Kroemer G. FADD：an endogenous inhibitor of RIP3 – driven regulated necrosis. *Cell research*. 2011；21；1383 – 1385.

[23] Wu JF, Huang Z, Ren JM, et al. Mlkl knockout mice demonstrate the indispensable role of Mlkl in necroptosis. *Cell research*. 2013；23：994 – 1006.

[24] Fang XX, Cai ZX, Wang H, et al. Loss of cardiac ferritin H facilitates cardiomyopathy via Slc7a11 – mediated ferroptosis. *Circulation research*. 2020；127(4)：486 – 501.

[25] Galluzzi L, Vitale L, Aaronson SA, et al., Molecular mechanisms of cell death：recommendations of the Nomenclature Committee on Cell Death 2018. *Cell death & differentiation*. 2018；25；486 – 541.

[26] Bei YH, Lu DC, Bär C, et al. miR – 486 attenuates cardiac ischemia/ reperfusion injury and mediates the beneficial effect of exercise for myocardial protection. *Molecular therapy*. 2022；30(4)：1675 – 1691.

[27] Boström P, Mann N, Wu J, et al. C/EBPβ controls exercise-induced cardiac growth and protects against pathological cardiac remodeling. *Cell*. 2010；143(7)：1072 – 1083.

[28] Weeks KL, Tham YK, Yildiz S, et al., FoxO1 is required for physiological cardiac hypertrophy induced by exercise but not by constitutively active PI3K. *Physiological reviews*. 2021；320(4)：H1470 – H1485.

[29] Liu XJ, Xiao JJ, Zhu H, et al. miR – 222 is necessary for exercise-induced cardiac growth and protects against pathological cardiac remodeling. *Cell Metabolism*. 2015；21(4)：584 – 595.

[30] Lerchenmüller C, Rabolli CP, Yeri AS, et al. CITED4 protects against adverse remodeling in response to physiological and pathological stress. *Circulation research*. 2020；127(5)：631 – 646.

[31] Gao RR, Wang LJ, Bei YH, et al. Long noncoding RNA cardiac physiological hypertrophy-associated regulator induces cardiac physiological hypertrophy and promotes functional recovery after myocardial ischemia-reperfusion injury.

Circulation. 2021；144(4)：303 - 317.

[32] Zhang T，Zhang Y，Cui MY，et al. CaMKII is a RIP3 substrate mediating ischemia-and oxidative stress-induced myocardial necroptosis. *Nature medicine*. 2016；22(2)：175 - 182.

[33] Yan PY，Li ZX，Xiong JH，et al. LARP7 ameliorates cellular senescence and aging by allosterically enhancing SIRT1 deacetylase activity. *Cell reports*. 2021；37(8)：110038.

第二章
肿瘤微环境与免疫微环境

本章学习目标

1. 掌握恶性肿瘤发生的原因；

2. 了解参与恶性肿瘤发生的相关基因；

3. 了解肿瘤微环境的构成；

4. 了解肿瘤微环境的特点；

5. 掌握肿瘤微环境与肿瘤发生和发展的关系；

6. 了解肿瘤免疫微环境对肿瘤发生发展的作用。

　　癌症并不是近代才发生的疾病。12世纪初，宋代的《卫济宝书》中就有对癌的记载。公元1264年的另一部中国传统医学著作《仁斋直指附遗方论》中明确指出癌的性状："癌者上高下深，岩穴之状，颗颗累垂……男则多发于腹，女则多发于乳……"在其他中医文献如《内经》《难经》《诸病源候论》中已有用"肠覃""石疽""石痈""积聚"等词来表示发生在某种器官或组织的癌变。古人认为癌就像岩石一样坚硬，也如洞穴一般凹凸不平，所以也经常使用"岩"字来表示癌，如"肾岩""乳岩"等。而在西方医学中，被誉为西方医学奠基人的古希腊医学家希波克拉底，最早提出了"癌症"一词。希波克拉底用"carcinos"和"carcinoma"（原意都指螃蟹）一词形象地表述了肿瘤的不规则性。我们现在常提及的癌症一般指恶性肿瘤。许多实体瘤都是凹凸不平的肿块，摸起来坚硬如石。如果把肿瘤比作正在建造的房子，那么肿瘤微环境（tumor microenvironment，TME）就充当了这所房子的地基和施工队。肿瘤微环境的形成是肿瘤赖以生存和发展的必要条件，成为恶性肿瘤发展的帮凶。

一、引言

医学上定义的癌（carcinoma）是指上皮组织发生的恶性肿瘤，它在人类恶性肿瘤中是最常见的一类。而起源于间叶组织的恶性肿瘤统称为肉瘤（sarcoma）。也有一些恶性肿瘤，如肾母细胞瘤、恶性畸胎瘤等不以此传统方式归类。人们通常所说的癌症泛指所有的恶性肿瘤。肿瘤细胞是癌症的基本单位，可分为良性肿瘤细胞和恶性肿瘤细胞，本章中的肿瘤细胞特指恶性肿瘤细胞。我们知道，肿瘤细胞具有增殖、转移与侵袭的能力。正常细胞的基因调控可以看作被编辑好的程序，能够有规律地调控细胞生长。而一旦控制细胞生长的基因开关被破坏，细胞就会无节制地增殖。过去，人们认为肿瘤细胞的转移是向四周扩散的，但后来的研究表明，肿瘤细胞的转移不是随机的，而是需要特定的组织或器官提供特定的环境。肿瘤细胞一旦入侵血管,就会随着血液循环系统在人体内四处游走。当移动到适宜自己生长发展的地方,便在此扎下根来。肿瘤细胞极具侵略性,会不断地"胁迫"或"说服"周围的细胞及生物分子,将所到之处改造为适宜自己生长的环境。而本来起到抑制肿瘤或阻碍肿瘤的细胞或生物分子,此刻却变成了肿瘤细胞的帮凶。正是这些"小角色"支撑了肿瘤细胞"独霸武林"的局面。随着"洗脑"的完成,"小角色"甘愿为肿瘤细胞工作,与肿瘤细胞形成了微妙的肿瘤微环境。越来越多的人开始将目光投向癌症与人体微环境之间的联系。近年来,许多研究发现肿瘤细胞与细胞外基质和间质细胞有诸多相互作用。流行病学研究也表明,许多肿瘤的发生与慢性炎症密切相关。"种子与土壤学说"是研究肿瘤与肿瘤微环境关联的经典学说。若把肿瘤细胞比喻成种子,那么肿瘤微环境就是给予种子各种营养、支撑种子发展的土壤。

人类对恶性肿瘤的研究已有数百年,随着科技和医学的发展,尽管多种新技术和新方法,如免疫治疗、靶向治疗等已逐步应用于恶性肿瘤的治疗,但恶性肿瘤就像是一个永远无法愈合的伤口,迄今为止,尚没有百分百治愈的方法。因为恶性肿瘤的发生和发展是由多因素、多阶段与多次突变共同导致的,所以即使是同类别的恶性肿瘤,其突变位点也不尽相同。近年来对于恶性肿瘤的研究,不仅仅是关注肿瘤细胞自身的表观基因学的变化,也将重点聚焦在与肿瘤细胞相互作用的其他类型细胞、生物分子等上。恶性肿瘤及其周围存在大量的物质,共同构成了肿瘤的微环境。因此,针对肿瘤微环境的研究,将有助于新型治疗方式和抗肿瘤药物的研发及应用。

二、恶性肿瘤的发生

恶性肿瘤的发生和发展是由多因素、多阶段与多次突变共同导致的,其中最重要的因素之一就是体细胞突变(somatic mutation)。当正常细胞接触到偶然的或长期的致癌因素导致损伤后,控制细胞程序的基因就产生变化,正常调节的功能失控,从而开始无规律增殖、无限分裂,形成肿瘤细胞。

1. 癌基因分类

与恶性肿瘤发生密切相关的基因可分为三类:

第一类:原癌基因(proto-oncogene)。调控细胞生长和增殖的正常细胞基因。突变后转化成为致癌的癌基因。

第二类:抑癌基因(tumor suppressor gene)。一类调控细胞生长抑制肿瘤表型表达的基因。可通过纯合缺失或失活而引起细胞恶性转化。

第三类:基因组维持基因(genome maintenance gene)。一类参与 DNA 损伤修饰,维持基因组完整性的基因。

控制细胞增殖的蛋白质中有能促进细胞生长、加速细胞增殖的"加速"蛋白质,也有抑制细胞生长,抑制细胞增殖的"刹车"蛋白质。我们通常所说的原癌基因就是指调控"加速"蛋白质的 DNA,而抑癌基因是指"刹车"蛋白质的基因。正常生理状态下,原癌基因处于"沉睡"状态,在基因组中处于低表达或不表达的状态,当受到一些因素的严重干扰时,如大剂量辐射、病毒感染、接触化学致癌物等,原癌基因就会被激活,抑癌基因则相应被抑制。控制细胞增殖的开关失去作用,最终将直接导致细胞的癌变。原癌基因的异常活跃,将加速细胞分裂所需的蛋白质生成,这时的原癌基因就变成了癌基因(oncogene),促进了肿瘤细胞的生长。同样,如果基因组维持基因被破坏,基因组的基因将处于不稳定或失活的状态,也可导致基因突变,从而诱发并形成恶性肿瘤。

2. 原癌基因

原癌基因是人或动物细胞基因组中的固有基因。该类基因组在正常生理条件下往往是不表达或低表达的,但在一些生理过程中发挥着重要的作用。原癌基因主要包括以下基因:

（1）Ras 家族

Ras 基因家族是人类癌症中最常见的基因家族,也在所有动物细胞和器官中表达。当 Ras 基因被传入"打开"指令的信号时,控制细胞生长与分化的基因就会被激活。永久激活的 Ras 蛋白主要是由 Ras 基因的突变导致的。一旦 Ras 信号持续处于"打开"状态,细胞中过度活跃的基因将会加速癌变过程,从而导致癌症。HRas、KRas 和 NRas 是人类恶性肿瘤中常见的 Ras 基因。

（2）Myc 家族

Myc 作为一类核蛋白类癌基因已被广泛研究。人体的 Myc 家族由三个基因组成,即 C-myc、L-myc 和 N-myc。通过基因组的扩增、基因突变的激活,Myc 出现双微染色体和染色体的均染区。在多种癌症中,Myc 蛋白过表达,对肿瘤细胞的生长、分化起到了重要作用。

（3）Src 家族

Src 基因定位于细胞内面或跨膜分布。Src 家族可通过酪氨酸残基的磷酸化，与细胞质、细胞核和膜蛋白相互作用。产物具有蛋白酪氨酸激酶活性，能促进增殖信号的转导。Src 的激活或过表达，可促进细胞转化和提高肿瘤细胞活力。

（4）Sis 家族

其编码的蛋白（p28）与人血小板源生长因子结构相似，能刺激间叶组织的细胞分裂增殖。

（5）Myb 家族

Myb 家族为核内转录因子，分为 Mybl1（A - Myb）、B - Myb 与 C - Myb。该基因可编码三个 HTH - DNA 结构域的蛋白质，主要参与细胞的增殖与分化等过程。该基因也是致癌基因，在白血病与淋巴瘤中被发现发生重排、易位及异常表达，并参与多种恶性肿瘤的发生与发展。

此外涉及的原癌基因还有 WNT、ERK、TRK 等，都与肿瘤细胞的生长、增殖或抑制凋亡相关。

3. 抑癌基因

抑癌基因在细胞中扮演着"关闭"细胞过度生长的角色，是一类具有抑制癌症作用的基因。抑癌基因与原癌基因的作用相反，对细胞生长和增殖产生负调控作用，避免了细胞由过度增殖引起的癌变。抑癌基因与原癌基因构成相应的生理平衡，维持正负调节信号的相对稳定。抑癌基因中，较为常见的有 Rb、P53、VHL、APC、BRCA2 等基因。抑癌基因有以下作用：

调控细胞周期某一特定阶段基因表达的细胞内蛋白质。当这些基因处于不表达状态时,控制细胞的细胞周期进行。通过分泌激素等方式有效地抑制细胞的分裂。

在DNA损伤或染色体缺陷反应中触发细胞周期阻滞的检查点控制蛋白,诱导细胞凋亡的蛋白质。

产生细胞黏附性蛋白质从而抑制肿瘤细胞的转移,阻断接触抑制的丧失。修复基因组中的突变,抑制细胞的分裂。

无论是原癌基因或是抑癌基因,一旦发生突变、缺失或失活,维持细胞功能的生理平衡就会被打破。正常细胞发生恶性转化,变成肿瘤细胞,恶性肿瘤应运而生。在恶性肿瘤发展过程中,肿瘤细胞为发展壮大,将周围环境改造为利于自己发展的微环境。

三、肿瘤微环境与免疫微环境

1. 肿瘤微环境概述

恶性肿瘤的进展以前被认为是一个多步骤的过程,只针对肿瘤细胞具有表观遗传学和遗传学改变。然而,从早期癌变到发展和转移,肿瘤细胞如何与肿瘤微环境(TME)中的各种细胞相互作用是近年来的研究热点。肿瘤微环境指肿瘤局部浸润的免疫细胞、间质细胞及所分泌的活性介质等与肿瘤细胞共同构成的局部内环境。可见,肿瘤微环境包含了肿瘤细胞及肿瘤细胞周围的免疫细胞、成纤维细胞、脂肪细胞等多种细胞。此外,在肿瘤细胞附近的组织、血管、细胞外囊泡、细胞外基质及浸润在其中的各类生物因子等共同参与缔造了肿瘤微环境(图2-1)。

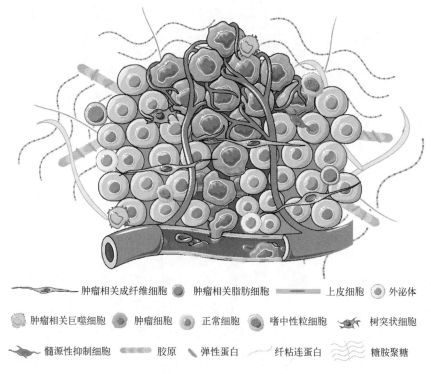

肿瘤相关成纤维细胞　肿瘤相关脂肪细胞　上皮细胞　外泌体

肿瘤相关巨噬细胞　肿瘤细胞　正常细胞　嗜中性粒细胞　树突状细胞

髓源性抑制细胞　胶原　弹性蛋白　纤粘连蛋白　糖胺聚糖

图 2-1　肿瘤微环境与免疫微环境的组成

2. 肿瘤微环境的特征

（1）乏氧

乏氧是几乎所有实体瘤肿瘤微环境的共同特征。肿瘤从中心向外，缺氧的程度逐渐减弱。在实体肿瘤中，由于肿瘤组织的快速生长，肿瘤组织内氧气输送系统（内部血管）与膨胀的体积的不匹配，导致了肿瘤内部氧气供应不足。因此，肿瘤细胞所处的微环境表现为乏氧。缺氧诱导因子（hypoxia-inducible factor，HIF）在多种实体瘤中高表达，与肿瘤缺氧密切相关，参与了多种免疫抑制的分子信号通路及生物学效应。当肿瘤组织缺氧时，HIF-1α 呈高表达。HIF-1α 可直接与 PD-L1 的近端启动子相互作用，从而增加 PD-L1 表达，如缺氧诱导的 HIF-1α 增加了骨髓来源的抑制性细胞（myeloid-derived suppressor cell，MDSC）表面的 PD-L1 生成，产生免疫抑制作用。在 HIF-1α/CXCL12/CXCR4 通路中，HIF-1α 可诱导 CXCL12 和 CXCR4 表达增加，从而促进肾癌的发生和发展。HIF-1α 与肿瘤新生血管密切相关。正常情况下，内皮细胞特异性酪氨酸激酶受体-2（tyrosine kinase with immunoglobulin-like and epidermal growthfactor homology domain-2，Tie-2）与血管生成素-1（angiopoietin-1，Ang-1）相互结合是维持血管正常发育的基础。通过内皮细胞和其他细胞的相互作用，可激活一系列信号通路，促进血管生成并维持正常的血管结构和功能。然而，肿瘤附近的血管受肿瘤细胞和 TME 的影响，无法发育成正常的血管结构。这主要是由于 Ang-2 会与 Ang-1 竞争性结合 Tie-2，而前者与 Tie-2 的结合无法正常激活血管生成的信号通路，最终导致了肿瘤新生血管的结构排列紊乱、血管壁不完整、血管壁不连续等问题，这也是肿瘤局部缺氧的诱因之一。

（2）酸性环境

由于长期处于乏氧状态，肿瘤细胞逐渐具备了不需要氧就能转换能量的本领——无氧糖酵解。即使有氧气的参与，肿瘤组织仍以无氧糖酵解的方式进行能量代谢，这也造成了乳酸在组织内的堆积。为避免高浓度 H^+ 造成对自身的伤害，肿瘤细胞膜上的离子交换蛋白将细胞内部 H^+ 运输到细胞外。因此，较正常组织相比，TME 中的 pH 降低，整体呈现酸性环境。随着肿瘤的发展，TME 在长期酸化、乏氧的条件下，限制了自身免疫细胞的功能，从而进一步加剧了肿瘤的恶化。

（3）慢性炎症

TME中，肿瘤相关巨噬细胞的 M1 型与 M2 型的比例与预后不良相关。微环境中存在多种细胞因子和生物分子，如白细胞介素（interleukin，IL）（IL－4、IL－6、IL－13、IL－10）、前列腺素 E2（prostaglandin E2，PGE2）、粒细胞－巨噬细胞集落刺激因子（granulocyte-macrophage colony stimulating factor，GM－CSF）、巨噬细胞集落刺激因子（macrophage colony stimulating factor，M－CSF）、脂多糖（lipopolysaccharide，LPS）、干扰素－γ（interferon－γ，INF－γ）、转化生长因子－β（transforming growth factor－β，TGF－β）等。其中 IL－4、IL－13、IL－10、M－CSF 和 TGF－β 促进了巨噬细胞向 M2 型极化。M2 型巨噬细胞数量的增加促进了慢性炎症和Th2 细胞的形成，使 TME 呈现慢性炎症的特征，促进了肿瘤的发展。

（4）免疫抑制

细胞毒性 T 淋巴细胞相关抗原 4（CTLA－4）、PD－1/PD－L1、免疫抑制细胞 Treg、MDSC 及吲哚胺 2,3－双加氧酶（indoleamine2,3－dioxygenase1，IDO）与肿瘤免疫抑制密切相关。上述因素异常表达可将 TME 改造成抵抗免疫反应的屏障，使抗肿瘤免疫反应和免疫干预受阻，这使得自身免疫系统对肿瘤细胞的杀伤能力下降，也帮助了肿瘤细胞的免疫逃逸。

3. 肿瘤微环境的组成

"种子与土壤学说"形象地描绘了肿瘤与肿瘤微环境的微妙关系。尽管肿瘤微环境如此恶劣，但却不妨碍肿瘤的发展。相反，这种恶劣的微环境却成为肿瘤发生发展的得力"助手"。一方面,肿瘤细胞通过不断地释放细胞信号分子、分泌多种蛋白,潜移默化地改变正常的组织环境;另一方面,肿瘤微环境又起到支撑肿瘤发展的作用,如促进肿瘤新生血管生成和诱导免疫耐受等。所谓"近朱者赤,近墨者黑",肿瘤细胞周围的其他细胞和物质都被肿瘤"洗脑",心甘情愿的为肿瘤的发展服务。除免疫细胞外,构成肿瘤微环境的主要还有:

(1)肿瘤相关成纤维细胞(CAF)

肿瘤相关成纤维细胞(cancer-associated fibroblast,CAF)是一种处于持久活化状态的纺锤形间充质细胞,其体积较正常成纤维细胞大。CAF 可以分泌成纤维细胞生长因子(fibroblast growth factor,FGF)、基质金属蛋白酶(matrix metalloproteinase,MMP)、基质细胞衍生因子1(stromal cell-derived factor 1,SDF1)和胰岛素样生长因子1(insulin-like growth factor 1,IGF1)等,为肿瘤细胞生长、新生血管生成和转移提供必需的物质。受肿瘤细胞分泌的生长因子或细胞因子的影响,正常成纤维细胞不断地被激活、转化,最后成为 CAF。肿瘤血管的生成与 CAF 激活后可以分泌的趋化因子相关。这些趋化因子可以诱导细胞外基质各细胞类型的募集,构成细胞外基质成分。已有研究表明,所招募的肌成纤维细胞和其他正常组织衍生的成纤维细胞变体可以改变肿瘤表型。CAF 分泌各种细胞外基质组分,并且参与了许多晚期癌症特征性纤维间质的形成。另有研究表明,即使离开肿瘤细胞的调控,CAF 也从表观遗传学上发生了不可逆的改变。

(2)肿瘤相关脂肪细胞(CAA)

肿瘤相关脂肪细胞(cancer-associated adipocytes,CAA)的作用

在于分泌脂质和细胞因子。在 TME 中,这些生长因子促进了肿瘤细胞的迁移、侵袭,影响其炎症反应,并通过脂质代谢参与肿瘤代谢重编程。CAA 通常存在于肿瘤边缘部位,与周围脂肪组织相近。CAA 为肿瘤生长提供的细胞因子主要包括肿瘤坏死因子-α(tumor necrosis factor - α, TNF - α)、血管内皮生长因子(vascular endothelial growth factor,VEGF)、IL - 6 和趋化因子 CC 基序配体(chemokine(C - C motif)ligand,CCL)等。CAA 分泌的 IL - 1、IL - 6、TNF - α 等多种炎性因子是肿瘤生长、免疫抵抗和耐药的重要参与者。IL - 6 还可下调 Caspase - 3 和 Caspase - 9 来抑制多种类型人胃肿瘤细胞的凋亡。TNF - α 能够增强胰腺癌细胞的侵袭能力,在体内促进肿瘤细胞的生长和转移,还可通过诱导活性氧和活性氮的产生,损伤 DNA,导致肿瘤的发生。另有研究表明,在 TME 中脂肪细胞分泌 MMP 和 IL - 6、TNF - α 等炎性因子的能力明显增强,TME 浸润导致了 CAA 的去分化和脂解作用。

CAA 在肿瘤细胞及其他微环境因素影响下,还可分泌各种脂肪因子,其中包括瘦素、内脂素、脂联素等。瘦素可通过激活 ERK 通路促进肿瘤细胞的生长和增殖,也可通过 MARK、PI3K 和 Akt 通路影响细胞凋亡,还可通过 JAK/STAT、mTOR 等通路上调炎症因子。内脂素可通过 ERK、p38/MAPK 通路,上调 NF - κB、AP - 1、SDF - 1 参与肿瘤细胞的生存。脂联素能抑制巨噬细胞内 TNF - α、单核细胞趋化蛋白-1(monocyte chemoattractant protein - 1,MCP - 1)等相关基因的表达,从而抑制巨噬细胞从抗炎的 M2 型向促炎的 M1 型极化。也有研究表明,脂联素可通过激活 AMPK 通路促进肿瘤细胞自噬。

（3）上皮细胞

大部分实体瘤起源于上皮细胞（epithelial cell）。这些细胞通常存在于身体器官和外部环境之间的交界处，在一个细胞周期快速变化的地方发挥作用，这是暴露于有害毒素、传染性病原体、生长因子或激素环境中的细胞的共同特点。损伤和细胞周期变化会使基因发生改变，进而可能导致癌症的发生。在 TME 中，某些肿瘤细胞的转移是通过上皮-间充质转化（epithelial-mesenchymal transition，EMT）过程实现的，这是某些癌症类型的特征性标志过程。EMT 过程中，导致上皮细胞极化。极化的上皮细胞通常与基膜相互作用从而转化正常细胞，使它具有间质细胞表型。这些细胞提高了肿瘤细胞的迁移、侵袭和抗凋亡能力，显著增加了 EMT 组分的产生。EMT 的最后阶段，基膜发生降解，增强的间充质特性促进了细胞迁移，远离上皮层。完成 EMT 需要更复杂的分子级联反应来协调转录因子的激活、特定细胞表面蛋白的表达、细胞骨架蛋白的重组和表达、细胞外基质降解酶的产生和特定基因的表达变化。肿瘤细胞采用 EMT 来实现侵袭和转移，一些细胞保留一定的上皮细胞特性，但其他的细胞完全间充质化。尽管 EMT 的具体机制尚未明确，但已有大量证据表明了 EMT 与肿瘤发展进程的相关性。

（4）内皮细胞

与肿瘤相关的内皮细胞主要有血管内皮细胞和淋巴内皮细胞。

肿瘤血管内皮细胞：肿瘤血管内皮细胞承担着为肿瘤构建营养运输通道的职责。处于 TME 中的血管内皮细胞，受到肿瘤细胞分泌的多种细胞因子及信号通路的调控，一方面为肿瘤的生长提供必需的营养物质，另一方面也为肿瘤向其他部位的转移提供了途径。不同于正常的血管结构,肿瘤血管的结构和功能因为肿瘤的特性已发生了巨大的改变。随着肿瘤体积的增大,正常的血管系统已经满足不了肿瘤所需,使肿瘤细胞长期处于缺氧状态。而肿瘤细胞通过无氧糖酵解的方式产生的乳酸也会导致 TME 呈酸性。TME 的乏氧状态还会刺激血管新生,在已有的血管中生长出具有紊乱结构的异质新血管。肿瘤新生血管的结构不均一,管腔也不均匀,极有可能发生渗漏。另外,间质流体压力的升高也使 TME 的物质分布不均,营养和氧气无法均匀分布,导致 TME 依然缺氧。在炎性环境中,血管内皮细胞受到 TNF‑α、IL‑1、IL‑2、IL‑4 等细胞因子的刺激而发生活化。活化的血管内皮细胞分泌 IL‑8 等趋化因子招募炎性细胞向炎性部位聚集,协助肿瘤细胞增殖和免疫逃逸。

淋巴管内皮细胞:淋巴管内皮细胞在肿瘤细胞转移过程中起到了重要的作用。肿瘤除了从血管、体腔等途径转移,也从淋巴道中转移。原发性恶性肿瘤的细胞通过主动或被动的方式穿过淋巴管内皮细胞进入淋巴管道,随淋巴引流,转移至其他淋巴结。在多种类型肿瘤血管及恶性上皮细胞中,血管内皮细胞生长因子受体‑3(vascular endothelial growth factor receptor,VEGFR‑3)参与了淋巴途径转移的过程。淋巴管内皮细胞是肿瘤转移扩散的一个重要介质。研究发现,VEGFR‑3 普遍表达于肿瘤血管及恶性上皮细胞中,参与肿瘤淋巴管形成及淋巴道转移。此外,促进血管生成的因子也对淋巴管内皮细胞的生长起促进作用,常见的因子有血管内皮生长因子(vascular endothelial growth factor,VEGF)、碱性成纤维细胞生长因子(basic fibroblast growth factor,bFGF)等。在肿瘤的早期转移中,VEGF 经常是过表达的。IL‑20 可促进淋巴管内皮细胞的生成,同时也对肿瘤淋巴管的构建、肿瘤细胞的转移和扩散起到至关重要的作用。经研究证明,找到肿瘤淋巴管的特异性生物标志物,对于肿瘤的转移与预后具有重要意义。D2‑40 是抗 podoplanin(一种长 43kD 的糖蛋白)的单克隆抗体,作为淋巴管内皮细胞特异性标记物应用于肿瘤淋巴管形成的研究。Prox‑1 是胚胎发育中就有的淋巴标志物。近年来,Prox‑1 与实体瘤淋巴结转移的关系也有陆续报道,也作为淋巴结转移相关的生物标志物之一。此外,CD34、desmoplakin、LYVE‑1 也可能与肿瘤淋巴结转移相关,但其机制尚不明确。

(5)基膜和肿瘤细胞外基质(ECM)

基膜(basement membrane)是上皮细胞基底部的一层膜,是基底面与深部结缔组织间一层特化的薄膜状结构,可分为透明板、基板和网板三层,具有支持、连接和半透膜等功能。上皮细胞癌变后,由于基膜的存在,最初仅停留在基膜的间质组织强化层内。正常组织和器官在重塑过程中,基膜是由上皮细胞分泌的各种胶原和蛋白共同构建的。基膜主要包括基底层(Ⅳ型胶原蛋白)和网状层(Ⅲ型胶原蛋白),对上皮组织生长和再生起支撑作用。胶原蛋白、纤维和基膜聚糖决定了基膜的强度。肿瘤细胞想要转移至其他部位,必须将上皮细胞从基膜上分离下来,并穿透基膜。基膜也充当了间隔上皮细胞和细胞外基质的角色。

细胞外基质(extracellular matrix,ECM)是 TME 中除细胞外的另一重要组成成分,它是由细胞分泌到细胞外间质中的蛋白质和多糖类物质构成的细胞外微环境,可调节细胞的发育和细胞生理活动。ECM 的构成主要是纤维蛋白(胶原、弹性蛋白、纤粘连蛋白等)和糖胺聚糖。这些物质具有不同的生物学特性。其中,胶原蛋白主要起到了决定抗拉强度、增加细胞黏附和趋化作用，是 ECM 中含量较高的蛋白质。细胞沿 ECM 的运动必须凭借整合素、胶原蛋白和弹性蛋白纤维的相互连接才能实现。而赖氨酰氧化酶介导了胶原蛋白和弹性蛋白的交联。ECM 在 TME 中除了起到细胞支架的作用，还为肿瘤细胞的生长供给了关键生长因子和酶。其中，最常见的生长因子包括 FGF、EGF、PDGF、TGF-α、TGF-β、VEGF 等。肿瘤细胞还可以通过上调生长因子受体的表达来提高受体对生长因子的敏感性，相当于在同等数量的配体情况下，提高了细胞的响应能力和效率。

总的来说，处在 TME 中的不同的细胞类型提供了不同的 ECM 蛋白，这些物质不仅填充在各种细胞间，也参与细胞信号传递、细胞增殖和分泌活性物质等过程。此外，紊乱、异常的 ECM 对 TME 中的基质细胞也会产生影响，同时也促进了血管生成和炎症的发展。研究表明，特定类型肿瘤的 TME 中的 ECM 组分也可作为预测临床预后的标志物。

（6）细胞外囊泡（EV）

肿瘤细胞释放的细胞外囊泡（extracellular vesicle，EV）是具有双层膜结构的功能性囊泡。与其他来源的 EV 类似，肿瘤细胞相关 EV 也可携带多种 RNA、蛋白质、细胞因子和生长因子等。EV 作为"信使"不需要细胞配体和受体结合途径就能在细胞间传递信息。EV 不仅是肿瘤细胞与 TME 相互通信的重要工具，也是调控肿瘤生长的重要物质之一。EV 中含有的多种活性物质对促进肿瘤的发展也有不同的影响，而 TME 的差别也影响着 EV 所携带的内容物。EV 可减弱肿瘤细胞之间的连接能力，使肿瘤细胞附着能力降低，从而增强肿瘤细胞的侵袭能力。EV 还可通过向正常细胞传递增殖指令，使肿瘤附近的正常细胞发生癌变。EV 中的大量生长因子或炎症因子参与了包括肿瘤新生血管生成、基质重塑、抑免疫应答等多个肿瘤发展过程。此外,EV 还可能与肿瘤的耐药相关,其或可将抗肿瘤药物排出细胞外。虽然针对肿瘤 EV 的治疗仍存在巨大的挑战,但随着 EV 研究的深入,进一步揭示 EV 与肿瘤之间的关系对于肿瘤的靶向治疗是极其必要的。

4. 肿瘤免疫微环境

机体的免疫系统在肿瘤发生过程中扮演着两种角色。一种是可作为锐利的"矛"攻击正在发展的肿瘤细胞,所产生的一系列免疫反应可以预防和抑制肿瘤发展的角色;另一种却是作为肿瘤细胞的"保护盾",帮助肿瘤细胞免受侵害的角色。因此,肿瘤浸润免疫细胞和肿瘤细胞之间是如何进行相互作用的,而免疫细胞和相关的因子又是如何起到双重作用的,这些都引起了人们的极大兴趣。

研究表明,某些肿瘤细胞具有干扰、抑制,甚至转化免疫细胞的能力,这些肿瘤细胞通过对 TME 中的免疫细胞进行一系列的相互作用,从而逐步解除免疫细胞对肿瘤细胞的束缚,使肿瘤无法受到有效的抑制。一些肿瘤类型的发生发展往往伴随着慢性炎症,这使得肿瘤受到多种因素的调控,难以治愈,就像是一个无法愈合的伤口。而许多炎症的发展也会导致恶性肿瘤的发生。肿瘤免疫微环境的形成,将给肿瘤提供一个免疫抑制的环境,阻碍自身免疫系统对肿瘤细胞的攻击。肿瘤免疫微环境中包含的细胞主要有以下几种:

（1）树突状细胞（DC）

树突状细胞（dendritic cell，DC）是髓源性细胞,在所有的组织中普遍存在。DC 的功能是从周围环境中获取信息,将这些信息传递给其他免疫系统的细胞,如 T 细胞、B 细胞,起到抗原提呈的作用。在 TME 中,生存或死亡的肿瘤细胞被周围的 DC 俘获和吞噬,随即获得肿瘤细胞的相关抗原。肿瘤细胞会采用多种机制阻止抗原提呈的过程,并建立适宜自身发展的肿瘤特异性免疫。通过将不成熟的 DC 转变为巨噬细胞(如通过 IL - 6,M - CSF),肿瘤能够防止肿瘤特异性 T 细胞启动。也有研究表明,DC 内吞的肿瘤糖蛋白 CEA 和 MUC - 1 仅在早期内体中出现,因此,限制了 DC 的功能,阻止其向 T 细胞的抗原提呈。肿瘤还可抑制 DC 的成熟,其中 IL - 10 能够导致抗原特异性无能,其通过一些肿瘤源性的因子改变 DC 的成熟,间接导致其他免疫细胞失能,帮助肿瘤的生长。

(2) T 细胞(淋巴细胞)

不同种类的 T 细胞群存在于 TME 中,其中 CD8$^+$ 细胞毒性 T 细胞(CTL)和 CD4$^+$ T 辅助 1T 细胞(Th1)是最重要的抗肿瘤免疫效应细胞。

细胞因子 IFN - γ 被认为在预防和抑制肿瘤发生中扮演着重要的角色,在抗原特异性免疫过程中,其由 CD4$^+$ Th1 和 CTL 分泌。已有研究表明,这些免疫细胞在 TME 中的大量存在可改善预后。此外,CD4$^+$ Th2 细胞、CD4$^+$ Th17 细胞、调节性 T 细胞(Treg)对肿瘤是起到促进作用还是抑制作用,尚未有明确的证据,在多种动物模型中得到的结果也不尽相同。然而,TME 中浸润的 B 细胞及其分泌的一些细胞因子对肿瘤的发展却可起到"推波助澜"的作用。虽然有研究表明,缺少 B 细胞的小鼠的肿瘤生长得更快,但大量的 B 细胞有时被视为预后不良的标志。也有证据表明,B 细胞不仅仅是无辜的"旁观者",它们本身也以一种有意义的方式为对抗肿瘤免疫反应作出了贡献。自然杀伤细胞(natural killer cell,NK cell)是一种不需抗原刺激而杀伤病毒感染细胞和肿瘤细胞的淋巴细胞,杀伤肿瘤细胞的效果明显。它们在 TME 中的出现与许多癌症的良好预后有关。自然杀伤细胞可产生 IFN-γ 从而直接杀伤肿瘤细胞。但在 TME 中,自然杀伤细胞的功能往往被抑制和下调。虽然淋巴细胞对抗肿瘤免疫应答的机制尚不清楚,但可以肯定的是,在 TME 中,不同细胞之间的相互作用,不同细胞因子的相互作用等多种因素共同决定了肿瘤的命运。

(3)髓源性抑制细胞(MDSC)

一些髓系细胞也参与了促进肿瘤发展的过程,如髓源性抑制细胞、肥大细胞和肿瘤相关巨噬细胞。

髓源性抑制细胞(myeloid-de-rived suppressor cell,MDSC)是 DC、巨噬细胞和粒细胞的免疫抑制前体,其作用为维持正常的组织动态平衡以应对各种全身感染和损伤。在动物水平的 TME 中,随着 MDSC 浸润增加,对 DC 的抗原提呈、自然杀伤细胞的功能和 T 细胞活化产生影响。MDSC 参与了促进肿瘤血管生成、肿瘤细胞的免疫逃逸等过程。

肥大细胞是通过肿瘤招募后释放促内皮细胞增殖的因子,从而促进肿瘤新生血管的生成。MDSC 激活的分子机制需要不同类型的可溶性因子参与,如肿瘤来源的一些可溶性因子,通过刺激骨髓细胞以及抑制成熟髓样细胞的分化来诱导 MDSC 增殖或从激活的 T 细胞或肿瘤基质细胞中释放的因子来激活 MDSC。典型的肿瘤免疫抑制因子是细胞因子(IL-3、IL-1β、IL-6、IL-10),生长因子(GM-

CSF、VEGF、SCF、M‑CSF、TGF‑β),趋化因子(CCL2),PGE2 和促炎蛋白(S100A8/S100A9)。通常,这些因子本身不能完全激活 MDSC。通过对诱导型一氧化氮合酶(inducible nitric oxide synthase, iNOS)和精氨酸酶 1(arginase‑1,ARG1)表达的调控,MDSC 还可利用 IFN‑γ 激活的转录因子 STAT 1 和由 IL‑4 和 IL‑13 激活的 STAT 6 调节激活。由 GM‑CSF 激活的 STAT 5 通过诱导细胞周期蛋白、存活素、人 B 细胞淋巴瘤‑XL(Bcl‑XL)和 Myc 来激活 MDSC,并促进 MDSC 的增殖。有研究表明,Toll 样受体(Toll-like receptor,TLR)配体激活的 NF‑κB 在诱导 MDSC 向肿瘤生长部位移动方面有一定作用,这与靶向锁定 ARG1 和 iNOS 以及炎性介质 PGE2 和 COX2 有关。它们能够促进 MDSC 的积累,从而抑制其活性。

(4)肿瘤相关巨噬细胞(TAM)

TME 中肿瘤相关巨噬细胞(tumor-associated macrophage,TAM)通常表现为 M1 表型和 M2 表型。

促肿瘤的为 M2 表型,其表现为促进肿瘤血管生成和侵袭。M2 表型的 TAM 来源的细胞因子主要有 IL‑6、TNF‑α、IL‑1β 和 IL‑23,与促肿瘤作用相关,起到组织修复、免疫逃逸等作用。而常见的、激活的 M1 表型的巨噬细胞是促炎和抗肿瘤的 TAM。M1 表型的 TAM 是浸润在肿瘤组织中的巨噬细胞,是 TME 中普遍存在的免疫细胞。

研究表明,M1 表型的巨噬细胞主要起到抑制肿瘤、促进炎症及免疫活性等方面的作用。TAM 在 TME 中的分型和比例,是多种肿瘤发生发展、严重程度及预后的重要指标。针对 TAM 的干预和免疫治疗也是近年来的研究热点和方向。

（5）嗜中性粒细胞

与 TAM 相似，嗜中性粒细胞也存在正负调节肿瘤生长和转移的功能，这与其所在的 TME 有关。嗜中性粒细胞可分为 N1 表型（抗肿瘤）和 N2 表型（促肿瘤）。

研究表明，N1 表型的特点为具有细胞毒性和促炎作用，而 N2 表型的特点是具备较强的免疫抑制作用。根据嗜中性粒细胞的活化程度不同，嗜中性粒细胞的表型也会改变。活性高的 N1 表型的嗜中性粒细胞通过激活自然杀伤细胞和细胞毒性 T 细胞，促进趋化因子和炎性因子（如 TNF‑α、CCL3、CCL9、IL‑2、IL‑12 等）的分泌，在表面高表达 FAS 和 ICAM‑1 分子，下调 MMP‑9 的表达水平。N1 表型的嗜中性粒细胞参与杀死肿瘤细胞的同时也会促进 CD8$^+$ T 细胞的招募与激活，进一步提高抗肿瘤作用。与 N1 表型不同，N2 表型的嗜中性粒细胞会产生大量的精氨酸酶，上调促血管生成和促转移因子（如 MMP‑9、VEGF、CCL2、CCL5 等）的表达，从而直接参与肿瘤细胞的转移过程。

一些与肿瘤相关的免疫细胞发挥着双重作用，依靠 TME 的复杂信号可能消除或促进肿瘤细胞，肿瘤免疫疗法用于癌症患者已不再是梦想。在一些免疫疗法中，如 PD‑1/PD‑L1 抑制剂、CTLA‑4 抑制剂及单克隆抗体等均展现了较好的抗肿瘤效果，而通过靶向调控 TME 的研究也在积极开展中。确定不同肿瘤类型的 TME 组成及特点、免疫细胞与肿瘤细胞的相互作用和多种药物联合应用为肿瘤的治疗提供了新的方向。此外，更深入地了解在癌症免疫识别中活跃的信号级联反应是至关重要的，这将为癌症免疫治疗提供重要的靶点。

本章小结

多种因素共同作用可能引起体细胞突变及基因突变,引发原癌基因和抑癌基因的调节失衡,最终导致恶性肿瘤的发生。肿瘤细胞和肿瘤微环境中的其他细胞之间存在着广泛的相互作用,而肿瘤微环境不仅是肿瘤赖以生存的基础,也是肿瘤发展的温床,在肿瘤的发生、发展和转移过程中起到了至关重要的作用。肿瘤组织内部浸润的成纤维细胞、脂肪细胞、上皮细胞、血管内皮细胞及淋巴管内皮细胞构成了肿瘤非免疫微环境。而浸润到肿瘤内部的免疫细胞如 T 淋巴细胞、B 淋巴细胞、髓源性抑制细胞、巨噬细胞、嗜中性粒细胞及发挥抗原提呈作用的树突状细胞构成了肿瘤免疫微环境。此外,多种生物分子、酶、基膜和细胞外基质也是肿瘤微环境的重要组成。这种复杂的微环境网络有助于肿瘤的异质化,并赋予肿瘤乏氧、弱酸性、慢性炎症及免疫抑制等特性。肿瘤微环境的研究难点在于其组分复杂、影响因素较多。这种动态的、错综复杂的相互作用对于肿瘤的研究是一项巨大的挑战。随着分子生物学的深入发展,了解更多关于肿瘤微环境方面的信息,将肿瘤与微环境作为统一整体的研究,有助于更好地改善肿瘤的治疗效果。靶向肿瘤微环境的治疗也已被认为是非常有前景的抗癌策略。靶向血管系统的药物、免疫检查点抑制剂和 T 细胞治疗的临床应用已让很多病人受益。但是肿瘤微环境因为其复杂和多变性,单一靶向或不足以控制肿瘤的进展。多种方法的联合治疗能够发挥出更好的治疗效果,从而让更多的病人受益。

思考与练习

1. 什么是肿瘤微环境? 肿瘤微环境由哪些物质组成?

2. 针对肿瘤微环境特点用于治疗肿瘤的药物有哪些?

3. 肿瘤微环境中的哪些因素对肿瘤转移有促进作用? 请举例说明。

4. 肿瘤微环境如何帮助肿瘤细胞免疫逃逸?

本章参考文献

［1］ DEBMALYA Roy,高颖生,孙立,袁胜涛.肿瘤相关脂肪细胞及其分泌因子:抗肿瘤药物潜在靶点[J].药学进展,2017,41(4):278-284.

［2］ 徐文静,李凯.肿瘤相关循环内皮细胞的分类标志物及其功能研究进展[J].中国肿瘤临床,2009,36(6):353-356.

［3］ 田东,付茂勇.肿瘤相关微淋巴管内皮细胞的研究进展[J].肿瘤,2011,31(3):280-284.

［4］ 邹子骅,李峻岭.肿瘤微环境的理论及治疗进展[J].癌症进展,2019,17(23):2737-2740+2780.

［5］ Cabrita R, Lauss M, Sanna A, et al. Tertiary lymphoid structures improve immunotherapy and survival in melanoma. *Nature*. 2020; 557: 561-565.

［6］ Hui LL, Chen Y. Tumor microenvironment: sanctuary of the devil. *Cancer letters*. 2015; 368(1): 7-13.

［7］ Montarras D, Pinset C. Proto-oncogenes. *Biochimie*. 1987; 69: 171-176.

［8］ Macleod K. Tumor suppressor genes. *Current. opinion in genetics & development*. 2000; 10(1): 81-93.

［9］ Bailey CM, Liu Y, Liu MY, et al. Targeting HIF-1α abrogates PD-L1-mediated immune evasion in tumor microenvironment but promotes tolerance in normal tissues. *The journal of clinical investigation*. 2022; 132(9): e150846.

［10］ Pan JD, Mestas J, Burdick MD, et al. Stromal Derived Factor-1 (SDF-1/CXCL12) and CXCR4 in renal cell carcinoma metastasis. *Molecular cancer*. 2006; 5(1): 56-70.

［11］ Weis SM, Cheresh DA. Tumor angiogenesis: molecular pathways and therapeutic targets. *Nature medicine*. 2011; 17: 1359-1370.

［12］ Boedtkjer E, Pedersen SF. The acidic tumor microenvironment as a driver of cancer. *Annual review of physiology*. 2020; 82: 103-126.

[13] Saqib U, Sarkar S, Suk K, et al. Phytochemicals as modulators of M1 – M2 macrophages in inflammation. *Oncotarget*. 2018; 9(25): 17937 – 17950.

[14] Dunn GP, Bruce AT, Ikeda H, et al. Cancer immunoediting: from immunosurveillance to tumor escape. *Nature immunology*. 2002; 3: 991 – 998.

[15] Chen Y, McAndrews KM, Kalluri R. Clinical and therapeutic relevance of cancer-associated fibroblasts. *Nature reviews. clinical oncology*. 2021; 18(12): 1 – 13.

[16] Chen XM, Song E. Turning foes to friends: targeting cancer-associated fibroblasts. *Nature reviews drug discovery*. 2019; 18: 99 – 115.

[17] An YY, Liu FT, Chen Y, et al. Crosstalk between cancer-associated fibroblasts and immune cells in cancer. *Journal of cellular and molecular medicine*. 2020; 24(1): 13 – 24.

[18] Mantovani A, Allavena P, Sica A, et al. Cancer-related inflammation. *Nature*. 2008; 454: 436 – 444.

[19] Gilbert CA, Slingerland JM. Cytokines, obesity, and cancer: new insights on mechanisms linking obesity to cancer risk and progression. *Annual review of medicine*. 2013; 64(1): 45 – 57.

[20] Hirata E, Sahai E. Tumor microenvironment and differential responses to therapy. *Cold spring harbor perspectives in meditine*. 2017; 7(7): a026781.

[21] Krewson EA, Yang L, Dong LX. Acidic tumor microenvironment stimulation of GPR4 alters cytoskeletal dynamics and migration of vascular endothelial cells. *Cancer research*. 2017; 77(13): 1993.

[22] Li WY, Kang YB. Probing the fifty shades of EMT in metastasis. *Trends in cancer*. 2016; 2(2): 65 – 67.

[23] Yang SH, Zhu XW, Cai LQ, et al. Role of tumor-associated lymphatic endothelial cells in metastasis: a study of epithelial ovarian tumor in vitro. *Cancer science*. 2010; 101(3): 679 – 685.

[24] Zeng YP, Opeskin K, Goad J, et al. Tumor-induced activation of lymphatic endothelial cells via vascular endothelial growth factor receptor – 2 is critical for prostate cancer lymphatic metastasis. *Cancer research*. 2006; 66(19): 9566 – 9575.

[25] Park JS, Kim DH, Shah SR, et al. Switch-like enhancement of epithelial-mesenchymal transition by YAP through feedback regulation of WT1 and Rho-family GTPases. *Nature communications*. 2019; 10(1): 2797.

[26] Walker C, Mojares E, Del Río Hernández A. Role of extracellular matrix in

development and cancer progression. *International journal of molecular sciences*. 2018；19(10)：3028.

[27] Montero AJ，Diaz-Montero CM，Kyriakopoulos CE，et al. Myeloid-derived suppressor cells in cancer patients：a clinical perspective. *Journal of immunotherapy*. 2012；35(2)：107－115.

[28] Ribas A，Wolchok JD. Cancer immunotherapy using checkpoint blockade. *Science*. 2018；359(6382)：1350－1355.

[29] Jeong SK；Kim JS；Lee CG，et al. Tumor associated macrophages provide the survival resistance of tumor cells to hypoxic microenvironmental condition through IL－6 receptor-mediated signals. *Immunobiology*. 2017；222(1)：55－65.

[30] （波兰）M.克林克著.肿瘤细胞免疫：免疫细胞和肿瘤细胞的相互作用[M].北京：化学工业出版社,2016.01.

第三章
免疫代谢与肿瘤免疫治疗新策略

武多娇　高　洁　孙　璐　陈钰汶

本章学习目标

1. 了解 T 细胞的代谢和细胞功能之间的关系；

2. 掌握肿瘤浸润性 T 细胞的代谢状态；

3. 掌握影响 T 细胞抗肿瘤功能的关键途径；

4. 了解靶向 T 细胞代谢增强免疫应答。

　　肿瘤免疫治疗是指应用免疫学原理和方法，通过激活体内的免疫细胞和增强机体抗肿瘤免疫应答，特异性地清除肿瘤微小残留病灶、抑制肿瘤生长，打破免疫耐受的治疗方法。如何重新激活免疫细胞来对抗肿瘤？T 细胞在抗肿瘤免疫中起着重要作用，就像这场战役中的主力军一样。"兵马未动，粮草先行"，是否可以通过调节营养素的吸收和利用能够控制主力军 T 细胞的数量和功能呢？

　　《孙子兵法·谋攻》中说"知彼知己，百战不殆"，意思是对敌人的情况和自己的情况都有透彻的了解，作战就不会失败。在对抗肿瘤的战斗中，了解我们自身的免疫调节机制，才有可能寻找新的方法去击败敌人，而代谢机制就是我们重要的突破口。

一、引言

胸腺依赖淋巴细胞（thymus dependent lymphocyte），简称 T 细胞，是人体免疫系统的重要组分，可通过特异性结合并杀伤靶细胞或释放多种效应分子参与细胞免疫，发挥抗感染、抗肿瘤作用。过继免疫细胞疗法（adoptive cell transfer therapy，ACT）是一种有效的新兴肿瘤免疫治疗方法，具有非常广阔的前景。具体来说，ACT 的工作原理是收集人类自身免疫细胞，通过体外培养增强其靶向杀伤功能，然后重新导入患者体内以杀死血液和组织中的肿瘤细胞和突变细胞。ACT 涉及淋巴细胞、树突状细胞（dendritic cell，DC）、自然杀伤细胞（natural killer cell，NK cell）等多种免疫细胞为核心的免疫治疗方法的应用，目前主要类型有肿瘤浸润淋巴细胞（tumor infiltrating lymphocyte，TIL)疗法、T 细胞受体（T cell receptor，TCR）基因疗法、嵌合抗原受体（chimeric antigen receptor，CAR）修饰的 T 细胞疗法和自然杀伤细胞疗法，其中 T 细胞因其较强的靶向性及杀伤能力而受到更多关注。

自 2006 年首次使用靶向 MART - 1 黑色素瘤抗原的 TCR 转基因 CD8$^+$ T 细胞疗法取得显著效果以来，ACT 在临床实践中的应用越来越广泛。此外，CD19 特异性 CAR - T 细胞疗法已在多种不同类型淋巴瘤的治疗中取得了显著效果，其中，包括滤泡性淋巴瘤、大细胞淋巴瘤、慢性淋巴细胞白血病和急性淋巴细胞白血病。

ACT 取得的这些突破揭示了免疫系统在抗肿瘤中的巨大潜力，但目前只有少数实体肿瘤患者对免疫治疗反应良好，即只有少数实体肿瘤患者获得了持续性疗效。可能影响 ACT 疗效持续性的因素包括：肿瘤抗原的特异性和突变；免疫抑制性肿瘤微环境（tumor microenvironment，TME）；T 细胞转移到患者体内后的短期生存；活化后的 T 细胞难以进入肿瘤组织；与 ACT 相关的免疫相关毒性，包括细胞因子释放综合征（cytokine release syndrome，CRS）、免疫相关不良反应（immune-related adverse events，irAEs）、交叉反应性脱靶（非肿瘤）/靶向毒性、ACT 的神经毒性等。

上述因素中，我们将主要探讨 T 细胞转移到患者体内后的短期生存及免疫抑制性 TME 分别是如何影响 T 细胞功能的。研究表明，T 细胞的生存、增殖、分化和功能与代谢密切相关，因此，本章还将介绍通过调控代谢途径改善 T 细胞功能以提高 T 细胞疗法疗效的有效方法。

二、肿瘤浸润性 T 细胞的代谢

TIL 具有异质性。最近，在关于肝细胞癌（hepatocellular carcinoma，HCC）相关 T 细胞的研究中，我们和其他团队都发现 $CD8^+$ T 细胞、调节性 T 细胞（regulatory T cell，Treg）与 HCC 患者的临床结局和预后密切相关。T 细胞的终末分化与抗肿瘤功能呈负相关关系。此外，在效应 T 细胞（effector T cell，Teff）耗竭的过程中，效应分子和可诱导共刺激分子表达同时增加。然而，导致 TIL 异质性和不同分化命运的原因目前仍不清楚。总的来说,代谢重编程对 T 细胞的分化和激活起着重要的作用,因为从静止状态过渡到激活状态,其增殖、分化和浸润功能需要消耗大量的能量。肿瘤细胞增加对营养物质的消耗以维持其快速增殖和细胞生长,并且优先进行有氧糖酵解(aerobic glycolysis,即瓦氏效应),这一现象塑造了 TME。肿瘤细胞的这种特殊代谢活动不仅与 TIL 竞争其生长及在 TME 中行使效应功能所需的营养素,如葡萄糖和谷氨酰胺,同时还积累了大量的代谢产物,如乳酸等。这些因素共同促成了不适宜 TIL 存活的 TME。在此,我们总结了这种 TME 对 TIL 活性的影响。

缺氧是 TME 的一个重要代谢特征。

低氧可促进缺氧诱导因子-1α(hypoxia-inducible factor - 1 alpha,HIF-1α)的表达,HIF-1α 通过增强细胞外输入信号,如 T 细胞抗原受体和哺乳动物雷帕霉素靶蛋白(mammalian target of rapamycin,mTOR)介导的信号,影响 CD8$^+$ T 细胞的代谢和功能。HIF-1α 是一组转录因子,与缺氧 TME 的许多表型特征有关。然而,HIF-1α 并不只与 T 细胞缺氧相关,还受其他因素的调节,如 T 细胞活化。缺氧可通过增加骨髓来源的抑制性细胞的程序性死亡配体 1(programmed death-ligand 1,PD-L1)和 T 细胞活化 V 结构域 Ig 抑制物(V-domain Ig suppressor of T cell activation,VISTA)的表达间接抑制 TIL 的功能。CD8$^+$ T 细胞在缺氧条件下利用糖酵解为其供能,但葡萄糖在 TME 中通常受到限制。因模拟低氧 TME 的实验方法不同,低氧 TME 对体外激活的 CD8$^+$ T 细胞的影响往往是不一致的。缺氧会阻碍 T 细胞的增殖,削弱其再活化后的活力,但不会影响其细胞毒性。据报道,二甲双胍治疗小鼠可缓解 TME 的缺氧状态,使 CD44^{high} TIL 数量增加。因此,TME 中缺氧对 T 细胞抗肿瘤效率的负面影响(至少部分)可以通过调节代谢来克服。

营养限制是 TME 的另一个重要代谢特征。

T 细胞在不同状态下的代谢存在差异。初始 T 细胞和记忆 T 细胞主要通过氧化磷酸化(oxidative phosphorylation,OXPHOS)供能来满足代谢所需,而 Teff 通过激活葡萄糖和氨基酸转运体,增加其有氧糖酵解速率来满足其快速增殖及合成细胞因子的营养需要。因此,可利用的葡萄糖水平对 T 细胞的功能和命运至关重要。钙离子和磷酸烯醇式丙酮酸(phosphoenolpyruvate,PEP)都可经代谢调节。PEP 不仅可以维持 TCR 介导的钙离子-活化 T 细胞核因子(nuclear factor of activated T cells,NFAT)信号,还可以抑制肌/内质网 Ca^{2+}-ATP 酶(sarco/endoplasmic reticulum Ca^{2+}-ATPase,SERCA)的活性,从而维持 T 细胞的功能。此外,葡萄糖缺乏的 TME 降低了 T 细胞的 mTOR 活性、糖酵解能力和干扰素-γ(interferon gamma,IFNγ)的分泌,其机制之一是低葡萄糖条件下,3-磷酸甘油醛脱氢酶(glyceraldehyde 3-phosphate dehydrogenase,GAPDH)可自由结合到 IFNγ mRNA 的 3′UTR 中富含 AU 的区域,从而减少了 IFNγ 的翻译和分泌。缺氧和低葡萄糖水平介导相反的代谢信号,缺氧可促进糖酵解,而低葡萄糖水平则迫使细胞利用需氧的 OXPHOS 功能。这表明酮作为一种低耗氧的高效燃料,可能为 CD8$^+$ TIL 提供能量,但这还有待进一步研究。我们可以推测,CD8$^+$ TIL 可能会根据周围的含氧和葡萄糖水平,在含黄素的单加氧酶、酮和糖酵解之间交替选择其能量来源。

在低葡萄糖的 TME 中,TIL 可以替代性地氧化谷氨酰胺以维持其生存和功能。谷氨酰胺通过转运蛋白,包括溶质载体家族 1 成员 5 和溶质载体家族 7 成员 5 等,进入细胞,然后经谷氨酰胺酶分解为谷氨酸和氨。谷氨酸脱氢酶或氨基转移酶(转氨酶)可将谷氨酰胺转化为 α-酮戊二酸,后者是 TCA 循环的中间产物。然而,谷氨酰胺的量是有限的,随着肿瘤细胞对谷氨酰胺摄入的增加,它们开始与 CD8$^+$ TIL 形成竞争,最终导致谷氨酰胺无法进一步抑制 CD8$^+$ TIL 的激活和分化。阻断肿瘤细胞中谷氨酰胺的代谢途径及增加 TME 中谷氨酰胺的浓度已被证明能有效地改善 T 细胞的抗肿瘤免疫反应。此外,TME 中色氨酸和精氨酸的缺失将影响 T 细胞的效应功能,这有助于促进肿瘤内免疫抑制性环境的形成。

脂质积聚也是 TME 内常见的代谢改变。

一方面,增加脂质摄入可以最大限度地提高能量产生。例如,在黑色素瘤中,CD8$^+$ TIL 的过氧化物酶体增殖物激活受体 α(peroxisome proliferator-activated receptor alpha,PPARα)信号在 TME 中被激活,促使其向脂肪酸分解代谢转变,同时,脂肪酸可以通过增加氨基酸合成及提高其乙酰化水平来促进效应分子的产生。然而,脂质积聚也可能导致 T 细胞脂质代谢紊乱。例如,免疫细胞的脂质摄取和积聚增加可见于各种类型的肿瘤中且通常与抗肿瘤免疫功能受损相关联。这种代谢缺陷不但能破坏 TIL 的能量供应,还能在结构和信号水平上干扰某些效应分子的生物合成。细胞内脂质的早期积聚是可以耐受的,这些脂质可通过二酰甘油转化为三酰甘油,后者沉积在内质网(endoplasmic reticulum,ER)膜或进一步生成脂滴(lipid droplet,LD)。然而,长期暴露于长链脂肪酸(long-chain fatty acid,LCFA)会影响 TIL 的脂滴生成,抑制线粒体活性,并增加 ER

应激。TME 富含多种脂质，包括氧化低密度脂蛋白（oxidized low-density lipoprotein，Ox－LDL）、胆固醇、LCFA 和极长链脂肪酸（very long-chain fatty acid，VLCFA）。CD8$^+$ TIL 通过 CD36 依赖的方式增加 Ox－LDL 的摄取以诱导脂质过氧化和 p38 丝裂原活化蛋白激酶（mitogen-activated protein kinase，MAPK）的激活，从而抑制 TIL 细胞因子的产生。一些研究表明，TME 中胆固醇的升高不但可以诱导 CD8$^+$ TIL 耗竭标记物的表达，还可以减少 TIL 的数量。CD8$^+$ TIL 不断积累特定的 LCFA，这些 LCFA 不能被分解用作能量来源，反而会损害细胞的线粒体功能，诱发脂质代谢途径发生显著的转录重编程，导致脂肪酸分解代谢减少。同时，极长链酰基辅酶 A 脱氢酶（very long-chain acyl coenzyme A dehydrogenase，VLCAD）下调，增加了 TIL 中脂毒性 LCFA 和 VLCFA 的积累。

TME 的免疫抑制特性可部分归因于肿瘤释放的代谢物，如乳酸、犬尿氨酸（kynurenine，Kyn）等的积累。一方面，细胞外高乳酸水平通过抑制单羧酸转运体（monocarboxylate transporter，MCT）介导的乳酸外流抑制 T 细胞的活化和功能；另一方面，T 细胞中乳酸增加导致的酸性水平升高则会干扰 NFAT 的调节，从而抑制 IFNγ 产生。此外，TME 中的高乳酸水平也可能导致 TIL 的凋亡，这在一定程度上解释了高乳酸水平的肿瘤中 T 细胞数量比例较小的原因。此外，Kyn 作为由吲哚胺－2,3－双加氧酶（indoleamine－2,3－dioxygenase，IDO）介导的色氨酸分解代谢产物，可抑制 CD8$^+$ T 细胞的增殖和效应功能。Kyn 的下游产物：3－羟基犬尿氨酸（3－hydroxykynurenine，3HK）、3－羟基邻氨基苯甲酸（3－hydroxyanthranilic acid，HAA）和黄尿酸（xanthurenic acid，XA）也具有免疫抑制作用。HAA 通过抑制丙酮酸脱氢酶激酶 1（pyruvate dehydrogenase kinase 1，PDK1）和核因子 κB（nuclear factor kappa - B，NF - κB）的激活，促进 T 细胞凋亡，限制其增殖，并激活 Treg。但 T 细胞如何感知 HAA 的确切机制尚不明确。此外，XA 可通过抑制四氢生物蝶呤的合成而抑制 Teff。

TME 中代谢产物（如乳酸、氢离子和二氧化碳）的积累会增加 TME 的酸度，对 TIL 产生不利影响。最近的研究表明，通过抑制肿瘤细胞的乳酸脱氢酶 A，减少乳酸积累，可以增加 T 细胞在肿瘤内的浸润和 IFNγ 的产生。TME 中过量的肿瘤源性钾离子一方面可增加 T 细胞内钾离子的浓度，抑制其抗肿瘤活性；另一方面，细胞外钾离子水平的增加可导致 TCR 驱动的蛋白激酶 B - mTOR 信号通路磷酸化及 T 细胞效应功能受损。研究发现，通过过度表达钾通道 Kv1.3 增加 T 细胞内钾离子外流来降低细胞内钾离子浓度，可提高 T 细胞在体外和体内的抗肿瘤功能，并提高黑色素瘤小鼠的存活率。这些结果进一步表明，干预和重新编程 TIL 的代谢状态是改善实体瘤 T 细胞免疫治疗的策略。

三、可行的策略

在免疫治疗的不同阶段，T 细胞的抗肿瘤效果对应不同的功能和代谢需求。第一，我们需要将 T 细胞从患者的肿瘤组织或外周血中分离出来，然后在体外扩增。第二，在转移到患者体内后，T 细胞必须定位于肿瘤组织内。第三，T 细胞必须能够在任何恶劣的微环境中生存，并最终通过表达效应分子和细胞因子杀伤肿瘤细胞。

在这些阶段中，T 细胞的以下代谢能量需求必须得到满足：既要满足细胞生存和持久性的代谢能量需求，又要满足快速增殖和诱导炎症的功能能量需求。

需要注意的是，过多的糖酵解可能导致 T 细胞终末分化；过强的氧化代谢可能导致功能降低和 T 细胞静止。可见，T 细胞免疫治疗的代谢能量需求是动态变化的。一方面，我们可以在体外调节 T 细胞并将其重新引入患者体内；另一方面，我们可以改进 TME，使其对 CD8$^+$ TIL 的生存与抗肿瘤功能的限制不那么苛刻。

四、T 细胞功能的体外调控

对于 T 细胞功能的体外调控，我们首先需明确可在患者体内最大限度发挥抗肿瘤作用的 CD8$^+$ T 细胞的代谢状态。研究发现，T 细胞分化程度与其抗肿瘤功能呈负相关关系。接受 TIL 治疗的患者的 T 细胞端粒长度增加，共刺激受体 CD27 表达水平升高（这些表现常常是低分化 T 细胞的标志），并显示出更好的治疗效果。研究还发现，向患者体内过继输入分化完全的 Teff，其抑制肿瘤生长的效果较差，且这些处于分化晚期的 Teff 不能进一步分化为记忆 T 细胞（memory t cell，Tmem）。细胞回输至患者体内后扩增、存活受限，可能是其抗肿瘤效果差的重要原因之一，相比之下，具有更强自我更新潜力的 T 细胞疗效更好。因此，我们在体外处理 T 细胞时主要考虑两点：

第一点，T 细胞可快速激活、增殖并发挥强大的细胞毒功能，这主要依赖于高水平的糖酵解。

第二点，T 细胞可保持持久的存活能力（lasting survival ability）

及较强的自我更新潜力,即记忆样表型,这主要依赖于脂肪酸氧化(fatty acid oxidation,FAO)和 OXPHOS。此外,我们运用染色质转座酶可及性测序及 RNA 测序进一步研究 CD8$^+$ 初始 T 细胞、Teff 和 Tmem 的染色质可及性。测序结果发现 CD8$^+$ T 细胞染色质开放度与代谢调节密切相关,高可及性的上游结合位点 SP1 是 Teff 和 Tmem 脂肪酸氧化和糖酵解的关键转录因子。基于这些研究,我们认为调控 TME 的关键代谢指标并增加 T 细胞营养物质的利用可作为改善 T 细胞免疫功能的一个潜在策略。

调节 T 细胞代谢以增强肿瘤杀伤功能是一个复杂的过程,并不像调节单一代谢物那么简单。体外扩增、增加记忆样和干细胞样 CD8$^+$ T 细胞的比例,同时提高回输后 CD8$^+$ T 细胞的存活率,是提高 ACT 疗效的重要策略。呼吸储备量和 FAO 是 Tmem 形成的关键。我们可以通过多种方式改变 CD8$^+$ T 细胞代谢状态,使其分化为 Tmem,从而提高 ACT 的疗效,这些方式通常有:调控线粒体功能;靶向某些分化相关通路基因,如抑制磷脂酰肌醇 - 3 - 激酶(phosphatidylinositol 3 - kinase,PI3K)、mTOR 或 Akt,激活 Notch 蛋白;添加细胞因子;提高 T 细胞的代谢适应性;补充 L - 精氨酸等。此外,调节糖、脂代谢以增强 T 细胞的细胞毒性也很重要。

AMP 活化蛋白激酶(AMP-activated protein kinase,AMPK)是一种丝氨酸/苏氨酸蛋白激酶,也是促进 T 细胞线粒体生物合成和 OXPHOS 的转录因子,在 Tmem 的发育过程中发挥重要作用。缺乏 AMPK 亚基的 T 细胞线粒体呼吸功能减弱,免疫记忆形成受阻。与 CD28ζ 细胞相比,4 - 1BBζ 细胞的疗效更加持久,耗竭率更低。原因之一是 4 - 1BB 信号增强了过氧化物酶体增殖物激活受体 γ 辅激活因子-1α的活性,使T细胞产能增加,从而促进了Tmem的形成。此外,生理水平的线粒体活性氧(reactive oxygen species,ROS)也是影响T细胞存活及增殖相关通路(细胞外调节蛋白激酶通路、P38通路等)的重要因素,但过量的ROS可通过其他信号转导通路(MAPK、Jun、Smads及P38通路等)损伤细胞或直接损伤DNA。线粒体膜电位(mitochondrial membrane potential,$\Delta\Psi m$)及ROS水平升高的T细胞,其抗肿瘤效果往往不佳。研究发现,$\Delta\Psi m$相对较高的T细胞糖酵解相关通路明显上调,这表明IL2-mTOR轴在提高$\Delta\Psi m$和ROS生成中发挥重要作用。相反,$\Delta\Psi m$相对较低的T细胞则在体内显示出更强的免疫活性、抗肿瘤功能及更持久的免疫应答,其在体外活化早期表现出与Tmem一致的表型,如高呼吸潜力、高持久性及相关基因的表达。因此,体外调控IL2-mTOR轴使T细胞保持较低的$\Delta\Psi m$,再将其回输到患者体内,是提高肿瘤免疫治疗效果的一种有效方案。

PI3K/Akt/mTOR通路是T细胞活化下游的一个典型信号通路,可促进T细胞分化,在T细胞的代谢重编程、细胞生长、蛋白质翻译和效应功能等方面发挥重要作用,调节该信号通路可进一步调控T细胞的生长和分化。体外抑制PI3K可增加CD8$^+$T细胞的记忆样表型,从而增强ACT疗法的有效性和持久性。此外,Akt抑制剂可显著增加T细胞的干细胞样表型,促进FAO,提高T细胞转移至患者体内后的扩增潜力,从而显著提高ACT的疗效。雷帕霉素可抑制mTOR,诱导记忆样表型T细胞的分化,这也是提高ACT疗效的方式之一。体外激活Notch蛋白通路可诱导已活化的T细胞分化为记忆样表型T细胞,减少程序性细胞死亡蛋白-1(programmed cell

death protein－1，PD－1)和细胞毒 T 淋巴细胞相关抗原－4
(cytotoxic T-lymphocyte-associated antigen 4，CTLA－4)的表达，
使再刺激后肿瘤特异性 Teff 产生增多，故亦可作为提高 ACT 疗效的
潜在靶点。

因为 TME 具有代谢限制的特性，所以提高 TIL 的代谢适应性也
是提高 ACT 疗效的一个重要切入点。在体外经短暂的葡萄糖限制
培养后再引入患者体内的 Teff，其杀伤肿瘤能力增强。T 细胞经短
暂的葡萄糖限制后发生代谢重塑，当再次接触葡萄糖时可通过增加
葡萄糖摄取量和增强磷酸戊糖途径的活性来促进抗肿瘤免疫应答。
此外，T 细胞活化过程中短暂抑制糖酵解有利于长寿 Tmem 的产生，
后者在体内具有更好的保护作用。因此，短暂的代谢限制可通过促
进线粒体生成、增强线粒体呼吸和代谢重塑等途径提高 ACT 治疗的
效率。添加各种细胞因子对 CD8$^+$ T 细胞的分化也有一定的影响，如
加入 IL－7、IL－15、IL－21 等可促进 Tmem 的产生和存活，这部分
归因于线粒体活性的增加，该策略在 ACT 临床前模型中显示出较好
的疗效。

L－精氨酸在中枢 CD8$^+$ Tmem 的形成、活化和维持中起重要作
用。在体外扩增 T 细胞时补充精氨酸可以促进氧化代谢，抑制糖酵
解，促进长寿型 Tmem 的形成，提高抗肿瘤活性。提高活化 T 细胞内
的 L－精氨酸水平可在体外诱导细胞代谢从糖酵解向 OXPHOS 转
换，促进中枢记忆样细胞的产生，从而提高存活率和抗肿瘤活性。

除了增加记忆样表型 T 细胞的数量外，体外增强 T 细胞毒性后
再回输至肿瘤患者体内也是一种有效措施，如通过调节葡萄糖代
谢、抑制胆固醇酯化、减少脂质过氧化、增加脂肪酸分解等方式在体

外对 T 细胞毒性进行调节。研究发现,上调磷酸烯醇丙酮酸羧化激酶 1(phosphoenolpyruvate carboxykinase 1,PEPCK1)的表达可促进 PEP 的生成,增强 T 细胞效应功能,还可以增强葡萄糖缺乏的 TME 中 T 细胞的毒性,进而抑制黑色素瘤模型小鼠的肿瘤生长。酰基辅酶 A-胆固醇酰基转移酶 1(acyl coenzyme A-cholesterol acyltransferase,ACAT1)抑制剂靶向 T 细胞的胆固醇代谢,抑制胆固醇酯化以辅助免疫治疗。抑制 ACAT1 可提高质膜胆固醇水平,促进 TCR 的聚集、信号传导及免疫突触形成,进而促进细胞因子、溶血颗粒产生及增强细胞毒性。ACAT1 缺陷的 CD8+ T 细胞的细胞毒性和增殖能力显著增强。

此外,调节脂质过氧化也是增强 ACT 疗效的有效方式。例如,谷胱甘肽过氧化物酶-4 的过表达可减少 T 细胞内的脂质过氧化物,从而解决脂质-CD36 轴导致的 CD8+ T 细胞功能障碍并恢复 CD8+ TIL 的功能。增加脂肪酸分解,不仅能促进 TME 中 TIL 产能,还可以通过替代途径改善 T 细胞的功能。糖酵解受限时,细胞可以利用脂肪酸合成氨基酸来支持效应分子的合成。此外,由脂肪酸生成的乙酰辅酶 A 增多,可以使 GAPDH 等三羧酸循环和糖酵解途径中的关键酶乙酰化。乙酰化的 GAPDH 活性增强,其与 IFNγ mRNA3′ UTR 的结合减少,从而使 IFNγ 的产生增多。因此,增强 T 细胞体外脂肪酸分解可提高 ACT 的疗效。

五、改善免疫抑制性 TME,靶向免疫代谢

基于 TME 的代谢特点,直接调节患者体内代谢关键酶或关键代

谢产物的浓度可改善 ACT 的疗效。肿瘤细胞的糖酵解速率可通过影响 TME 中的葡萄糖浓度和乳酸水平从而显著影响 ACT 的疗效。同 ACT 治疗有效的患者相比,无应答的黑色素瘤患者糖酵解相关基因的总体表达水平明显较高,且与 T 细胞肿瘤内浸润程度呈负相关关系。黑色素瘤细胞进行高水平糖酵解,并释放大量乳酸而使 T 细胞的效应功能受损。此外,肿瘤细胞表达的 PD‐L1 可通过激活 Akt/mTOR 通路促进肿瘤细胞自身的糖酵解;抗 PD‐L1 抗体可诱导 PD‐L1 内吞,抑制肿瘤细胞糖酵解。有研究发现,2‐脱氧‐D‐葡萄糖、葡萄糖转运体(glucose transporter,GLUT)抑制剂水飞蓟宾,己糖激酶抑制剂氯尼达明,丙酮酸激酶同工酶 2 抑制剂,丙酮酸脱氢酶激酶抑制剂二氯乙酸等糖酵解抑制剂均可抑制肿瘤进展。同样作为糖酵解的中间产物,PEP 水平的升高可抑制糖酵解,从而增强 T 细胞的抗肿瘤能力。尽管 TME 中葡萄糖水平较低,但 CD8$^+$ T 细胞可以通过上调 PEPCK1(可将草酰乙酸转化为 PEP)的表达来提高 PEP 水平。这种代谢重编程通过恢复 TCR 诱导的 Ca2$^+$ 流,恢复并增强肿瘤特异性 T 细胞的功能。

缺氧是 TME 的一个重要代谢特征。研究发现,小鼠模型中直接吸氧诱导的呼吸性高氧可缓解 TME 中的缺氧状态,降低 HIF‐1α 水平,并在免疫治疗过程中抑制肿瘤体积的增加。此外,二甲双胍可减少肿瘤细胞的耗氧量,减轻 TME 的缺氧程度,从而增强 PD‐1 阻滞效果和 ACT 的疗效。虽然众多有关靶向肿瘤血管生成的药物的研究正如火如荼地开展,但我们仍需要更进一步的研究来明确血管内皮生长因子抑制剂的最佳剂量,从而适当地提高 TME 中的氧含量,恢复 T 细胞的功能,提高患者对 ACT 治疗的反应性。

除缓解缺氧和调节肿瘤细胞的乳酸生成可提高 ACT 疗效外,直接改善 TME 中的酸度也可达到类似的效果。口服缓冲剂溶液可帮助调节 TME 的 pH,提高 ACT 治疗的持久应答率,且具有临床转化潜力。至于 TME 中肿瘤细胞与 T 细胞之间代谢物的竞争,对某种增强 TIL 功能的特定代谢物进行调控不失为一种有效的策略。除了前文已提到的补充 L-精氨酸,调节色氨酸代谢也能达到同样的效果。IDO 诱导色氨酸合成 Kyn,可损害 T 细胞的效应功能。关于新型免疫治疗药物——IDO 抑制剂的几个临床研究尚在进行,如 EOS200271、BMS-986205 等,但不少已结束的临床试验结果不佳,可能与其他色氨酸酶的代谢补偿及色氨酸代谢的转移有关。另一种推荐的治疗方法是直接消耗 Kyn,它可以恢复下调了的 $CD8^+$ T 细胞的活性,也能加强其增殖及细胞因子合成的能力,提高黑色素瘤、乳腺癌和结肠癌荷瘤小鼠的存活率。此外,靶向肿瘤细胞的谷氨酰胺代谢,恢复 TME 中的谷氨酰胺水平也是提高 ACT 疗效的重要策略。已有研究表明,谷氨酰胺抑制剂可有效增强 T 细胞的活性,研究者发现阻断荷瘤小鼠体内的谷氨酰胺可抑制肿瘤细胞内的氧化作用和糖酵解,增强 T 细胞的氧化代谢,延长 T 细胞的寿命并增加其活性。综上所述,对细胞代谢进行必要的干预以使 T 细胞保持合适的代谢状态,可作为抗肿瘤治疗的有效方法。

总之,在过去几十年里,肿瘤免疫治疗领域的范围不断拓展。科学家们意识到不仅可以通过调节已知的代谢通路,还可以通过调控营养物质摄取来增强 T 细胞的抗肿瘤作用。增强 T 细胞营养摄取的同时抑制肿瘤细胞营养摄取可有效抑制肿瘤生长,这种双向免疫疗法在肿瘤治疗方面具有很大的潜力。

本章小结

　　T 细胞的功能和作用受代谢等多种因素的影响,其中代谢通路发挥重要作用,通过人工操作直接或间接调节代谢通路内几个已知或潜在的靶标可调控 T 细胞的增殖、分化及功能。随着最新研究的进展以及对"特定代谢通路组分如何决定 T 细胞命运或功能"这一问题的深入了解,增强 T 细胞抗肿瘤能力的新策略不断涌现,在肿瘤治疗方面呈现出良好的临床前景。值得注意的是,在应用这些治疗方式之前仍需评估各种并发症,最优的 T 细胞代谢调控策略相关研究仍待进一步完善。

思考与练习

1. 什么是 ACT? 其主要分类有哪些?

2. 体外调控 T 细胞功能的主要策略有哪些?

3. 简述肿瘤微环境的代谢特征及其对肿瘤浸润性 T 细胞代谢的影响。

4. 针对抑制性肿瘤微环境的免疫代谢靶点有哪些? 请举例说明。

本章参考文献

[1]　Rohaan MW, Wilgenhof S, Haanen J. Adoptive cellular therapies: the current landscape. *Virchows Archiv: an international journal of pathology*. 2019; 474(4): 449 - 461.

[2]　Morgan RA, Dudley ME, Wunderlich JR, et al. Cancer regression in patients after transfer of genetically engineered lymphocytes. *Science* (*New York*, *NY*).

2006; 314(5796): 126 – 129.

[3] Kochenderfer JN, Wilson WH, Janik JE, et al. Eradication of B-lineage cells and regression of lymphoma in a patient treated with autologous T cells genetically engineered to recognize CD19. *Blood*. 2010; 116(20): 4099 – 4102.

[4] Grupp SA, Kalos M, Barrett D, et al. Chimeric antigen receptor-modified T cells for acute lymphoid leukemia. *The New England journal of medicine*. 2013; 368(16): 1509 – 1518.

[5] Brentjens RJ, Davila ML, Riviere I, et al. CD19 – targeted T cells rapidly induce molecular remissions in adults with chemotherapy-refractory acute lymphoblastic leukemia. *Science translational medicine*. 2013; 5 (177): 177ra138.

[6] Yang Y, Liu F, Liu W, et al. Analysis of single-cell RNAseq identifies transitional states of T cells associated with hepatocellular carcinoma. *Clinical and translational medicine*. 2020; 10(3): e133.

[7] Liu F, Liu W, Sanin DE, et al. Heterogeneity of exhausted T cells in the tumor microenvironment is linked to patient survival following resection in hepatocellular carcinoma. *Oncoimmunology*. 2020; 9(1): 1746573.

[8] DePeaux K, Delgoffe GM. Metabolic barriers to cancer immunotherapy. *Nature reviews Immunology*. 2021.

[9] Gatenby RA, Gillies RJ. Why do cancers have high aerobic glycolysis? *Nature reviews Cancer*. 2004; 4(11): 891 – 899.

[10] Devic S. Warburg Effect — a consequence or the cause of carcinogenesis? *Journal of Cancer*. 2016; 7(7): 817 – 822.

[11] Heiden MGV, Cantley LC, Thompson CB. Understanding the warburg effect: the metabolic requirements of cell proliferation. *Science*. 2009; 324 (5930): 1029.

[12] Petrova V, Annicchiarico-Petruzzelli M, Melino G, Amelio I. The hypoxic tumour microenvironment. *Oncogenesis*. 2018; 7(1): 10.

[13] Doedens AL, Phan AT, Stradner MH, et al. Hypoxia-inducible factors enhance the effector responses of CD8$^+$ T cells to persistent antigen. *Nature immunology*. 2013; 14(11): 1173 – 1182.

[14] Phan AT, Goldrath AW. Hypoxia-inducible factors regulate T cell metabolism and function. *Molecular immunology*. 2015; 68(2 Pt C): 527 – 535.

[15] Noman MZ, Desantis G, Janji B, et al. PD – L1 is a novel direct target of HIF – 1α, and its blockade under hypoxia enhanced MDSC-mediated T cell

activation. *The Journal of experimental medicine*. 2014; 211(5): 781-790.

[16] Deng J, Li J, Sarde A, et al. Hypoxia-Induced VISTA promotes the suppressive function of myeloid-derived suppressor cells in the tumor microenvironment. *Cancer immunology research*. 2019; 7(7): 1079-1090.

[17] Noman MZ, Hasmim M, Lequeux A, et al. Improving cancer immunotherapy by targeting the hypoxic tumor microenvironment: new opportunities and challenges. *Cells*. 2019; 8(9): 1083.

[18] Gerriets VA, Rathmell JC. Metabolic pathways in T cell fate and function. *Trends in immunology*. 2012; 33(4): 168-173.

[19] Chang CH, Curtis JD, Maggi LB, Jr., et al. Posttranscriptional control of T cell effector function by aerobic glycolysis. *Cell*. 2013; 153(6): 1239-1251.

[20] Peng M, Yin N, Chhangawala S, Xu K, Leslie CS, Li MO. Aerobic glycolysis promotes T helper 1 cell differentiation through an epigenetic mechanism. *Science* (*New York, NY*). 2016; 354(6311): 481-484.

[21] Vuillefroy de Silly R, Dietrich PY, Walker PR. Hypoxia and antitumor CD8[+] T cells: an incompatible alliance? *Oncoimmunology*. 2016; 5(12): e1232236.

[22] Scharping NE, Menk AV, Whetstone RD, Zeng X, Delgoffe GM. Efficacy of PD-1 blockade is potentiated by metformin-induced reduction of tumor hypoxia. *Cancer immunology research*. 2017; 5(1): 9-16.

[23] Menk AV, Scharping NE, Moreci RS, et al. Early TCR signaling induces rapid aerobic glycolysis enabling distinct acute T cell effector functions. *Cell reports*. 2018; 22(6): 1509-1521.

[24] Chang CH, Qiu J, O'Sullivan D, et al. Metabolic competition in the tumor microenvironment is a driver of cancer progression. *Cell*. 2015; 162(6): 1229-1241.

[25] Johnson MO, Wolf MM, Madden MZ, et al. Distinct regulation of Th17 and Th1 cell differentiation by glutaminase-dependent metabolism. *Cell*. 2018; 175(7): 1780-1795(e19).

[26] Huang W, Choi W, Chen Y, et al. A proposed role for glutamine in cancer cell growth through acid resistance. *Cell research*. 2013; 23(5): 724-727.

[27] Altman BJ, Stine ZE, Dang CV. From Krebs to clinic: glutamine metabolism to cancer therapy. *Nature reviews Cancer*. 2016; 16(10): 619-634.

[28] Wei F, Wang D, Wei J, et al. Metabolic crosstalk in the tumor microenvironment regulates antitumor immunosuppression and immunotherapy resisitance. *Cellular and molecular life sciences*. 2021; 78(1): 173-193.

[29] Noël G, Langouo Fontsa M, Willard-Gallo K. The impact of tumor cell metabolism on T cell-mediated immune responses and immuno-metabolic biomarkers in cancer. *Seminars in cancer biology*. 2018; 52(Pt 2): 66 - 74.

[30] Sena LA, Li S, Jairaman A, et al. Mitochondria are required for antigen-specific T cell activation through reactive oxygen species signaling. *Immunity*. 2013; 38(2): 225 - 236.

[31] Xu S, Chaudhary O, Rodríguez-Morales P, et al. Uptake of oxidized lipids by the scavenger receptor CD36 promotes lipid peroxidation and dysfunction in CD8$^+$ T cells in tumors. *Immunity*. 2021; 54(7): 1561 - 1577. e1567.

[32] Zhang Y, Kurupati R, Liu L, et al. Enhancing CD8$^+$ T cell fatty acid catabolism within a metabolically challenging tumor microenvironment increases the efficacy of melanoma immunotherapy. *Cancer cell*. 2017; 32(3): 377 - 391. e379.

[33] Manzo T, Prentice BM, Anderson KG, et al. Accumulation of long-chain fatty acids in the tumor microenvironment drives dysfunction in intrapancreatic CD8$^+$ T cells. *The Journal of experimental medicine*. 2020; 217(8).

[34] Hapala I, Marza E, Ferreira T. Is fat so bad? Modulation of endoplasmic reticulum stress by lipid droplet formation. *Biology of the cell*. 2011; 103(6): 271 - 285.

[35] Shinjo S, Jiang S, Nameta M, et al. Disruption of the mitochondria-associated ER membrane (MAM) plays a central role in palmitic acid-induced insulin resistance. *Experimental cell research*. 2017; 359(1): 86 - 93.

[36] Ma X, Bi E, Lu Y, et al. Cholesterol induces CD8$^+$ T cell exhaustion in the tumor microenvironment. *Cell metabolism*. 2019; 30(1): 143 - 156. e145.

[37] Walenta S, Schroeder T, Mueller-Klieser W. Lactate in solid malignant tumors: potential basis of a metabolic classification in clinical oncology. *Current medicinal chemistry*. 2004; 11(16): 2195 - 2204.

[38] Fischer K, Hoffmann P, Voelkl S, et al. Inhibitory effect of tumor cell-derived lactic acid on human T cells. *Blood*. 2007; 109(9): 3812 - 3819.

[39] Brand A, Singer K, Koehl GE, et al. LDHA-associated lactic acid production blunts tumor immunosurveillance by T and NK cells. *Cell metabolism*. 2016; 24(5): 657 - 671.

[40] Platten M, Wick W, Bj VDE. Tryptophan catabolism in cancer: beyond IDO and tryptophan depletion. *Cancer research*. 2012; 72(21): 5435 - 5440.

[41] Lemos H, Huang L, Prendergast GC, Mellor AL. Immune control by amino

acid catabolism during tumorigenesis and therapy. *Nature reviews Cancer*. 2019; 19(3): 162 - 175.

[42] Hayashi T, Mo JH, Gong X, et al. 3 - Hydroxyanthranilic acid inhibits PDK1 activation and suppresses experimental asthma by inducing T cell apoptosis. *Proceedings of the national academy of sciences of the United States of America*. 2007; 104(47): 18619 - 18624.

[43] Yan Y, Zhang GX, Gran B, et al. IDO upregulates regulatory T cells via tryptophan catabolite and suppresses encephalitogenic T cell responses in experimental autoimmune encephalomyelitis. *Journal of immunology*. 2010; 185(10): 5953 - 5961.

[44] Eil R, Vodnala SK, Clever D, et al. Ionic immune suppression within the tumour microenvironment limits T cell effector function. *Nature*. 2016; 537 (7621): 539 - 543.

[45] Rosenberg SA, Restifo NP, Yang JC, Morgan RA, Dudley ME. Adoptive cell transfer: a clinical path to effective cancer immunotherapy. *Nature reviews Cancer*. 2008; 8(4): 299 - 308.

[46] Sukumar M, Liu J, Ji Y, et al. Inhibiting glycolytic metabolism enhances CD8[+] T cell memory and antitumor function. *Journal of clinical investigation*. 2013; 123(10): 4479 - 4488.

[47] Patsoukis N, Bardhan K, Chatterjee P, et al. PD - 1 alters T-cell metabolic reprogramming by inhibiting glycolysis and promoting lipolysis and fatty acid oxidation. *Nature communications*. 2015; 6: 6692.

[48] Klebanoff CA, Gattinoni L, Torabi-Parizi P, et al. Central memory self/tumor-reactive CD8[+] T cells confer superior antitumor immunity compared with effector memory T cells. *Proceedings of the national academy of sciences of the United States of America*. 2005; 102(27): 9571 - 9576.

[49] Gattinoni L, Zhong XS, Palmer DC, et al. Wnt signaling arrests effector T cell differentiation and generates CD8[+] memory stem cells. *Nature medicine*. 2009; 15(7): 808 - 813.

[50] Sukumar M, Gattinoni L. The short and sweet of T-cell therapy: restraining glycolysis enhances the formation of immunological memory and antitumor immune responses. *Oncoimmunology*. 2014; 3(1): e27573.

[51] van der Windt GJ, Everts B, Chang CH, et al. Mitochondrial respiratory capacity is a critical regulator of CD8[+] T cell memory development. *Immunity*. 2012; 36(1): 68 - 78.

[52] Pearce EL, Walsh MC, Cejas PJ, et al. Enhancing CD8 T-cell memory by modulating fatty acid metabolism. *Nature*. 2009; 460(7251): 103 - 107.

[53] Lu HY, Liu FM, Li Y, et al. Chromatin accessibility of CD8 T cell differentiation and metabolic regulation. *Cell biology and toxicology*. 2020; 37(3): 367 - 378.

[54] van der Windt GJ, O'Sullivan D, Everts B, et al. CD8 memory T cells have a bioenergetic advantage that underlies their rapid recall ability. *Proceedings of the national academy of sciences of the United States of America*. 2013; 110(35): 14336 - 14341.

[55] Jiang XT, Xu J, Liu MF, et al. Adoptive CD8$^+$ T cell therapy against cancer: challenges and opportunities. *Cancer letters*. 2019; 462: 23 - 32.

[56] Jornayvaz FR, Shulman GI. Regulation of mitochondrial biogenesis. *Essays in biochemistry*. 2010; 47: 69 - 84.

[57] Araki K, Ahmed R. AMPK: a metabolic switch for CD8$^+$ T-cell memory. *European journal of immunology*. 2013; 43(4): 878 - 881.

[58] Blagih J, Coulombe F, Vincent EE, et al. The energy sensor AMPK regulates T cell metabolic adaptation and effector responses in vivo. *Immunity*. 2015; 42(1): 41 - 54.

[59] Long AH, Haso WM, Shern JF, et al. 4 - 1BB costimulation ameliorates T cell exhaustion induced by tonic signaling of chimeric antigen receptors. *Nature medicine*. 2015; 21(6): 581 - 590.

[60] Kawalekar OU, O'Connor RS, Fraietta JA, et al. Distinct signaling of coreceptors regulates specific metabolism pathways and impacts memory development in CAR T cells. *Immunity*. 2016; 44(2): 380 - 390.

[61] Scharping NE, Menk AV, Moreci RS, et al. The tumor microenvironment represses T cell mitochondrial biogenesis to drive intratumoral T cell metabolic insufficiency and dysfunction. *Immunity*. 2016; 45(2): 374 - 388.

[62] Sukumar M, Liu J, Mehta GU, et al. Mitochondrial membrane potential identifies cells with enhanced stemness for cellular therapy. *Cell metabolism*. 2016; 23(1): 63 - 76.

[63] Frauwirth KA, Riley JL, Harris MH, et al. The CD28 signaling pathway regulates glucose metabolism. *Immunity*. 2002; 16(6): 769 - 777.

[64] Rangel Rivera GO, Knochelmann HM, Dwyer CJ, et al. Fundamentals of T cell metabolism and strategies to enhance cancer immunotherapy. *Frontiers in immunology*. 2021; 12: 645242.

［65］ Bowers JS, Majchrzak K, Nelson MH, et al. PI3Kδ inhibition enhances the antitumor fitness of adoptively transferred CD8$^+$ T cells. *Frontiers in immunology*. 2017; 8: 1221.

［66］ Petersen CT, Hassan M, Morris AB, et al. Improving T-cell expansion and function for adoptive T-cell therapy using ex vivo treatment with PI3Kδ inhibitors and VIP antagonists. *Blood advances*. 2018; 2(3): 210 - 223.

［67］ Crompton JG, Sukumar M, Roychoudhuri R, et al. Akt inhibition enhances expansion of potent tumor-specific lymphocytes with memory cell characteristics. *Cancer research*. 2015; 75(2): 296 - 305.

［68］ Scholz G, Jandus C, Zhang LJ, et al. Modulation of mTOR signalling triggers the formation of stem cell-like memory T cells. *EBioMedicine*. 2016; 4(100): 50 - 61.

［69］ Kondo T, Morita R, Okuzono Y, et al. Notch-mediated conversion of activated T cells into stem cell memory-like T cells for adoptive immunotherapy. *Nature communications*. 2017; 8: 15338.

［70］ Dwyer CJ, Knochelmann HM, Smith AS, et al. Fueling cancer immunotherapy with common gamma chain cytokines. *Frontiers in immunology*. 2019; 10: 263.

［71］ Klein Geltink RI, Edwards-Hicks J, Apostolova P, et al. Metabolic conditioning of CD8$^+$ effector T cells for adoptive cell therapy. *Nature metabolism*. 2020; 2(8): 703 - 716.

［72］ Geiger R, Rieckmann JC, Wolf T, et al. L-arginine modulates T cell metabolism and enhances survival and anti-tumor activity. *Cell*. 2016; 167(3): 829 - 842(e13).

［73］ Ho PC, Bihuniak JD, Macintyre AN, et al. Phosphoenolpyruvate is a metabolic checkpoint of anti-tumor T cell responses. *Cell*. 2015; 162(6): 1217 - 1228.

［74］ Yang W, Bai YB, Xiong Y, et al. Potentiating the antitumour response of CD8$^+$ T cells by modulating cholesterol metabolism. *Nature*. 2016; 531(7596): 651 - 655.

［75］ Balmer ML, Ma EH, Bantug GR, et al. Memory CD8$^+$ T cells require increased concentrations of acetate induced by stress for optimal function. *Immunity*. 2016; 44(6): 1312 - 1324.

［76］ Cascone T, McKenzie JA, Mbofung RM, et al. Increased tumor glycolysis characterizes immune resistance to adoptive T cell therapy. *Cell metabolism*. 2018; 27(5): 977 - 987(e4).

［77］ Sborov DW, Haverkos BM, Harris PJ. Investigational cancer drugs targeting cell metabolism in clinical development. *Expert opinion on investigational drugs*. 2015; 24(1): 79 - 94.

[78] Hatfield SM, Sitkovsky M. Oxygenation to improve cancer vaccines, adoptive cell transfer and blockade of immunological negative regulators. *Oncoimmunology*. 2015; 4(12): e1052934.

[79] Hatfield SM, Kjaergaard J, Lukashev D, et al. Immunological mechanisms of the antitumor effects of supplemental oxygenation. *Science translational medicine*. 2015; 7(277): 277ra30.

[80] Rivadeneira DB, Delgoffe GM. Antitumor T-cell reconditioning: improving metabolic fitness for optimal cancer immunotherapy. *Clinical cancer research*: 2018; 24(11): 2473 - 2481.

[81] Pilon-Thomas S, Kodumudi KN, El-Kenawi AE, et al. Neutralization of tumor acidity improves antitumor responses to immunotherapy. *Cancer research*. 2016; 76(6): 1381 - 1390.

[82] Zhai LJ, Spranger S, Binder DC, et al. Molecular pathways: targeting IDO1 and other tryptophan dioxygenases for cancer immunotherapy. *Clinical cancer research*. 2015; 21(24): 5427 - 5433.

[83] Mullard A. IDO takes a blow. *Nature reviews drug discovery*. 2018; 17(5): 307.

[84] Triplett TA, Garrison KC, Marshall N, et al. Reversal of indoleamine 2, 3 - dioxygenase-mediated cancer immune suppression by systemic kynurenine depletion with a therapeutic enzyme. *Nature biotechnology*. 2018; 36(8): 758 - 764.

[85] O'Sullivan D, Sanin DE, Pearce EJ, Pearce EL. Metabolic interventions in the immune response to cancer. *Nature reviews immunology*. 2019; 19(5): 324 - 335.

[86] Gattinoni L, Klebanoff CA, Palmer DC, et al. Acquisition of full effector function in vitro paradoxically impairs the in vivo antitumor efficacy of adoptively transferred CD8$^+$ T cells. *The Journal of clinical investigation*. 2005; 115(6): 1616 - 1626.

[87] Vodnala SK, Eil R, Kishton RJ, et al. T cell stemness and dysfunction in tumors are triggered by a common mechanism. *Science*. 2019; 363(6434): 1417.

第四章
铁死亡与炎症相关疾病

李 弘 杨力明

本章学习目标

1. 了解铁死亡与炎症的关系；

2. 了解铁死亡与炎细胞的关系；

3. 了解铁死亡参与炎症相关疾病的可能机制。

人体离不开铁元素，铁元素在氧化代谢、细胞生长与增殖、氧的运输和储存中均有重要作用。但铁元素在细胞内积累，会引起铁依赖性的细胞死亡，即铁死亡（ferroptosis）。铁死亡与炎症密切相关，因此，在肿瘤、神经系统疾病、心血管系统疾病和免疫系统疾病等多种疾病的病理过程中扮演着重要角色，如何通过调控细胞铁死亡来干预相关疾病的发生和发展已成为铁死亡研究和治疗的热点和重点。

一、引言

炎症(inflammation)是机体对各种物理、化学、生物等有害刺激所产生的一种最常见的、以防御为主的反应形式。若炎症反应持续存在,则可通过多种途径参与各种慢性疾病的发生与发展。铁死亡(ferroptosis)是一种铁依赖性的,区别于细胞凋亡、细胞坏死、细胞自噬的新型的细胞程序性死亡方式,以自由基增多、脂质过氧化和谷胱甘肽过氧化物酶4(glutathione peroxidase 4,GPx4)功能降低为主要特征。随着对铁死亡研究的不断深入,人们发现铁死亡和炎症免疫存在密切关系:一方面铁死亡通过不同途径促进炎症反应,表现为炎细胞浸润和炎症介质的增加;另一方面炎症体的激活也可以诱导铁死亡的发生。本章主要关注铁死亡与炎症反应的相互作用及调控机制,探讨铁死亡与炎症相关性疾病的关系及研究进展。

二、铁死亡与炎症的关系

发生铁死亡的组织往往伴有明显的炎细胞浸润和炎症因子的增加,同时在各种炎症相关性疾病中也可以看到铁死亡发生,但铁死亡与炎症免疫关系的研究仍处于起步阶段,相关机制尚未明确。

1. 铁死亡促进炎症反应

细胞发生铁死亡后释放炎症相关的损伤分子会激活免疫细胞,通过影响花生四烯酸(arachidonic acid,AA)介导的脂代谢、降低线粒体功能、提高氧化应激和减少 GPx4 表达等途径来促进炎症反应。

（1）花生四烯酸介导铁死亡的促炎效应

在发生铁死亡的组织中，氧化应激水平增高，AA 及代谢产物和炎症介质增加。AA 的合成受磷脂酶 A2（phospholipase A2，PLA2）调控，PLA2 被认为是由炎症引起多器官功能衰竭的重要调节酶。临床研究发现，脓毒血症性休克、急性胰腺炎、大创伤及多器官功能衰竭（multiple organ failure，MOF）患者的血清中 PLA2 活性明显增高；同时在重度脓毒症小鼠脾脏中 CD3、CD4、CD8 阳性 T 淋巴细胞数目和比例显著下降，其被证实主要源于 T 淋巴细胞的铁死亡。

（2）铁死亡通过激活炎性体促进炎症反应

炎性小体（inflammasome）是由模式识别受体（pattern recognition receptor，PRR）、凋亡相关斑点样蛋白（apoptosis-associated speck-like protein containing a CARD，ASC）和 Pro-caspase‐1 蛋白酶形成的多蛋白复合体。研究发现，铁死亡细胞中普遍存在高迁移率族蛋白 B1（high mobility group box 1 protein，HMGB1）的增多，且 HMGB1 是铁死亡细胞以自噬依赖的方式释放的一种损伤相关分子模式（damage-associated molecular patterns，DAMPs），可以诱导 Nod 样受体蛋白（NLRP3）、ASC、Caspase‐1 和 Caspase‐8/ASC 炎症小体的升高，进而激活白细胞介素‐1β（IL‐1β）；二硫态的 HMGB1（DS‐HMGB1）增加了离体小胶质细胞中核转录因子 κB（nuclear transcription factors，NF‐κB）和 NLRP3 的表达，增强了其对脂多糖（lipopolysaccharide，LPS）的促炎反应和免疫应答。HMGB1 可激活单核巨噬细胞分泌炎症因子，调节单核细胞迁移和黏附，调节、放大以及维持免疫炎性反应，HMGB1 已被证实参与创伤性脓毒血症多器官损害及内毒素致病过程。铁死亡伴随 ROS 的增加,被先天免疫细胞内的炎症小体识别,释放促炎因子,引起炎症反应。铁死亡细胞出现脂质过氧化产物增多,同时线粒体出现聚集和损伤,活性氧增加,这些都可以成为内源性的危险信号,可进一步诱发炎症反应。

　　铁死亡促进炎症反应的过程及机制详见图 4-1。

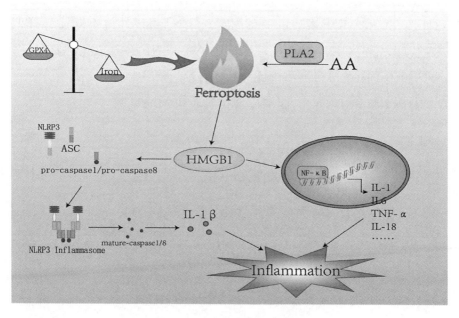

图 4-1　铁死亡促进炎症反应

（3）GPx4 介导铁死亡的促炎反应

　　铁死亡的诱发因素可通过不同途径使 GPx4 表达减少或者降低其功能。GPx4 是一种硒依赖的过氧化物酶,也是铁死亡发生的关键调节因子。GPx4 对细胞膜成分如磷脂和胆固醇具有特异亲和力,可减少细胞膜与磷脂氢过氧化物的结合，从而使细胞膜免受氧化损伤。铁死亡与GPx4缺失或其活性降低密切相关。铁死亡诱导剂Erastin通过抑制细胞膜上的胱氨酸-谷氨酸交换体，使胱氨酸进入细胞内减少，谷胱甘肽（glutathione，GSH）合成减少，进而引发膜脂ROS的积累和铁死亡。而GPx4又是细胞焦亡的关键负调控蛋白，GPx4激活剂可作为抗炎或细胞保护剂在脂质过氧化介导的疾病中发挥重要作用。在盲肠结扎穿刺脓毒血症动物模型上证明GPx4缺陷是脓毒症致死性炎症和MOF发生的关键因素。GPx4可以通过不同途径降低AA代谢，使用GPx4激活剂可以抑制AA和NF-κB氧化通路激活，减少细胞内ROS水平并抑制铁死亡的发生。

GPx4介导铁死亡的促炎反应过程及机制详见图4-2。

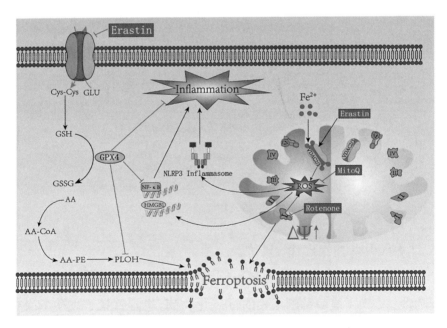

图4-2　GPx4介导铁死亡的促炎反应

（4）线粒体损伤介导铁死亡促炎反应

细胞发生铁死亡后，其体内的线粒体体积变小，膜密度浓缩，嵴减少或消失，外膜破裂。研究表明，线粒体已成为 DAMPs 的重要来源，线粒体受到刺激或者损伤后可释放 mtDNA、ROS、ATP 和心磷脂等内容物，这些物质可以作为 DAMPs 被模式识别受体识别，从而参与宿主的免疫调节。线粒体电压依赖性阴离子通道和丝裂原活化蛋白激酶的激活参与了铁死亡的诱导。铁死亡诱导剂 Erastin 可以刺激线粒体电压依赖性阴离子通道 VDAC2/3 开放导致线粒体膜电位增高，铁摄取和 ROS 生成增加，引起氧化应激，从而诱导铁死亡发生。Nedd4 类 E3 泛素连接酶可以泛素化 VDAC2/3 的蛋白质，从而降解通道蛋白；基因敲除 Nedd4 后发现 VDAC2/3 蛋白质的泛素化被抑制，细胞对铁死亡诱导剂 Erastin 的敏感性增强。线粒体 ROS 可通过激活 NF‑κB 和 HMGB1 等转录因子调控炎症过程。应用线粒体呼吸链复合物 I 抑制剂鱼藤酮处理人单核巨噬细胞，线粒体 ROS 产生增多，可显著激活 NLRP3 炎症小体，在哮喘和肠道炎症中发挥重要作用；而应用线粒体 ROS 清除剂 MitoQ 可减少炎性小体的激活，抑制上述效应。线粒体是细胞内 ROS 的重要来源，铁死亡引起线粒体结构功能障碍，ROS 产生增多激活炎症反应；线粒体是炎症和铁死亡的共同靶点，协同调控机体炎症反应。

2. 炎症反应促进铁死亡

在炎症组织中，致病菌或者病毒通过其自身携带或释放的 LPS、肽聚糖和细菌或病毒 DNA 与宿主细胞的 Toll 样受体（Toll like receptor，TLR）等作用，激活免疫细胞诱导炎症反应的同时，促进细胞发生铁死亡;各种因素导致的 AA 增多,以及炎细胞激活,通过降低线粒体功能或者通过呼吸爆发产生大量自由基,促进铁死亡发生。

(1) AA 介导脂质过氧化促进铁死亡发生

脂质代谢失衡可增加细胞对铁死亡诱导剂的灵敏度。多不饱和脂肪酸(polyunsaturated fatty acid, PUFA)是发生铁死亡的必要条件,因为 PUFA 易受脂质过氧化作用,游离 PUFA 是合成脂质信号传导介质的底物,但是必须要被酯化为膜磷脂并进行氧化才能转化为有效信号。因此,游离 PUFA 的丰度和位置决定了细胞中脂质的受过氧化程度和铁死亡发生的可能性。

脂质组学研究表明,包含花生四烯酸或其延伸产物肾上腺酸的磷脂酰乙醇胺是关键的磷脂,它们会发生氧化并促使细胞发生铁死亡。应用脂质组学研究,含有 AA 或其延伸产物肾上腺酸的磷脂酰乙醇胺已成为脂质过氧化作用并驱使细胞朝向铁死亡发生的关键磷脂,而酯酰辅酶 A 合成酶长链家族成员 4(Acyl—CoA synthetase long-chain familymember4,ACSL4)和溶血磷脂酰胆碱酰基转移酶 3(lyso phosphatidyl choline acyl transferase 3,LPCAT3)参与 PUFA 的生物合成和重塑,通过补充 AA 或其他 PUFA 的细胞表现出对铁死亡的高灵敏度。在头颈肿瘤患者唾液中,AA 代谢产物相对正常人有增多的趋势,且研究结果显示 AA 的作用倾向于促进氧化应激。AA 可能通过下列途径促进氧化应激:AA 通过激活钙通道或者蛋白激酶 C,进而活化 NADPH 氧化酶,诱发氧化应激;AA 激活受体交互作用蛋白 1 产生强氧化性物质。在 Th2 细胞因子 IL‐4 和/或 IL‐13 诱导的人交替激活巨噬细胞中,15‐LOX 表达上调,催化

PUFA 的双加氧作用,诱导脂质过氧化,引起巨噬细胞发生铁死亡。

（2）炎症小体激活促进铁死亡

炎症小体激活也可以促进细胞发生铁死亡,尤其是在血小板中。血小板是无核细胞,具有进行凋亡和铁死亡所必需的蛋白质。溶血性血小板减少症是指红细胞被破坏的速度加快,而骨髓的造血功能代偿不足,从而引起血小板减少,其机制尚不明确。有研究发现,溶血和应激会引起血红蛋白降解产物血红素被修饰,从而产生具有细胞毒性的血红素修饰物,可以通过 ROS 和脂质过氧化诱导血小板发生铁死亡。使用炎症小体 NLRP3 的选择性抑制剂 MCC950 显著提高血红素处理血小板的细胞活力,降低了表面 P－选择素的表达和 BAX 水平,同时降低铁死亡的发生。提示血红素可诱导炎症小体的形成,进而导致血小板活化或铁死亡。炎症小体促进铁死亡的过程和机制详见图 4－3。

（3）线粒体功能障碍促进铁死亡

线粒体在机体固有免疫中发挥重要作用,调节线粒体结构功能可影响机体炎症的发生发展进程,而抑制线粒体损伤可改善机体炎症反应。LPS 和细菌感染诱导的脓毒血症模型中线粒体出现明显的结构功能变化,包括线粒体 ROS 生成增多、电子传递链复合体活性下降、线粒体膜电位降低、能量耗竭和线粒体 DNA 减少;炎症反应中巨噬细胞激活可造成细胞和线粒体中 ROS 升高数十倍。ROS 增多可引起细胞膜和内质网膜的脂质过氧化,而内质网膜的脂质过氧化是铁死亡发生的重要环节,已经有实验证实药物诱导的细胞铁死亡能够导致明显的内质网应激和非折叠蛋白的增加。

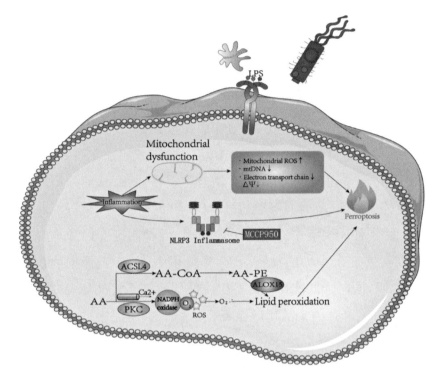

图 4-3 炎症小体促进铁死亡

三、铁死亡与炎细胞

铁死亡主要与单核巨噬细胞和淋巴细胞密切相关,详见图 4-4。

1. 铁死亡与单核巨噬细胞

研究发现,发生铁死亡的组织往往伴随巨噬细胞浸润。脾脏、肝脏和骨髓巨噬细胞参与红细胞的体内破坏和回收。研究显示,输注冷藏红细胞可导致脾红髓巨噬细胞吞噬功能增加,伴随着体内 ROS

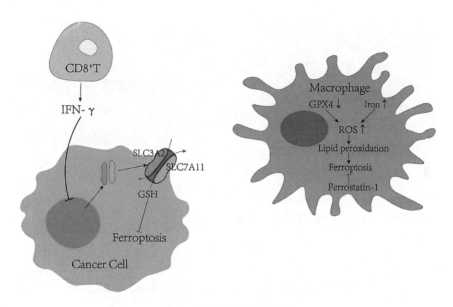

图 4 - 4 铁死亡与炎细胞

和脂质过氧化的增加,从而导致铁死亡;在体外应用铁死亡抑制剂
Ferrostatin - 1(Fer - 1)治疗可降低脂质过氧化和铁死亡细胞数目。
研究发现,结核分枝杆菌诱导的巨噬细胞死亡与 GPx4 水平的降低,
以及游离铁、线粒体超氧物和脂质过氧化的增加有关;Fer - 1 和铁螯
合物可以抑制结核分枝杆菌感染的巨噬细胞死亡;体内实验显示,急
性感染小鼠的肺坏死与 GPx4 表达的降低以及脂质过氧化的增加有关,
同样可被 Fer - 1 治疗所抑制,而且经 Fer - 1 处理的感染动物,其细菌
数量也明显减少。以上结果提示巨噬细胞铁死亡是结核分枝杆菌感染
坏死的主要机制,也是宿主导向治疗结核病的一个靶点。Fer - 1 还具
有抗真菌作用。Fer - 1 是一种亲脂性抗氧化剂,能有效地阻止铁死亡,
但 Fer - 1 不能减少体外感染巨噬细胞的死亡。在浓度低于 10 μm 时,
Fer - 1 可抑制产气荚膜梭菌、绿脓杆菌和皮炎芽生菌的生长。

2. 铁死亡与淋巴细胞

对 GPx4 缺陷小鼠的研究显示,尽管胸腺 T 细胞发育正常,但 CD4$^+$ T 细胞和 CD8$^+$ T 细胞在维持外周稳态平衡方面存在固有缺陷;此外,缺乏 GPx4 的抗原特异性 CD8$^+$ T 细胞和 CD4$^+$ T 细胞无法伸展,也无法抵御淋巴细胞性脉络丛脑膜炎病毒和利什曼原虫的感染,而在饮食中补充高剂量维生素 E 可提高上述疾病的治疗效果。体外研究显示,GPx4 缺陷性 T 细胞的膜脂过氧化产物迅速增加,并伴随着铁依赖细胞的死亡。这些研究揭示了 GPx4 对 T 细胞免疫的重要作用。免疫治疗激活的 CD8$^+$ T 细胞可以增强肿瘤细胞的脂质过氧化水平,增加 T 细胞铁死亡的比例,有助于提高免疫治疗的抗肿瘤效果。研究显示,免疫激活的 CD8$^+$ T 细胞通过释放 IFN-γ 下调胱氨酸-谷氨酸反向转运系统的两个亚单位 SLC3A2 和 SLC7A11 的表达,降低肿瘤细胞对胱氨酸的吸收,提高细胞内氧化水平,从而促进肿瘤细胞发生脂质过氧化和铁死亡。在小鼠模型中,同时应用一种可以降解半胱氨酸的工程化酶和检查点阻断剂,可以增强 T 细胞介导的抗肿瘤免疫并诱导肿瘤细胞铁死亡。在癌症患者中,胱氨酸-谷氨酸反向转运系统的表达与 CD8$^+$ T 细胞信号、IFN-γ 表达和患者预后呈负相关关系。

四、铁死亡与炎症相关性疾病

1. 铁死亡与神经系统疾病

研究表明,铁的积累和脂质过氧化与各种神经系统疾病的发展有关,同时伴随着 GSH 和 GPx4 水平的降低。尤其是神经系统退行性疾病阿尔茨海默病（Alzheimer disease，AD）和帕金森病（Parkinson's disease，PD），存在由于细胞铁的再分布异常引起的中枢神经系统和/或周围神经系统的特定区域铁积累，及引起铁催化的芬顿反应。

（1）阿尔茨海默病（AD）

AD 是一种中枢神经系统慢性进行性病变,尽管发病机制目前尚不明确,但关于炎症反应参与 AD 神经退行性病变的理论被广泛支持。炎症参与了淀粉样蛋白沉积,神经元损伤、缠结和死亡的恶性循环。有证据表明,AD 动物模型神经元出现铁死亡典型的病理改变,同时显示体内铁代谢失衡,神经细胞内铁含量增加,细胞膜脂质过氧化明显,线粒体功能降低。GPx4 对胚胎发育至关重要,在成年小鼠中诱导 GPx4 的全身敲除导致小鼠快速死亡并伴有海马锥体神经元的丢失。运动神经元对 GPx4 耗竭或者 GPx4 的抑制剂可以触发铁死亡,大脑皮层和海马锥体神经元 GPx4 特异性敲除的小鼠在水迷宫实验中表现出明显的认知功能障碍等神经精神症状。

（2）帕金森病（PD）

PD 是一种常见的中老年人锥体外系退行性疾病,其发病机制可能与线粒体功能障碍、氧化应激、蛋白质改变及炎症反应有关。帕金森病的神经元死亡与炎症反应密切相关,而小胶质细胞（microglia，MG）的激活是多巴胺能神经元变性的主要原因。各种原因导致 MG过度激活,产生和释放大量自由基和促炎细胞因子,通过细胞毒性作用或者旁分泌途径导致神经元损伤。PD 的主要病理改变是中脑黑质多巴胺（dopamine，DA）能神经元的变性死亡,涉及多种死亡模式,其中包括铁死亡。PD 患者体内铁离子含量升高可能是其发病原因之一,铁摄入及环境中铁含量均是 PD 发病的重要危险因素。PD 患者体内存在转铁蛋白(transferrin,TF)、转铁蛋白受体 2(transferrin receptor 2,TFR2)、血浆铜蓝蛋白(ceruloplasmin,CP)、淀粉样前体蛋白(amyloid precursor protein,APP)等基因突变,而这些基因与铁离子转运、存储、摄入等途径相关。铁离子螯合剂可以通过降低患者体内的铁含量而缓解早期 PD 患者的运动症状,对 PD 患者有保护作用。mtDNA 突变或者线粒体应激,可以激活炎症调节分子干扰素基因刺激蛋白(stimulator of interferon genes,STING)。

2. 铁死亡与心血管系统疾病

慢性系统性炎症是多种心血管疾病的危险因素。他汀类药物的抗炎特性以及 IL-1β 单克隆抗体的临床心肌梗死用药表明,抗炎治疗可以降低心血管疾病的发病风险。大量实验研究提示,炎细胞和炎症介质均参与粥样斑块以及不稳定性斑块的形成。

(1)动脉粥样硬化(atherosclerosis,AS)

AS 是动脉壁的慢性炎症性病理过程,免疫系统在动脉粥样硬化斑块的发生和进展中起着至关重要的作用。动脉粥样硬化常伴发脂质代谢紊乱,脂质过氧化、斑块内出血和铁沉积是进展期斑块的特征,这是铁死亡发生的间接证据。过量的铁会促进芬顿反应产生活性氧(ROS),加速脂质过氧化,更重要的是 GPx4 的失活或半胱氨酸(GPx4 的前体)摄取的抑制将导致脂质 ROS 的积累,最终导致细胞死亡。在人类和动物模型中观察到,与健康动脉组织中的铁含量相比,动脉粥样硬化病变中的铁含量显著增加。在小鼠或培养细胞中,诱导 GPx4 基因失活会引起脂质过氧化而导致细胞死亡;过表达 GPx4 可消除氧化脂质修饰并抑制 ApoE$^{-/-}$小鼠斑块的发展。研究表明,抑制铁死亡可能通过抑制脂质过氧化和内皮细胞功能障碍而减轻 AS。

(2)缺血再灌注损伤

缺血再灌注损伤(ischemia-reperfusion injury,IRI)是指缺血的组织器官在恢复血液供应后出现加重的组织器官功能障碍和结构损伤。目前认为,IRI 发生是自由基增多、钙超载和白细胞增多共同作用的结果。在 IRI 组织内,由于缺血产生的大量趋化因子以及再灌注时黏附分子炎症介质的表达增加,吸引大量白细胞特别是中性粒细胞在组织内聚集,引发广泛的炎症反应。同时,白细胞可以通过呼吸爆发增加自由基的产生,引起氧化应激,促进内皮功能障碍、DNA 损伤和局部炎症反应,进一步加重组织损伤甚至死亡。近些年来,铁死亡相关的坏死性炎症引起了人们的关注,其可通过炎症因子、趋化因子、白细胞、活性氧来启动炎症级联反应,引起严重的组织损伤。临床和实验研究发现,心肌再灌注后组织内出现铁残留,梗死区周围的心肌出现明显的铁依赖的脂质过氧化引起铁死亡。因此,可认为铁死亡在许多缺血再灌注模型中扮演重要角色,参与再灌注损伤的发生和发展。在 IRI 中,三价铁离子容易通过电子传递链被还原为亚铁离子,IRI 过程中产生的大量 ROS 会导致脂质过氧化。脂质过氧化抑制剂,如辅酶 Q10 和 Fer - 1,可显著缩小心肌梗死面积。mTOR 过表达可保护心肌细胞免受过量铁和铁死亡的影响,其部分机制是抑制活性氧的产生。此外,由于亚铁可通过芬顿反应促进脂质过氧化,用去铁胺预处理的铁螯合剂也被证明对心脏 IRI 有保护作用。有研究显示,雷帕霉素的心脏机械作用靶点(mTOR)保护心脏抵抗缺血再灌注损伤,对过量铁和铁死亡有保护作用。铁螯合剂也可以改善急性和慢性缺血再灌注引起的心力衰竭。过表达 GPx4 或线粒体靶向的 GPx4 基因可减轻 IRI 后的心功能障碍。

3. 铁死亡与消化系统疾病

消化系统尤其是肠道,时刻面临着病原微生物的侵害,肠道炎症如坏死性结肠炎的患者组织和血浆中肿瘤坏死因子 - α(tumor necrosis factor - α,TNF - α)、IL - 1β 和 IL - 6 等炎性细胞因子的分泌增加,且上皮细胞出现铁死亡和凋亡。脂肪性肝炎伴有肝细胞的凋亡,同时由于线粒体功能障碍,Caspase - 3 的激活和 IL - 1 的增加,促进了肝细胞的铁死亡发生。

（1）克罗恩病

克罗恩病是一种原因不明的、慢性的进行性肠道炎症肉芽肿性疾病,与饮食中不饱和脂肪酸尤其是多不饱和脂肪酸(PUFA)摄入过多有关。PUFA 引起的脂肪组织炎症、脂肪细胞增生和成纤维细胞分化参与克罗恩病的发生与发展。GPx4 和克罗恩病之间存在遗传关联,克罗恩病患者上皮细胞 GPx4 活性降低或缺失,表现出脂质过氧化增加和局灶性中性粒细胞性浸润,并伴有炎性细胞积聚。铁死亡是一种依赖于铁和活性氧的调节性细胞死亡,铁负荷增加和脂质过氧化与铁死亡发生密切相关。PUFA 的脂质过氧化反应,以及 GPx4 降低引起的细胞内氧化水平增高,都参与了铁死亡的发生。克罗恩病患者体内 PUFA 易受脂质过氧化反应的影响,脂质代谢本身

可影响细胞对铁死亡的敏感性,而 GPx4 在生物膜中可以限制 PUFA
氧化。PUFA 促进趋化因子配体 1(chemokine ligand 1,CXCL1)的
产生,同时需要 ACSL4 的参与,ACSL4 是合成 PUFA 的关键酶,在
一定程度上促进了铁死亡的发生;另外 CXCL1 受铁含量、脂氧合酶
介导的脂质过氧化调控,在 GPx4 活性降低的肠道上皮细胞中,
PUFA 诱导大量 IL-6 和 CXCL1 的释放,促进了炎症反应。铁促进
了脂质过氧化和 PUFA 诱导的 GPx4 缺陷肠上皮细胞中细胞因子的
产生;维生素 E 因为其抗氧化特性,可防止 PUFA 诱导的脂质过氧
化、细胞因子的产生和中性粒细胞浸润。综上所述,克罗恩病患者肠
道上皮细胞 GPx4 缺失或者活性降低,引起脂质过氧化进而促进铁死
亡。反之,铁死亡和 PUFA 增加会加重克罗恩病的炎症反应。

(2) 肝炎

非酒精性脂肪性肝炎(non-alcoholic steatohepatitis,NASH)是
一种从单纯的脂肪变性发展到炎症和纤维化的代谢性肝病。研究发
现,是由于肝细胞的死亡引发了炎症反应,并在利用胆碱缺乏或者乙
硫氨酸诱导的 NASH 动物模型中发现肝脏细胞发生铁死亡,且早于
细胞凋亡;通过给野生型小鼠注射抑制剂来检测坏死性死亡和铁死
亡抑制的效果,发现坏死抑制剂不能阻断肝细胞死亡的发生,而铁死
亡抑制剂却几乎能够完全保护肝细胞免于死亡,并降低了随后发生
的免疫细胞浸润和炎症反应。此外,在乙硫氨酸诱导的 NASH 小鼠
肝脏样本中,与铁死亡发生密切相关的氧化磷脂酰乙醇胺的含量增
加。这些发现提示肝细胞铁死亡在非酒精性脂肪性肝炎中起着重要
的触发炎症的作用,可能是预防非酒精性脂肪性肝炎发病的一个治
疗靶点。

4. 铁死亡与免疫系统疾病

（1）哮喘

支气管哮喘是一种由多种细胞参与的气道慢性炎症性疾病，常伴有多种炎细胞的激活、炎症介质和细胞因子的释放。嗜酸性粒细胞是哮喘患者气道的主要炎症细胞，其浸润与哮喘严重程度关系密切。诱导嗜酸性粒细胞死亡将有利于控制哮喘，同时降低局部炎症反应。糖皮质激素作为目前哮喘控制最有效的药物之一，其通过快速诱导外周血和气道组织内嗜酸性粒细胞的凋亡发挥强大的抗炎作用。研究表明，嗜酸性粒细胞在过敏状态下细胞内二价铁水平增加，通过芬顿反应产生活性氧更容易引发铁死亡。在哮喘气道上皮细胞中发现了高水平的脂质过氧化物，铁死亡诱导剂 Erastin 在人和小鼠体内通过直接抑制胱氨酸-谷氨酸反向转运系统活性来抑制胱氨酸的输入，从而导致 GSH 耗竭和脂质过氧化堆积，进而引发嗜酸性粒细胞发生铁死亡，并最终减轻小鼠的嗜酸性气道炎症，且呈时间和剂量依赖性；铁死亡诱导剂 RSL3 被证明通过灭活 GPx4 诱导脂质过氧化产生 ROS，诱导细胞死亡。

（2）器官移植后引发的无菌性炎症

心脏移植后引发无菌性炎症反应的机制尚不明确。Fer-1 可以诱导花生四烯酸-磷脂酰乙醇胺（AA-PE）发生氢氧化，减少心肌细胞死亡，并阻断心脏移植后中性粒细胞的募集；研究发现，在冠状动脉结扎诱导的心肌缺血再灌注损伤模型中，抑制铁死亡可减少梗死面积，改善左心室收缩功能，并减少左心室重构。通过心脏移植的活体成像，发现铁死亡主要通过 TLR4/TRIF/I 型 IFN 信号通路促进中性粒细胞与冠状动脉血管内皮细胞的黏附,从而协调中性粒细胞向受损心肌的募集。

5. 铁死亡与急性肾损伤

急性肾损伤(acute kidney injury,AKI)是指在缺血、药物、毒素等因素作用下出现的急性肾功能衰竭,肾小管坏死是最常见的 AKI,其典型的病理组织学特征是上皮细胞死亡和炎细胞浸润。在 AKI 动物模型中,Fer-1 可以保护肾功能,减少组织学损伤、氧化应激和肾小管细胞死亡。Fer-1 降低了 IL-33 等趋化因子和细胞因子水平,并阻止巨噬细胞浸润。脂肪酸(fatty acid,FA)诱导的急性肾损伤(FA-AKI)动物模型展现出典型的铁死亡特征,被证实与脂质过氧化和谷胱甘肽代谢相关蛋白下调有关。Fer-1 保护了肾功能,减少了肾脏组织学损伤、氧化应激和肾小管细胞死亡。关于铁死亡的免疫原性,Fer-1 降低了 IL-33 以及其他化学因子和细胞因子的表达,并阻止了巨噬细胞的增殖和肾脏保护性蛋白 Klotho 的下调。以上数据表明,铁死亡是 FA-AKI 的主要原因,而继发于铁死亡的免疫原性可进一步加重肾小管上皮细胞损伤。

6. 铁死亡与脓毒症

脓毒症(sepsis)是感染微生物与宿主免疫、炎症和凝血反应之间相互作用的一种全身性炎症反应综合征,严重的脓毒症可导致多器官衰竭而死亡。脓毒症与细菌入侵和炎症有关,过度激活的单核/巨噬细胞、中性粒细胞和内皮细胞刺激了宿主的免疫反应,产生大量促炎介质,包括 TNF-α、IL-1β、IL-6 和 IL-8 以及脂质、补体成分、儿茶酚胺等。严重的脓毒症的死亡率高,治疗存在局限,因此研究其发病机制,探讨治疗脓毒症的新方法具有重要的临床意义。

GSH 系统的核心酶 GPx4 活性降低或表达减少是铁死亡中铁依赖的脂质过氧化的主要环节,是铁死亡重要的负性调节因子。细菌病毒及其代谢产物可以通过降低靶细胞 GPx4 水平诱导发生铁死亡,从而导致细胞死亡和组织损伤。腹腔注射 LPS 复制大鼠脓毒症脑病模型,发现大鼠血清炎症因子 IL - 6 和 TNF - α 水平升高,血清铁含量显著增高,大鼠海马神经元氧化应激水平升高,神经元变性明显,认知功能受损;使用螯合剂 Deferoxamine(Def)降低血清铁后,减少大鼠海马神经元铁沉积和铁死亡,提高了 GPx4 蛋白表达,改善认知功能障碍;在小鼠实验中,研究发现结核分枝杆菌诱导的急性肺坏死与 GPx4 表达降低和脂质过氧化反应增加有关,应用 Fer - 1 可以减轻组织损伤,且导致结核杆菌细菌负荷的显著降低;在细菌感染和多菌感染的败血症动物模型中,GPx4 通过调节铁死亡和焦亡发挥其保护作用。

二价铁是调控细胞脂质过氧化和铁死亡的重要离子,该调控主要通过脂氧合酶 15 - LOX 选择性氧化花生四烯酸-磷脂酰乙醇胺(AA - PE)来实现。在哺乳动物的细胞和组织中,铁蛋白增多参与了细菌感染引起的宿主细胞或组织损伤;原核细菌铜绿假单胞菌不含 AA - PE,但能表达脂氧合酶,将宿主 AA - PE 氧化为 15 -过氧氢 AA - PE,并诱发人支气管上皮细胞铁死亡。提高 GPx4 蛋白含量或者活性可以抑制败血症引起的细胞铁死亡,同时可以降低组织局部炎症反应从而改善症状,为有效地提高 GPx4 活性且改善脂质过氧化治疗脓毒症奠定了理论基础。

综上所述,铁死亡与炎症相关性疾病的关系详见图 4 - 5。

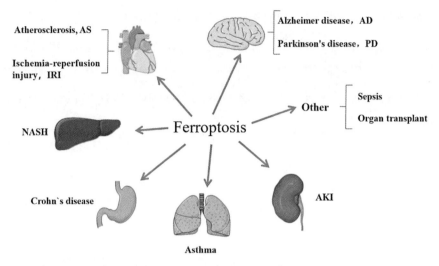

图 4‑5　铁死亡与炎症相关性疾病

本章小结

　　铁死亡是一种铁依赖性的调节性细胞死亡形式。谷胱甘肽依赖的脂质过氧化物修复系统受损,脂质活性氧过量蓄积是铁死亡发生的核心环节,而脂质 ROS 的异常积累与许多慢性疾病和急性器官损伤有关。一直以来的研究显示,活性氧与慢性炎症性疾病和肿瘤发病率增加之间存在密切关系,主要是由自由基的产生、清除系统及途径之间的不平衡引起。铁死亡与炎症的关系研究仍处于初级阶段,很多问题亟待解决。

　　抗癌基因 p53 是一种细胞凋亡的重要调节因子,p53 在铁死亡调节中也扮演着重要角色。p53 可以通过下调 SLC7A11 的表达来抑制胱氨酸-谷氨酸反向转运系统引起的铁死亡。自噬也在铁死亡相关疾病的发生中起作用,自噬的激活可以引起铁蛋白的变化。因此,铁死亡、凋亡和自噬的调控中有一些共同点。不同类型细胞死亡是否存在一个完整的调控网络仍需进一步探索,对铁死亡的深入研究将有助于充分认识多种疾病的发生机制并为相应疾病提供新的治疗思路。

思考与练习

1. 发生铁死亡的细胞通过什么途径释放致炎信号? 这些信号又是如何激活免疫细胞的?

2. 铁死亡引发的炎症反应和焦亡之间有什么关系? 是协同还是对抗?

3. 查找文献,了解铁死亡的检测方法。

4. 铁死亡发生机制是什么?

5. 除了炎症,请思考铁死亡还可能与哪些病理过程有关?

本章参考文献

[1] Wang TQ, Fu XJ, Chen QF, et al. Arachidonic acid metabolism and kidney inflammation. *International journal of molecular sciences*. 2019; 20(15): 3683.

[2] Cabral M, Martín-Venegas R, Moreno JJ. Role of arachidonic acid metabolites on the control of non-differentiated intestinal epithelial cell growth. *International journal of biochemistry & cell biology*. 2013; 45(8): 1620 - 1628.

[3] Zhu H, Santo A, Jia ZQ, et al. GPx4 in bacterial infection and polymicrobial sepsis: involvement of ferroptosis and pyroptosis. *React oxyg species*. 2019; 7(21): 154 - 160.

[4] Kang R, Zeng L, Zhu S, et al. Lipid peroxidation drives gasdermin D-mediated pyroptosis in lethal polymicrobial sepsis. *Cell host and microbe*. 2018; 24(1): 97 - 108(e4).

［5］ Oh BM, Lee SJ, Park GL, et al. Erastin inhibits septic shock and inflammatory gene expression via suppression of the NF－κB pathway. *Journal of clinical medicine*. 2019; 8(12): 2210

［6］ Yuan H, Li XM, Zhang XY, et al. Identification of ACSL4 as a biomarker and contributor of ferroptosis. *Biochemical and biophysical research communications*. 2016; 478(3): 1338－1343.

［7］ Doll S, Proneth B, Tyurina YY, et al. ACSL4 dictates ferroptosis sensitivity by shaping cellular lipid composition. *Nature chemical biology*. 2017; 13(1): 91－98.

［8］ Cheng J, Fan YQ, Liu BH, et al. ACSL4 suppresses glioma cells proliferation via activating ferroptosis. *Oncology reports*. 2020; 43(1): 147－158.

［9］ Zhou H, Yin C, Zhang Z, et al. Proanthocyanidin promotes functional recovery of spinal cord injury via inhibiting ferroptosis. *Journal of chemical neuroanatomy*. 2020; 107: 101807.

［10］ Wen QR, Liu J, Kang R, et al. The release and activity of HMGB1 in ferroptosis. *Biochemical & biophysical research communications*. 2019; 510(2): 278－283.

［11］ Turubanova VD, Balalaeva IV, Mishchenko TA, et al. Immunogenic cell death induced by a new photodynamic therapy based on photosens and photodithazine. *Journal for immunotherapy of cancer*. 2019; 7(1): 350.

［12］ Van der Poll T, van de Veerdonk FL, Scicluna BP, et al. The immunopathology of sepsis and potential therapeutic targets. *Nature reviews immunology*. 2017; 17: 407－420.

［13］ Kang R, Zeng L, Zhu S, et al. Lipid peroxidation drives gasdermin D-mediated pyroptosis in lethal polymicrobial sepsis. *Cell host and microbe*. 2018; 24(1): 97－108.

［14］ Yang Y, Luo M, Zhang K, et al. Nedd4 ubiquitylates VDAC2/3 to suppress erastin-induced ferroptosis in melanoma. *Nature communications*. 2020; 11(1): 433.

［15］ Chang LC, Chiang SK, Chen SE, et al. Heme oxygenase－1 mediates BAY 11－7085 induced ferroptosis. *Cancer letters*. 2018; 416(1): 124－137.

［16］ Yang WS, Kim KJ, Gaschler MM, et al. Peroxidation of polyunsaturated fatty acids by lipoxygenases drives ferroptosis. *Proceedings of the national academy of sciences of the United States of America*. 2016; 113(34): E4966－E4975.

［17］ Yumnamcha T, Devi TS, Singh LP. Auranofin mediates mitochondrial dysregulation and inflammatory cell death in human retinal pigment epithelial cells: implications of retinal neurodegenerative diseases. *Frontiers in neuroscience*. 2019; 13: 1065.

[18] Amaral EP, Costa DL, Namasivayam S, et al. A major role for ferroptosis in Mycobacterium tuberculosis-induced cell death and tissue necrosis. *Journal of experimental medicine*. 2019; 216(3): 556 - 570.

[19] Imai H, Matsuoka M, Kumagai T, et al. Lipid peroxidation-dependent cell death regulated by GPx4 and ferroptosis. *Current topics in microbiology and immunology*. 2017; 403: 143 - 170.

[20] Conrad M, Kagan VE, Bayir H, et al. Regulation of lipid peroxidation and ferroptosis in diverse species. *Genes and development*. 2018; 32(9 - 10): 602 - 619.

[21] Matsushita M, Freigang S, Schneider C, et al. T cell lipid peroxidation induces ferroptosis and prevents immunity to infection. *The journal of experimental medicine*. 2015; 212(4): 555 - 568.

[22] Xia XJ, Fan XP, Zhao MY, et al. The relationship between ferroptosis and tumors: a novel landscape for therapeutic approach. *Current gene therapy*. 2019; 19(2): 117 - 124.

[23] Seibt TM, Proneth B, Conrad M. Role of GPX4 in ferroptosis and its pharmacological implication. *Free radical biology & medicine*. 2019; 133: 144 - 152.

[24] Xie Y, Hou W, Song X, et al. Ferroptosis: process and function. *Cell death & differentiation*. 2016; 23(3): 369 - 379.

[25] Hambright WS, Fonseca RS, Chen L, et al. Ablation of ferroptosis regulator glutathione peroxidase 4 in forebrain neurons promotes cognitive impairment and neurodegeneration. *Redox Biology*. 2017; 12: 8 - 17.

[26] Tang MZ, Chen Z, Wu D, et al. Ferritinophagy/ferroptosis: iron-related newcomers in human diseases. *Journal of cellular physiology*. 2018; 233(12): 9179 - 9190.

[27] Hou LY, Sun FQ, Sun W, et al. Lesion of the locus coeruleus damages learning and memory performance in paraquat and maneb-induced mouse Parkinson's disease model. *Neuroscience*. 2019; 419: 129 - 140.

[28] Guiney SJ, Adlard PA, Bush AI, et al. Ferroptosis and cell death mechanisms in Parkinson's disease. *Neurochemistry International*. 2017; 104: 34 - 48.

[29] Martinet W, Coornaert I, Puylaert P, et al. Macrophage death as a

pharmacological target in atherosclerosis. *Frontiers in pharmacology*. 2019; 10: 306.

[30] Bai T, Li MX, Liu YF, et al. Inhibition of ferroptosis alleviates atherosclerosis through attenuating lipid peroxidation and endothelial dysfunction in mouse aortic endothelial cell. *Free Radical Biology And Medicine*. 2020; 160: 92 - 102.

[31] Qiu YM, Cao Y, Cao WJ, et al. The application of ferroptosis in diseases. *Pharmacological research*. 2020; 159: 104919.

[32] Schreiber R, Buchholz B, Kraus A, et al. Lipid peroxidation drives renal cyst growth in vitro through activation of TMEM16A. *Journal of the American society of nephrology*. 2019; 30(2): 228 - 242.

[33] Subramanian S, Geng H, Tan XD. Cell death of intestinal epithelial cells in intestinal diseases. *Acta physiologica sinica*. 2020; 72(3): 308 - 324.

[34] Mayr L, Grabherr F, Schwärzler J, et al. Dietary lipids fuel GPX4 - restricted enteritis resembling Crohn's disease. *Nature communications*. 2020; 11(1): 1775.

[35] Wang Y, Chen Q, Shi CX, et al. Mechanism of glycyrrhizin on ferroptosis during acute liver failure by inhibiting oxidative stress. *Molecular medicine reports*. 2019; 20(5): 4081 - 4090.

[36] Qi J, Kim JW, Zhou ZX, et al. Ferroptosis affects the progression of nonalcoholic steatohepatitis via the modulation of lipid peroxidation-mediated cell death in mice. *The American Journal of pathology*. 2020; 190(1): 68 - 81.

[37] Wu YP, Chen HX, Xuan NX, et al. Induction of ferroptosis-like cell death of eosinophils exerts synergistic effects with glucocorticoids in allergic airway inflammation. *Thorax*. 2020; 75(11): 918 - 927.

[38] Wenzel SE, Tyurina YY, Zhao JM, et al. PEBP1 wardens ferroptosis by enabling lipoxygenase generation of lipid death signals. *Cell*. 2017; 171(3): 628 - 641(e26).

[39] Li WJ, Feng GS, Gauthier JM, et al. Ferroptotic cell death and TLR4/Trif signaling initiate neutrophil recruitment after heart transplantation. *The journal of clinical investigation*. 2019; 129(6): 2293 - 2304.

[40] Scindia Y, Leeds J, Swaminathan S. Iron homeostasis in healthy kidney and its role in acute kidney injury. *Seminars in nephrology*. 2019; 39(1): 76 - 84.

[41] Yao P, Chen Y, Li YL, et al. Hippocampal neuronal ferroptosis involved in cognitive dysfunction in rats with sepsis-related encephalopathy through the Nrf2/GPX4 signaling pathway. *Chinese critical care medicine*. 2019; 31(11):

1389 – 1394.

[42] Amaral EP, Costa DL, Namasivayam S, et al. A major role for ferroptosis in Mycobacterium tuberculosis-induced cell death and tissue necrosis. *Journal of experimental medicine*. 2019; 216(3): 556 – 570.

[43] Deshpande R, Zou C. Pseudomonas aeruginosa induced cell death in acute lung injury and acute respiratory distress syndrome. *International journal of molecular sciences*. 2020; 21(15): E5356.

第五章
侧脑室下区成体神经干细胞与神经再生

蔡春晖　蔡玉群　高正良

分子细胞生物学前沿

本章学习目标

1. 熟悉神经干细胞和成体神经干细胞；

2. 理解和掌握神经干细胞的发育、演变和异质性；

3. 理解和掌握成体神经干细胞及其来源、异质性和微环境；

4. 理解和掌握成体神经发生；

5. 了解神经干细胞和神经发生的基本研究方法；

6. 了解神经可塑性、成体神经发生和损伤修复；

7. 思考和展望人成体神经发生与疾病损伤的再生医学。

一、引言

自 20 世纪 60 年代约瑟夫·奥尔特曼(Joseph Altman)发现哺乳动物脑中存在新生神经元以来，越来越多的研究者开始挑战卡哈尔(Santiago Ramón y Cajal)近一个世纪以来的教条：新生神经元的产生只限于胚胎发育和初生时期；哺乳类成体神经干细胞能够自我更新并产生神经元和胶质细胞，新生神经元持续不断地产生并整合到特定脑区。成体大脑可塑性的新认识和研究在 20 世纪 90 年代中期催生了再生医学探索的极大热情，在近 30 年中，成体神经发生成为神经科学和疾病防治的热点领域和最前沿。

二、胚胎小鼠脑神经干细胞的发育演变和异质性

哺乳动物的中枢神经系统包含众多的细胞类型，神经干细胞（neural stem cell，NSC），中间祖细胞（intermediate progenitor cell，IPC），神经元（neuron）及其前体（precursor）细胞，星形胶质细胞（astrocyte）及其前体细胞，少突胶质细胞（oligodendrocyte）及其前体细胞等。NSC 具有自我更新能力，能够分化产生神经元、少突胶质细胞和星形胶质细胞的祖细胞（progenitor cell）和前体细胞。

哺乳动物胚胎发育中神经管最前端两侧的鼓起称为前泡，即端脑的前身，由假复层神经上皮细胞（neuroepithelial cell）构成。这种双极的神经上皮细胞是最早期的神经干细胞，细胞胞体都位于脑室区（ventricular zone，VZ），一端连接着顶面/脑室面（apical/ventricular surface），一端连着基面/软脑膜表面（basal/pial surface）。每个分裂周期，神经上皮细胞的细胞核都会经历由下（顶面）而上（基面）再向下（顶面）的迁移运动，即细胞核迁徙，这是早期神经干细胞分裂的典型特征，产生两个新的神经上皮细胞。通过这种对称性分裂方式，形成侧脑室生发层神经干细胞的扩增。神经上皮细胞的胞体通过紧密连接联系彼此，在顶面（侧脑室面）形成一层

牢固的屏障。

小鼠胚胎期 9 到 10(E9‐10)天左右,神经上皮细胞开始向放射状胶质细胞(radial glia cell,RGC)转变,标志着神经发生的开始。放射状胶质细胞属于早期的神经干细胞,也是双极细胞,通过初级纤毛(primary cilium)和放射状胶质纤维(radial glial fiber)连接着顶面和基面,胞体位于顶面;每个分裂周期中细胞核也会经历由下而上再向下的迁移运动,使细胞核暴露在不同的神经发生调控信号中,从而调节神经发生。

与神经上皮细胞不同,放射状胶质细胞每次分裂产生一个具有自我更新能力的放射状胶质细胞和一个走向分化的子代细胞,是非对称性有丝分裂。分化的子代细胞可以是不再具有分裂能力的神经元,也可以是具有一定分裂能力的中间过渡态中间祖细胞(intermediate progenitor cell,IPC)。祖细胞产生后不会立即迁移到皮质板(cortical plate),而是迁移聚集在脑室下区(subventricular zone,SVZ),在 SVZ 继续分裂产生神经元迁移到皮质板各层。因此,脑室下区(SVZ)相对于脑室区(VZ),是第二生发层,是潜在的神经发生的主要位点。神经干细胞的发育过程详见图 5‐1。

放射状胶质细胞之间的连接不像神经上皮细胞那么紧密,它们的胞体通过粘合连接联系彼此。放射状胶质细胞中 numb 基因和 numbl 基因的失活可以导致粘合连接的破坏,造成放射状胶质细胞分布的紊乱,最终导致大脑皮质分层的紊乱。相反,numb 基因的过表达则可以增强放射状胶质细胞的极性分布。显然,这种粘合连接对于保持脑室区的完整性和放射状胶质细胞的正常行为都有非常重要的作用。

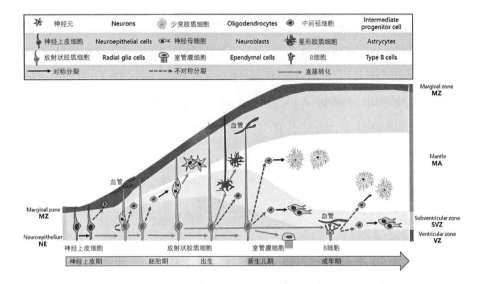

神经元	Neurons	少突胶质细胞	Oligodendrocytes	中间祖细胞	Intermediate progenitor cell
神经上皮细胞	Neuroepithelial cells	神经母细胞	Neuroblasts	星形胶质细胞	Astrocytes
放射状胶质细胞	Radial glia cells	室管膜细胞	Ependymal cells	B细胞	Type B cells
对称分裂		不对称分裂		直接转化	

图 5 - 1 神经干细胞的发育过程

（改编自 Kriegstein A，Alvarez-Buylla A. The glial nature of embryonic and adult neural stem cells，*Annual review of neuroscience*. 2009；32：149 - 184.）

早期发育的神经上皮细胞进行对称分裂，产生更多的神经上皮细胞。一些神经上皮细胞可能产生早期神经元。随着发育中的脑上皮增厚，神经上皮细胞拉长并转化为放射状胶质细胞。放射状胶质细胞进行不对称分裂，通过中间祖细胞直接或间接生成神经元。少突胶质细胞也通过产生少突胶质细胞的中间祖细胞从放射状胶质细胞衍生而来。当放射状胶质细胞和中间祖细胞的后代进入胚胎期进行分化时，大脑厚度增加，放射状胶质细胞进一步延长。在胚胎发育结束时，大多数放射状胶质细胞开始从顶端分离并转化为星形胶质细胞。放射状胶质细胞亚群保留顶端接触，并在新生儿中继续作为神经干细胞发挥作用。这些新生放射状胶质细胞继续通过中间祖细胞生成神经元和少突胶质细胞。这幅插图描绘了一些发育中的成年啮齿动物的大脑。分裂的时间和数量可能因物种而异，但神经干细胞身份和谱系的一般原则可能得到保留。

放射状胶质细胞还表达一些星形胶质的标记物，如星形胶质细胞特有的谷氨酸转运体（glutamate transporter，GLAST），脑脂质结合蛋白（brain lipid-binding protein，BLBP）和生腱蛋白 C（tenascin C，TN - C）和中间丝结合蛋白如巢蛋白（nestin）、波形蛋白（vimentin）、RC1 抗原和 RC2 抗原，以及星形胶质细胞特有的中间丝蛋白——胶质细胞原纤维酸性蛋白（glial fibrillary acidic protein，GFAP）。

虽然胚胎期脑室区周围生发层的放射状胶质细胞看上去是一致且连续的，但是根据它们产生的子代细胞类型以及表达的蛋白推测，这些放射状胶质细胞具有高度异质性。胚胎期的端脑（telencephalon）是成体大脑的前身，包括背侧端脑和腹侧端脑。背侧端脑的神经干细胞表达高浓度的 Pax6、Emx1/2 和中低浓度的 Sp8 等蛋白，主要发育成大脑皮质（cerebral cortex）和海马（hippocampus）两结构。腹侧端脑主要是神经节隆起区（ganglionic eminence，GE），特异性表达 Gsh1/2、Dlx1/2 和 Olig2 等基因，主要发育成纹状体、苍白球和部分杏仁体等结构。这些区域还可以进一步细分，例如，内侧神经节隆起区域（medial ganglionic eminence，MGE）的放射状胶质细胞特异性表达 Nkx2.1 基因。不同区域的放射状胶质细胞表达的基因不同，产生的子代细胞类型也不同，背侧端脑的放射状胶质细胞主要贡献大脑皮质区全部的谷氨酸盐（glutamate），谷氨酸盐能够兴奋性投射神经元，而神经节隆起区则主要产生 γ-氨基丁酸（GABA），GABA 对神经元迁移到大脑皮质和纹状体等有积极作用。

三、成体小鼠大脑 VZ - SVZ 神经干细胞

在成年小鼠的大脑内，胚胎发育过程中 VZ 中的双极的放射状胶质细胞逐渐演变为 SVZ 中的多极的 B 细胞（type B cell）。相对于放射状胶质细胞的活跃分裂状态，B 细胞是一群处于相对静息态的细胞。在体内环境下，它产生一种叫作 C 细胞（type C cell）的快分裂细胞，C 细胞再产生具有迁移能力的成神经细胞/神经母细胞

（neuroblast）迁移到嗅球，进而不断补充嗅球中凋亡的中间神经元。此外，B细胞也能产生少突胶质细胞和星形胶质胶质。在体外培养条件下，B细胞能够在生长因子EGF和FGF作用下自我增殖形成神经球；去除生长因子时，B细胞分化产生神经元、少突胶质细胞和星形胶质细胞。因此，B细胞被认为是位于小鼠大脑SVZ中的成体神经干细胞。成人神经干细胞微环境详见图5-2。

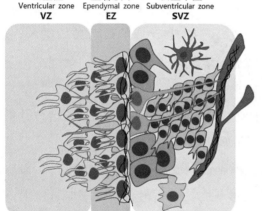
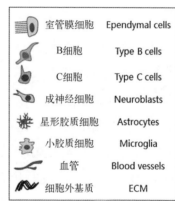

图5-2 成人神经干细胞微环境

（改编自 Bond AM，Ming GL，Song HJ. Adult mammalian neural stem cells and neurogenesis: five decades later. *Cell stem cell*. 2015;17(4): 385 – 395.）

该图是SVZ生态位的细胞成分示意图。室管膜细胞被组织成玫瑰花状结构，排列在VZ和SVZ的边缘。放射状胶质样神经干细胞（B细胞）位于SVZ的室管膜区，并延伸放射状突起与血管接触。它们还通过室管膜花环延伸出纤毛，以接触脑室空间的脑脊液。放射状胶质样的神经干细胞（NSC）产生转运放大细胞（C细胞），后者产生成神经细胞。神经细胞沿吻侧迁移流向下迁移至嗅球，在那里分化为嗅球神经元。除了上述细胞类型外，星形胶质细胞和小胶质细胞也参与了生态位的细胞结构。

B细胞究竟来自放射状胶质细胞还是其他神经上皮细胞，最初并不清楚。通过病毒标记和实时成像技术，可以直接观察到放射状胶质细胞转变为星形胶质细胞（包括潜在的 B 细胞）。进一步的研究证实，B 细胞继承了放射状胶质细胞的基本性质和分布的位置信息，这进一步提示了星形胶质细胞的转变和分散迁移不是随机的，而是被严格控制的。结合单细胞测序技术，最新的谱系追踪工作提示静息态的 B 细胞具有胚胎发育起源的作用，大约产生于胚胎发育期 E12 - 15，静息下来作为后备细胞存在，而不是产生于出生后或者发育终期。

B 细胞表达 nestin，Sox2，RC1，GLAST 和 GFAP，但是目前还没有任何单一、特异标记物能够区分 B 细胞和普通的星形胶质细胞，一般通过结合多种标记物的方法来确认成体神经干细胞。微细结构是区分 B 细胞和周围的终末分化星形胶质细胞的另一种方法：与放射状胶质细胞类似，在顶面，B 细胞通过初级纤毛接触侧脑室，这种纤毛对于神经干细胞的维持起着举足轻重的作用，具有独特的 9 + 0 型微管结构；在基面，与放射状胶质细胞通过放射状胶质纤维直接接触软脑膜不同，B 细胞的放射状突起形成终足直接附着在毛细血管壁上。

丰富的毛细血管网是成体神经干细胞微环境的关键组成部分，血液中的活性分子可以通过这种结构克服血脑屏障进入大脑调控 B 细胞的稳态。B 细胞周围存在 E1 和 E2 两种室管膜细胞。E1 室管膜细胞含有至少 50 根长长的 9 + 2 型微管结构的运动纤毛。运动纤毛及其中心体的极性分布，对于脑脊液的正常方向性循环至关重要，如果这种极性分布发生紊乱，会导致脑水肿等疾病。E2 室管膜细胞只含有 2 根长纤毛，具体功能尚不清楚。在 SVZ 中 B 细胞与室管膜细胞形成风车状结构，B 细胞位于中央，周边伴随着一圈室管膜细胞。电镜观察发现这三类细胞的细胞连接也各有不同：B 细胞之间的连接是对称性非典型粘合连接,与放射状胶质细胞之间的连接类似,进一步佐证了 B 细胞的神经干细胞身份;B 细胞与室管膜细胞 E1 之间的连接有两种,即紧密连接和非对称性粘合连接;室管膜 E1 细胞之间的连接与室管膜细胞 E1 和 E2 之间的连接都是紧密连接和对称性粘合连接。

成体神经干细胞继承了胚胎期放射状胶质细胞的区域异质性。SVZ 中不同区域的神经干细胞表达不同的转录因子,产生不同类型的嗅球中间神经元。例如,表达 Emx1 的成体神经干细胞主要产生 TH$^+$ 和 CR$^+$ 中间神经元,仅产生很少量的 CB$^+$ 中间神经元。同源、异源移植和体外实验表明,放射状胶质细胞和成体神经干细胞的这种区域异质性是由内在因子决定的、特化的,通常不随外界因素而改变。

四、成体大脑 VZ‐SVZ 的神经发生

成体神经发生(新神经元的产生)的发现始于一系列关于成熟中枢神经系统特定区域的神经细胞更替的研究。具有活跃的 DNA 合成的细胞可以被 ^{3}H‐胸苷标记,利用这一性质,奥尔特曼(Altman)等于 20 世纪 60 年代初,首次发现报道成体哺乳类大脑存在新生的神经元,但该发现直到鸣禽鸣唱相关神经核团的研究令人信服地证明了成体大脑存在新生神经元的更替并在哺乳类的嗅球中也得到证实后,才得到广泛接受。

哺乳动物在胚胎期及出生后的早期,神经干细胞沿侧脑室壁分布于 VZ,成年期神经干细胞主要分布于 SVZ,但仍与脑室保持联系,

构成能够支持成体神经发生的组织微环境，因此，成体新生神经元主要在侧脑室壁的 SVZ 产生。此外，成体神经发生也存在于海马齿状回的颗粒下层（subgranular zone）等区域。成体神经发生再现了胚胎时期神经发生的过程，即神经发生、迁移、分化、整合、成熟及死亡；但是与胚胎时期的神经发生相比，成体新生神经元要面对十分不同的体内环境，在更加成熟的脑组织中经历复杂且更长距离的迁移，更为关键的是要不扰乱已经存在的神经环路并且整合进去。

VZ - SVZ 产生的细胞大部分分化为神经元，少数分化为胶质细胞。生理条件下，大脑可以产生大量的新生神经元沿着与脑室平行的切线方向进行细胞迁移（cell migration），称为"链式迁移"（chain migration），进入吻侧迁移流（rostral migratory stream，RMS）。两月龄的小鼠，每天有 10 000 个甚至更多的新生神经元在 VZ - SVZ 产生，进入吻侧迁移流，边迁徙边分化，经过 2—3 天，"跋涉"数毫米到达嗅球。组织损伤时，VZ - SVZ 能够增加少突胶质细胞和星形胶质细胞的产生，新生神经元能够改变正常的迁移路径，迁移进入 VZ - SVZ 下方的纹状体。

一旦进入嗅球，新生神经元以放射型迁移的方式离开 RMS，经过 5—10 天分化为成熟的神经元，出现树突和突出小棘，整合进已有的神经环路中。未成熟的新生神经元进入颗粒细胞层（granule cell layer，GCL），分化成为浅层、中层或深层的成熟颗粒细胞层神经元。这些不同亚群的新生神经元与不同类型的投射神经元相连接，在嗅球神经环路中发挥不同的功能。还有一部分新生神经元越过颗粒细胞层迁移到更加浅层的小球层（glomerular layer，GL）分化为至少三种类型的球周细胞（periglomerular cell，PGC）。这些在幼年或成体大脑产生的神经元大部分分化为抑制性的 γ－氨基丁酸能（GABAergic）中间神经元。但近年来的研究表明，少数从 VZ－SVZ 迁移来的新生神经元也能分化为兴奋性的谷氨酸能（glutamatergic）神经元。

在新生神经元到达嗅球后的 2—6 周内，约有 50% 的新生神经元会消失，剩余的能够存活、整合进已有的神经环路中。新生神经元的存活与神经活性相关，剥夺嗅球的感觉传入会导致新生神经元存活数量减少，而增强嗅球神经活性则会提高新生神经元的存活数量。这种神经活性依赖的新生神经元存活效应可以通过细胞自主性机制调控：利用逆转录病毒感染 VZ－SVZ 细胞，而后通过细菌电压门控钠通道（NaCh－Bac）增强神经活性可以提高新生神经元的存活率；如果表达 ESKir2.1 钾离子通道，降低固有神经活性，则会导致新生神经元存活率与环路整合的下降。新生神经元的存活同样也受到细胞固有机制的调控：转录因子在不同类型嗅球中间神经元的命运决定过程中发挥重要作用，并参与调控其存活，例如，Pax6 通过晶状体蛋白 αA 诱导和抑制凋亡来调控 PGC 的多巴胺能神经元的存活等。

成体小鼠脑的生发区域不仅包括侧脑室不同方位的侧壁，也包括 RMS。RMS 发源于胚胎发育时期的嗅室（olfactory ventricle），是侧脑室向吻侧延伸的结构，包含皮质和皮质下结构，可能是球周细胞中大部分 CalR$^+$ 神经元的起源。但是，RMS 中的神经干细胞及其子代细胞还需要进一步的鉴定和解析。此外，神经干细胞增殖和神经再生还可能存在于侧脑室靠胼胝体和皮质部分的侧壁以及靠隔区的中侧壁。因此，成体神经发生的微环境是很广泛的，包括那些已经不与侧脑室有联系的区域，如 RMS 和胼胝体下区。

五、成体 VZ‑SVZ 神经干细胞的鉴定、来源和时空特异性

尽管成年哺乳类侧脑室持续有细胞分裂的现象很早就被发现，但是这些分裂细胞的身份却存在争论：早期研究认为侧脑室壁内增殖的细胞是正在进行神经胶质发生的细胞，另一些研究则认为这些增殖的细胞在有丝分裂后不久就会死亡；现在普遍接受的观点是出生后 VZ‑SVZ 产生了相当数量的新生神经元和少量少突胶质细胞及星形胶质细胞。

早期 VZ‑SVZ 干细胞身份的鉴定主要来自细胞培养实验：侧脑室外侧壁组织被分离、打散成悬浮细胞，非单层培养中，在生长因子刺激下，部分细胞可以形成神经球，并可以传代数次和分化产生神经元、星形胶质细胞及少突胶质细胞，表明 VZ‑SVZ 存在具有自我更新、多潜能分化的神经干细胞。令人惊奇的是这些成体神经干细胞具有许多分化的星形胶质细胞特征，因此，这些缓慢分裂的星形胶质细胞被称为"type B1"细胞。随后的研究证实了"type B1"细胞具有星形胶质细胞的特征，进一步动摇了只有终末分化的胶质细胞才具有星形胶质细胞特征的观点。

"type B1"细胞的胞体与脑室是隔离的，位于脑室下方的区域，大多有一个细小而特别的顶突起与脑室相接触，被脑室壁的室管膜细胞（ependymal cell）包围，从脑室方向观察，形成类似风车的结构。类似结构在胚胎发育时期也存在，围绕脑室形成细胞不断增殖的脑室区，但在出生后的大脑，仅在风车结构的顶面区域可以见到细胞增

殖。这也提示了尽管室管膜细胞将成体神经干细胞的胞体与脑室隔开，形成脑室下区的结构，但成体神经干细胞仍然占据一个脑室样的微环境；而成年鸟类和爬行类的大脑侧脑室仍保留清晰的 VZ 样的神经上皮结构，使得成体神经发生在出生后仍能继续。

已有直接证据表明，成体"type B1"细胞的来源是放射胶质细胞，即发育早期的神经干细胞。出生早期的啮齿类动物的大脑，存在相当数量的放射胶质细胞，从脑室壁延伸出长长的突起。为了解析这些神经干细胞的发育谱系，可以利用表达 Cre 重组酶的腺病毒感染这些突起，通过 Cre 介导的报告基因小鼠中永久性被标记的放射胶质细胞及其子代细胞，证明作为神经干细胞的放射胶质细胞能够产生成体"type B1"细胞、神经元、星形胶质细胞、少突胶质细胞和室管膜细胞。利用 nestin 基因启动子驱动 Cre 表达的转基因小鼠也可以证明这种谱系关系，最新的基于单细胞遗传编码和测序的技术同样也佐证了这种谱系关系。

遗传谱系追踪的优势在于特定基因的表达与特定类型神经元的产生是相联系的，因此，特异性基因的表达不仅可以用来进行谱系追踪，而且功能缺失和获得实验还能够证明该因子是否参与特定类型神经元的产生。如果某种因子/转录因子的表达区域足够局限，那么利用神经干细胞、祖细胞表达某种特异的转录因子并进行细胞系谱追踪，就能够为研究神经元的时空起源提供线索。当转录因子的表达区域比较广泛，而且随着时间发生改变，谱系追踪会标记表达这个转录因子的所有子代细胞，就可能干扰成体大脑神经干细胞的起源和身份的确认。因此，如果要研究特定区域的神经干细胞（B 细胞）能否产生特定类型的细胞，就需要能够在特定的空间、时间内将它们标记出来,这就是病毒感染标记的优势:低剂量注射表达 Cre 的病毒,感染 B 细胞来源的放射胶质细胞。

通过 Cre 介导的报告基因小鼠中追踪被标记的放射胶质细胞的谱系证明 VZ‑SVZ 的不同区域可以产生不同类型的嗅球中间神经元。标记背侧的放射胶质细胞追踪到浅层颗粒细胞和 TH⁺ 的球周细胞;标记腹侧部分则能够追踪到颗粒细胞层的深层细胞和 CalB⁺ 的细胞。浅层的颗粒细胞又可以分为 CalR⁺ 和 CalR⁻ 两类,被标记的背侧侧脑室壁的放射胶质细胞产生浅层的颗粒细胞,但是这些细胞中很少表达 CalR。但是,如果标记的是吻侧脑室中侧壁面对隔区的放射胶质细胞,则能够产生大量的 CalR⁺ 颗粒细胞。新生神经元起源的区域不仅会决定了它们在嗅球中的最终位置和表达的标志物,也会控制它们树突分枝的特定形态。吻侧增殖细胞产生的颗粒细胞,其树突分枝投向浅层的外丛状层(external plexiform layer,EPL);尾侧增殖细胞产生的颗粒细胞,其树突分枝则投向深层的外丛状层。但是新生神经元的形态在迁往嗅球的过程中并没有多少差别,到达嗅球目的地之后才分化成熟,表现出各自特异的形态和功能。这一过程的机制目前尚不明确,可能包含不同转录因子之间的组合调控以及基因或表观遗传学层面的调控。

神经发生不仅具有空间特异性,而且具有时间特异性:随着发育的进程,产生的不同嗅球细胞类型的比例也不相同。小鼠中,嗅球中间神经元的产生开始于胚胎发育期 E12‑14,某些早期产生的神经元能够存活到成年时期。神经元产生的高峰在出生前后,而后嗅球的神经发生逐步降低到成年的水平。

异时移植结果表明,不同类型的嗅球中间神经元偏好在不同的

发育时期产生：移植幼龄的 VZ－SVZ 能够产生较高比例的 CalB$^+$
的球周细胞；而年龄较大的 VZ－SVZ 则能够产生更多的 CalR$^+$ 和
TH$^+$ 的球周细胞。Cre－ER 介导的小鼠追踪也证明，相比成年时期，
发育的早期能够产生更高比例的 CalB$^+$ 细胞。

六、哺乳类动物大脑的神经发生与损伤修复

随着对生理条件下成体神经发生认识的深入，20 世纪 90 年代
后期开始，利用不同物种的不同类型的损伤模型，越来越多的研究
表明，损伤能够激活静息态的神经干细胞，增强 SVZ 和齿状回
(dentate gyrus，DG)的神经发生。急性损伤以及各种慢性神经退行
性疾病，比如，阿尔茨海默病(Alzheimer disease，AD)，亨廷顿氏病
(Huntington disease，HD)，帕金森病(Parkinson's disease，PD)，肌
萎缩侧索硬化(amyotrophic lateral sclerosis，ALS)，都可以诱导神
经发生。自身免疫性脑脊髓炎以及其他脱髓鞘性病变也能够刺激
SVZ 的前体细胞促进白质中产生新的少突胶质细胞。利用死亡后的
大脑，研究表明，中风、癫痫、脑出血、AD、HD 以及多发性硬化在人类
病理大脑中也存在增强的神经发生和少突胶质细胞发生。

早期的研究认为疾病引起的成体神经发生是大脑的一种自我
修复的应激反应。但是，后来的研究提示这种应激反应的响应与受
损的位置和类型并不直接相关，而且受损引起神经元减少导致神经
再生也不是必需的；成体大脑的神经发生更可能是受到多种系统性
刺激的调节。生理条件下成体哺乳类动物大脑的神经发生仅局限
于特定区域，但是损伤则可能发生在任何区域，需要修复的神经元

类型和靶区域也是多种多样的。事实上，受损后新生神经元的产生不再受限于正常条件下神经发生的环境，出现异位（比如新皮质、纹状体等部位）的神经发生。不同的损伤或病理条件下能够诱导多种不同类型神经元的产生。因此，细胞起源、产生区域、细胞身份、新生神经元的功能以及调控机制在生理和病理条件下可能会有很大不同。

尽管众多病理条件都能够诱导产生新生神经元，但在成体中损伤或病理诱导产生的新生神经元非常有限，尤其是能够正常分化存活和成熟整合进入神经回路的并不多，因此，损伤诱导的神经发生对受损后大脑修复的意义并不明确，这种有限的神经发生在未来是否可以和如何用于相关疾病和损伤的再生修复和治疗，还有许多问题需要探索和回答。

本章小结

卡哈尔之后的近一个世纪里，人们一直认为人类的大脑神经元在儿童时期以后就不再发生改变，一旦受损，脑细胞就无法再生或修复。出生以后，脑细胞是有限的、固定的，任何损失或伤害都会在这个人的余生中作为一种缺陷存在。但是 20 世纪 60 年代以奥尔特曼（Altman）为代表的几代研究者的结果推翻了卡哈尔以来近百年的教条：新生神经元的产生只限于胚胎发育和初生时期。在主要以小鼠为代表的模式动物研究中，不论是生理还是病理情况下都存在大量的、活跃的成体神经发生过程；而且这种细胞学水平的神经可塑性对于动物的生理和病理过程具有重大的调控作用与意义。过去 20 年所取得的一系列关于成体大脑可塑性及自我修复潜能的研究成果,已经有力地冲击了固有的认知。然而,损伤诱导的神经发生和再生修复,目前仍然是一个不成熟的、快速发展的领域,还有很多问题需要探究和回答。

值得特别指出的是,成体神经发生长期以来被认为主要存在于低等的脊椎动物中:目前仍有观点认为,随着进化,大脑逐步失去了自我更新的能力——为了保持已经建立回路的稳定性,逐步形成了一个不允许额外增添新细胞组分的环境,尤其是新生神经元,以此维持一个已有的神经环路的完整性和整体性。基于这种观点,成体神经发生理论上主要存在于古皮质的嗅球和海马中;在新出现的脑部区域,如新皮质等,则不会有新生神经元的出现。从啮齿类动物到灵长类动物的演化过程中,成体神经发生似乎是一个不断退化的进程,小鼠、大鼠有非常活跃的成体神经再生,而猴子等灵长类的成体神经发生相比之下却不活跃;人成体神经发生,自从被发现并报道以来,一直都存在争议,尤其是人海马体内成体神经再生的争议近年来更是进入白热化阶段,急需新的更加系统和精准的方法去探索和解析。在本章校正过程中,多篇单细胞测序工作相继发表,为人海马体成体神经再生的存在提供了新的有力的支持证据。不论人的成体神经发生,在生理和/或病理条件下是否存在和足够活跃,持续深入探究和阐明成体神经发生的进化、起源、过程、调节及其在生理与病理过程中的作用与调控都至关重要,对我们理解成体神经发生和进化这一根本生物学现象,以及如何利用内源或者外源神经发生进行疾病的再生医学防治都具有不可替代的、重大的意义与价值。

思考与练习

1. 简述神经干细胞和成体神经干细胞的特点和异同。

2. 简述神经发生和成体神经发生的特点和异同。

3. 简述神经发生、异质性和微环境调控。

4. 简述神经干细胞和神经发生的研究方法学和进展中的谱系追踪
   技术。

5. 简述小鼠成体神经发生研究工作对人类生物学和疾病防治的
   启示。

6. 简述物种演化过程中,成体神经发生的生物学意义及演化。

本章参考文献

[1] Altman J. Autoradiographic investigation of cell proliferation in the brains of rats and cats. *The anatomical record*. 1963; 145(4); 573 - 591.

[2] Alvarez-Buylla A, García-Verdugo JM, Mateo AS, et al. Primary neural precursors and intermitotic nuclear migration in the ventricular zone of adult canaries. *Journal of neuroscience*. 1998; 18(3); 1020 - 1037.

[3] Alvarez-Buylla A, Kohwi M, Nguyen TM, et al. The heterogeneity of adult neural stem cells and the emerging complexity of their niche. *Cold spring harbor symposia on quantitative biology*. 2008; 73(1); 357 - 365.

[4] Belluzzi O, Benedusi M, Ackman J, et al. Electrophysiological differentiation of new neurons in the olfactory bulb. *Journal of neuroscience*. 2003; 23(32); 10411 - 10418.

[5] Benjelloun-Touimi S, Jacque CM, Derer P, et al. Evidence that mouse astrocytes may be derived from the radial glia. An immunohistochemical study of the cerebellum in the normal and reeler mouse. *Journal of neuroimmunology*. 1985; 9; 87 - 97.

[6] Bovetti S, Veyrac A, Peretto P, et al. Olfactory enrichment influences adult neurogenesis modulating GAD67 and plasticity-related molecules expression in newborn cells of the olfactory bulb. *PLoS one*. 2009; 4(7); e6359.

[7] Brill MS, Ninkovic J, Winpenny E, et al. Adult generation of glutamatergic

olfactory bulb interneurons. *Nature neuroscience*. 2009; 12(12); 1524 – 1533.

[8] Calza L, Giardino L, Pozza M, et al. Proliferation and phenotype regulation in the subventricular zone during experimental allergic encephalomyelitis; in vivo evidence of a role for nerve growth factor. *Proceedings of the national academy of sciences of the United States of America*. 1998; 95(6); 3209 – 3214.

[9] Campbell K. Dorsal-ventral patterning in the mammalian telencephalon. *Current opinion in neurobiology*. 2003; 13(1); 50 – 56.

[10] Capela A, Temple S. LeX/ssea – 1 is expressed by adult mouse CNS stem cells, identifying them as nonependymal. *Neuron*. 2002; 35(5); 865.

[11] Cappello S, Attardo A, Wu XW, et al. The Rho-GTPase cdc42 regulates neural progenitor fate at the apical surface. *Nature neuroscience*. 2006; 9(9); 1099 – 1107.

[12] Carleton A, Petreanu LT; Lansford R, et al. Becoming a new neuron in the adult olfactory bulb. *Nature neuroscience*. 2003; 6(5); 507 – 518.

[13] Choi BH. Prenatal gliogenesis in the developing cerebrum of the mouse. *Glia*. 1988; 1(5); 308 – 316.

[14] Choi BH, Lapham LW. Radial glia in the human fetal cerebrum; a combined Golgi, immunofluorescent and electron microscopic study. *Brain research*. 1978; 148(2); 295 – 311.

[15] De Marchis S, Bovetti S, Carletti B, et al. Generation of distinct types of periglomerular olfactory bulb interneurons during development and in adult mice; implication for intrinsic properties of the subventricular zone progenitor population. *Journal of neuroscience*. 2007; 27(3); 657 – 664.

[16] Del Bene F, Wehman AM, Link BA, et al. Regulation of neurogenesis by interkinetic nuclear migration through an apical-basal notch gradient. *Cell*. 2008; 134(6); 1055 – 1065.

[17] Doetsch F, Alvarez-Buylla A. Network of tangential pathways for neuronal migration in adult mammalian brain. *Proceedings of the national academy of sciences of the United States of America*. 1996; 93(25); 14895 – 14900.

[18] Doetsch F, Caillé I, Lim DA. Subventricular zone astrocytes are neural stem cells in the adult mammalian brain. *Cell*. 1999; 97(6); 703 – 716.

[19] Eng LF. Glial fibrillary acidic protein (GFAP); the major protein of glial intermediate filaments in differentiated astrocytes. *Journal of neuroimmunology*. 1985; 8; 203 – 214.

[20] Fishell G, Rudy B. Mechanisms of inhibition within the telencephalon; "where

the wild things are". *Annual review of neuroscience*. 2011; 34(1): 535 - 567.

[21] García-Verdugo JM, Ferrón S, Flames N, et al. The proliferative ventricular zone in adult vertebrates: a comparative study using reptiles, birds, and mammals. *Brain research bulletin*. 2002; 57(6): 765 - 775.

[22] Goldman SA, Nottebohm F. Neuronal production, migration, and differentiation in a vocal control nucleus of the adult female canary brain. *Proceedings of the national academy of sciences of the United States of America*. 1983; 80(8): 2390 - 2394.

[23] Han Y. G, Alvarez-Buylla A. Role of primary cilia in brain development and cancer. *Current Opinion in Neurobiology*. 2010; 20(1): 58 - 67.

[24] Han YG, Kim JH, Dlugosz AA, et al. Dual and opposing roles of primary cilia in medulloblastoma development. *Nature Medicine*. 2009; 15(9): 1062 - 1065.

[25] Han YG, Spassky N, Romaguera-Ros M, et al. Hedgehog signaling and primary cilia are required for the formation of adult neural stem cells. *Nature neuroscience*. 2008; 11(3): 277 - 284.

[26] Haubensak W, Attardo A, Denk W, et al. Neurons arise in the basal neuroepithelium of the early mammalian telencephalon: a major site of neurogenesis. *Proceedings of the national academy of sciences of the United States of America*. 2004; 101(9): 3196 - 3201.

[27] Haughey NJ, Liu D, Nath A, et al. Disruption of neurogenesis in the subventricular zone of adult mice, and in human cortical neuronal precursor cells in culture, by amyloid b-peptide. Implications for the pathogenesis of Alzheimer's disease. *Neuromolecular medicine*. 2002; 1(2): 125 - 135.

[28] Haughey NJ, Nath A, Chan SL, et al. Disruption of neurogenesis by amyloid beta-peptide, and perturbed neural progenitor cell homeostasis, in models of Alzheimer's disease. *Journal of neurochemistry*. 2010; 83(6): 1509 - 1524.

[29] Ihrie RA, Álvarez-Buylla A. Lake-front property: a unique germinal niche by the lateral ventricles of the adult brain. *Neuron*. 2011; 70(4): 674 - 686.

[30] Imayoshi I, Sakamoto M, Ohtsuka T, et al. Roles of continuous neurogenesis in the structural and functional integrity of the adult forebrain. *Nature neuroscience*. 2008; 11(10): 1153 - 1161.

[31] Imura T, Kornblum HI, Sofroniew MV. The predominant neural stem cell isolated from postnatal and adult forebrain but not early embryonic forebrain expresses GFAP. *Journal of neuroscience*. 2003; 23(7): 2824 - 2832.

[32] Jin K, Galvan V, Xie L, et al. Enhanced neurogenesis in Alzheimer's disease

transgenic (PDGF-APPSw, Ind) mice. *Proceedings of the national academy of sciences of the United States of America*. 2004; 101(36): 13363 - 13367.

[33] Kelsch W, Mosley CP, Lin CW, et al. Distinct mammalian precursors are committed to generate neurons with defined dendritic projection patterns. *PLoS Biology*. 2007; 5(11): 2501 - 2512.

[34] Kishi K, Peng JY, Kakuta S, et al. Migration of bipolar subependymal cells, precursors of the granule cells of the rat olfactory bulb, with reference to the arrangement of the radial glial fibers. *Archives of histology and cytology*. 1990; 53(2): 219 - 226.

[35] Kohwi M, Osumi N, Rubenstein JL, et al. Pax6 is required for making specific subpopulations of granule and periglomerular neurons in the olfactory bulb. *Journal of neuroscience*, 2005; 25(30): 6997 - 7003.

[36] Kohwi M, Petryniak MA, Long JE, et al. A subpopulation of olfactory bulb GABAergic interneurons is derived from Emx1 - and Dlx5/6 - expressing progenitors. *Journal of neuroscience*. 2007; 27(26): 6878 - 6891.

[37] Kosaka K, Kosaka T. Synaptic organization of the glomerulus in the main olfactory bulb: compartments of the glomerulus and heterogeneity of the periglomerular cells, *Anatomical science international*. 2005; 80(2): 80 - 90.

[38] Kreuzberg M, Kanov E, Timofeev O, et al. Increased subventricular zone-derived cortical neurogenesis after ischemic lesion. *Experimental neurology*. 2010; 226(1): 90 - 99.

[39] Kriegstein A, Alvarez-Buylla A. The glial nature of embryonic and adult neural stem cells, *Annual review of neuroscience*. 2009; 32: 149 - 184.

[40] Kuo CT, Mirzadeh Z, Soriano-Navarro M, et al. Postnatal deletion of Numb/ Numblike reveals repair and remodeling capacity in the subventricular neurogenic niche. *Cell*. 2006; 127(6): 1253 - 1264.

[41] Laywell ED, Rakic P, Kukekov VG, et al. Identification of a multipotent astrocytic stem cell in the immature and adult mouse brain. *Proceedings of the national academy of sciences of the United States of America*. 2000; 97(25): 13883 - 13888.

[42] Levitt P, Rakic P. Immunoperoxidase localization of glial fibrillary acidic protein in radial glial cells and astrocytes of the developing rhesus monkey brain. *The journal of comparative neurology*. 1980; 193(3): 815 - 840.

[43] Lin CW, Sim S, Ainsworth A, et al. Genetically increased cell-intrinsic excitability enhances neuronal integration into adult brain circuits. *Neuron*.

2010; 65(1): 32 - 39.

[44] Liu Z, Martin LJ. The adult neural stem and progenitor cell niche is altered in amyotrophic lateral sclerosis mouse brain. *The journal of comparative neurology*. 2006; 497(3): 468 - 488.

[45] Lois C, Alvarez-Buylla A. Long-distance neuronal migration in the adult mammalian brain. *Science*. 1994; 264(5162): 1145.

[46] Lois C, García-Verdugo JM, Alvarez-Buylla A. Chain migration of neuronal precursors. *Science*. 1996; 271(5251): 978 - 981.

[47] Luskin MB, Parnavelas JG, Barfield JA. Neurons, astrocytes, and oligodendrocytes of the rat cerebral cortex originate from separate progenitor cells: an ultrastructural analysis of clonally related cells. *Journal of neuroscience*. 1993; 13(4): 1730 - 1750.

[48] Mandairon N, Sacquet J, Jourdan F, et al. Long-term fate and distribution of newborn cells in the adult mouse olfactory bulb: Influences of olfactory deprivation. *Neuroscience*. 2006; 141(1): 443 - 451.

[49] Marín Ó, Anderson SA, Rubenstein JLR. Origin and molecular specification of striatal interneurons. *Journal of neuroscience*. 2000; 20(16): 6063 - 6076.

[50] Marín Ó, Rubenstein JLR. A long, remarkable journey: tangential migration in the telencephalon. *Nature reviews neuroscience*. 2001; 2(11): 780 - 790.

[51] Marín Ó, Rubenstein JLR. Cell migration in the forebrain. *Annual review of neuroscience*. 2003; 26(0): 441 - 483.

[52] Martí-Fàbregas J, Romaguera-Ros M, Gomez-Pinedo U, et al. Proliferation in the human ipsilateral subventricular zone after ischemic stroke. *Neurology*. 2010; 74(5): 357 - 365.

[53] Menn B, Garcia-Verdugo JM; , Yaschine C, et al. Origin of oligodendrocytes in the subventricular zone of the adult brain. *Journal of neuroscience*. 2006; 26(30): 7907 - 7918.

[54] Merkle FT, Mirzadeh Z, Alvarez-Buylla A. Mosaic organization of neural stem cells in the adult brain. *Science*. 2007; 317(5836): 381 - 384.

[55] Merkle FT, Tramontin AD, García-Verdugo JM, et al. Radial glia give rise to adult neural stem cells in the subventricular zone. *Proceedings of the national academy of sciences of the United States of America*. 2004; 101(50): 17528 - 17532.

[56] Mirzadeh Z, Doetsch F, Sawamoto K, et al. The subventricular zone en-face: wholemount staining and ependymal flow. *Journal of visualized experiments*.

2010；(39)：e1938.

[57] Mirzadeh Z, Han YGSoriano-Navarro M, et al. Cilia organize ependymal planar polarity. *The Journal of neuroscience*. 2010；30(7)：2600 - 2610.

[58] Mirzadeh Z, Merkle FT, Soriano-Navarro M, et al. Neural stem cells confer unique pinwheel architecture to the ventricular surface in neurogenic regions of the adult brain. *Cell stem cell*. 2008；3(3)：265 - 278.

[59] Morshead CM, Reynolds BA, Craig CG, et al. Neural stem cells in the adult mammalian forebrain: a relatively quiescent subpopulation of subependymal cells. *Neuron*. 1994；13(5)：1071 - 1082.

[60] Morshead CM, van der Kooy D. Postmitotic death is the fate of constitutively proliferating cells in the subependymal layer of the adult mouse brain. *Journal of neuroscience*. 1992；12(1)：249 - 256.

[61] Nait-Oumesmar B, Decker L, Lachapelle F, et al. Progenitor cells of the adult mouse subventricular zone proliferate, migrate and differentiate into oligodendrocytes after demyelination. *European journal of neuroscience*. 1999；11(12)：4357 - 4366.

[62] Ninkovic J, Pinto L, Petricca S, et al. The transcription factor Pax6 regulates survival of dopaminergic olfactory bulb neurons via crystallin αA. *Neuron*. 2010；68(4)：682 - 694.

[63] Nissant A, Pallotto M. Integration and maturation of newborn neurons in the adult olfactory bulb-from synapses to function. *European journal of neuroscience*. 2011；33(6)：1069 - 1077.

[64] Noctor SC, Martínez-Cerdeño V, Ivic L, et al. Cortical neurons arise in symmetric and asymmetric division zones and migrate through specific phases. *Nature neuroscience*. 2004；7(2)：136 - 144.

[65] Noctor SC, Martínez-Cerdeño V, Kriegstein AR. Neural stem and progenitor cells in cortical development. *Novartis foundation symposium*. 2007；288：59 - 73.

[66] Noctor SC, Martínez-Cerdeño V, Kriegstein AR. Distinct behaviors of neural stem and progenitor cells underlie cortical neurogenesis. *Journal of comparative neurology*. 2008；508(1)：28 - 44.

[67] Nottebohm F. Why are some neurons replaced in adult brain?. *Journal of neuroscience*. 2002；22(3)：624 - 628.

[68] Ohab JJ, Fleming S, Blesch A, et al. A neurovascular niche for neurogenesis after stroke. *Journal of neuroscience*. 2006；26(50)：13007 - 13016.

[69] Guillemot F, Galli R, Battiste J, et al. Mash1 specifies neurons and oligodendrocytes in the postnatal brain. *EMBO Journal*. 2004; 23(22): 4495 – 4505.

[70] Petreanu L, Alvarez-Buylla A. Maturation and death of adult-born olfactory bulb granule neurons: role of olfaction. *Journal of neuroscience*. 2002; 22(14): 6106 – 6113.

[71] Pham-Dinh D, Baron-Van Evercooren A. Experimental autoimmune encephalomyelitis mobilizes neural progenitors from the subventricular zone to undergo oligodendrogenesis in adult mice. *Proceedings of the national academy of sciences of the United States of America*. 2002; 99(20): 13211 – 13216.

[72] Puelles L, Rubenstein JLR. Forebrain gene expression domains and the evolving prosomeric model. *Trends in neurosciences*. 2003; 26(9): 469 – 476.

[73] Rain MR, Gazula VR, Breunig JJ, et al. Numb and Numbl are required for maintenance of cadherin-based adhesion and polarity of neural progenitors. *Nature neuroscience*. 2007; 10(7): 819 – 827.

[74] Reynolds BA, Weiss S. Generation of neurons and astrocytes from isolated cells of the adult mammalian central nervous system. *Science*. 1992; 255(5052): 1707 – 1710.

[75] Rochefort C, Gheusi G, Vincent JD, et al. Enriched odor exposure increases the number of newborn neurons in the adult olfactory bulb and improves odor memory. *Journal of neuroscience*. 2002; 22(7): 2679 – 2689.

[76] Seri B, Herrera DG, Gritti A, et al. Composition and organization of the SCZ: a large germinal layer containing neural stem cells in the adult mammalian brain. *Cerebral cortex*. 2006; 16(Suppl 1): i103 – i111.

[77] Shen Q, Wang Y, Kokovay E, et al. Adult SVZ stem cells lie in a vascular niche: a quantitative analysis of niche cell-cell interactions. *Cell stem cell*. 2008; 3(3): 289 – 300.

[78] Stenman J, Toresson H, Campbell K. Identification of two distinct progenitor populations in the lateral ganglionic eminence: implications for striatal and olfactory bulb neurogenesis. *Journal of neuroscience*. 2003; 23(1): 167 – 174.

[79] Stuhmer T. Expression from a Dlx gene enhancer marks adult mouse cortical GABAergic neurons. *Cerebral cortex*. 2002; 12(1): 75 – 85.

[80] Tavazoie M, Van der Veken L, Silva-Vargas V, et al. A specialized vascular niche for adult neural stem cells. *Cell stem cell*. 2008; 3(3): 279 – 288.

[81] Thored P, Heldmann U, Gomes-Leal W, et al. Long-term accumulation of

microglia with proneurogenic phenotype concomitant with persistent neurogenesis in adult subventricular zone after stroke. *Glia*. 2009; 57(8): 835 - 849.

[82] Tsai JW, Chen Y, Kriegstein AR, et al. LIS1 RNA interference blocks neural stem cell division, morphogenesis, and motility at multiple stages. *Journal of cell biology*. 2005; 170(6): 935 - 945.

[83] Ueno M, Katayama K, Yamauchi H, et al. Cell cycle progression is required for nuclear migration of neural progenitor cells. *Brain research*. 2006; 1088(1): 57 - 67.

[84] Ventura RE, Goldman JE. Dorsal radial glia generate olfactory bulb interneurons in the postnatal murine brain. *Journal of neuroscience*. 2007; 27(16): 4297 - 4302.

[85] Vescovi AL, Reynolds BA, Fraser DD, et al. BFGF regulates the proliferative fate of unipotent (neuronal) and bipotent (neuronal/astroglial) EGF-generated CNS progenitor cells. *Neuron*. 1993; 11(5): 951 - 966.

[86] Waclaw RR, Allen ZJ, Bell SM, et al. The zinc finger transcription factor Sp8 regulates the generation and diversity of olfactory bulb interneurons. *Neuron*. 2006; 49(4): 503 - 516.

[87] Wei B, Nie YZ, Li XS, et al. Emx1 - expressing neural stem cells in the subventricular zone give rise to new interneurons in the ischemic injured striatum. *European journal of neuroscience*. 2011; 33(5): 819 - 830.

[88] Wichterle H, Garcia-Verdugo JM, Alvarez-Buylla A. Direct evidence for homotypic, glia-independent neuronal migration. *Neuron*. 1997; 18(5): 779 - 791.

[89] Wilson SW, Rubenstein JLR. Induction and dorsoventral patterning of the telencephalon. *Neuron*. 2000; 28(3): 641 - 651.

[90] Winner B, Cooper-Kuhn CM, Aigner R, et al. Long-term survival and cell death of newly generated neurons in the adult rat olfactory bulb. *European journal of neuroscience*. 2002; 16(9): 1681 - 1689.

[91] Winner B, Lie DC, Rockenstein E, et al. Human wild-type alpha-synuclein impairs neurogenesis. *Journal of neuropathology and experimental neurology*. 2004; 63(11): 1155 - 1166.

[92] Wonders CP, Anderson SA. The origin and specification of cortical interneurons. *Nature reviews*. *Neuroscience*. 2006; 7(9): 687 - 696.

[93] Yamashita T, Ninomiya M, Acosta PH, et al. Subventricular zone-derived neuroblasts migrate and differentiate into mature neurons in the post-stroke adult striatum. *Journal of neuroscience*. 2006; 26(24): 6627 - 6636.

[94] Young KM, Fogarty M, Kessaris N, et al. Subventricular zone stem cells are heterogeneous with respect to their embryonic origins and neurogenic fates in the adult olfactory bulb. *Journal of neuroscience*. 2007; 27(31): 8286 – 8296.

[95] Zhao CM, Deng W, Gage FH. Mechanisms and functional implications of adult neurogenesis. *Cell*. 2008; 132(4): 645 – 660.

[96] Fuentealba LC, Rompani SB, Parraguez JI, et al. Embryonic origin of postnatal neural stem cells. *Cell*. 2015; 161(7): 1644 – 1655.

[97] Hu XL, Chen G, Zhang SG, et al. Persistent expression of VCAM1 in radial glial cells is required for the embryonic origin of postnatal neural stem cells. *Neuron*. 2017; 95(2): 309 – 325(e306).

[98] Kempermann G, Gage FH, Aigner L, et al. Human adult neurogenesis: evidence and remaining questions. *Cell stem cell*. 2018; 23(1): 25 – 30.

[99] Paredes MF, Sorrells SF, Cebrian-Silla A, et al. Does adult neurogenesis persist in the human hippocampus?. *Cell stem cell*. 2018; 23(6): 780 – 781.

[100] Sorrells SF, Paredes MF, Zhang ZZ, et al. Positive controls in adults and children support that very few, if any, new neurons are born in the adult human hippocampus. *Journal of neuroscience*. 2021; 41(12): 2554 – 2565.

第六章
非编码 RNA 调控与疾病

邱　艳　王丽君

分子细胞生物学前沿

本章学习目标

1. 掌握非编码 RNA 的概念；
2. 能够简要概述非编码 RNA 的分类及常见的非编码 RNA；
3. 能够描述微 RNA 的特点及其功能；
4. 能够描述长链非编码 RNA 的特点及其功能；
5. 能够描述环状 RNA 的特点及其功能；
6. 了解非编码 RNA 与疾病的关系及其在疾病治疗中的应用前景。

　　人类基因组计划表明,在人类基因组序列中编码蛋白质的基因序列仅占人类基因组全长的 2%,其余均为非蛋白质编码序列。之后的 ENCODE 研究计划表明,有 75% 的基因组序列能够被转录成 RNA,其中近 74% 的转录产物为非编码 RNA。因此,解析这些非编码 RNA 的功能和机制是当前生命科学的重要课题。现有的研究表明,非编码 RNA 对细胞的正常生命活动起着重要调控作用,非编码 RNA 可以在转录水平、转录后水平和表观遗传水平调控基因的表达。非编码 RNA 的异常表达与疾病的发生、发展密切相关。值得注意的是,非编码 RNA 的靶向疗法已被认为具有治疗各种疾病的应用前景。

目前,非编码 RNA 已经在生物技术和生物医药领域得到应用。例如,干扰小分子 RNA(small interfering RNA,siRNA)被发现后,大量科学研究即开始使用 siRNA 用于基因表达敲低试验。2018 年 8 月,全球首款 siRNA 药物 Onpattro(Patisiran)经美国 FDA 批准上市,用于治疗遗传性淀粉样病变引发的多发性神经突变。此外,微 RNA(microRNA,miRNA)相关药物也正在研发中,有的已进入临床 II 期或 III 期。然而,非编码 RNA 疗法也面临着诸多挑战,包括疗法特异性、递送效率和耐受性等问题。

一、引言

非编码 RNA(non-coding RNA,ncRNA)在生命调控过程中扮演着重要角色。人类基因组序列中的 75% 可被转录为 RNA,但编码蛋白质的信使 RNA(messenger RNA,mRNA)不到全部转录本的 2%,其余均为非编码 RNA。长期以来,非编码 RNA 被认为是大量转录的副产物,是基因组上的"垃圾"或"暗物质",生物学意义不大。直到 20 世纪 50 年代发现了基因表达中的重要非编码 RNA,包括核糖体 RNA(ribosomal RNA,rRNA)和转移 RNA(transfer RNA,tRNA)。它们虽是非编码 RNA,但在蛋白质合成过程中却起着极其重要的作用。随后,在 20 世纪 80 年代发现了核内小 RNA(small nuclear

RNA，snRNA)。在 1993 年和 2000 年,两个独立课题组先后在秀丽隐杆线虫中分别鉴定出微 RNA(microRNA，miRNA)。进入 21 世纪后,各种非编码 RNA 的研究成果陆续出现在各类媒体报道中。

　　非编码 RNA 存在于绝大多数生物体内,是一类不编码蛋白质的 RNA 分子,包括 miRNA、长链非编码 RNA(long non-coding RNA，lncRNA)、环状 RNA(circular RNA，circRNA)、Piwi 相互作用 RNA(Piwi-interacting RNA，piRNA)等(图 6-1)。

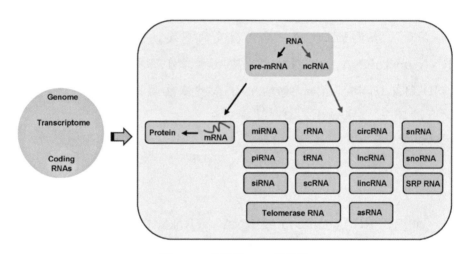

图 6-1　非编码 RNA 的分类

　　高通量测序等相关技术的进步与发展,使得越来越多的非编码 RNA 及其生物学功能被揭示出来。非编码 RNA 广泛参与生命活动中重要的生物过程,在发育、代谢和疾病等生命活动中都起着重要作用。非编码 RNA 发挥功能的方式很多,可以与蛋白质、DNA 和 RNA 相互作用,参与多种细胞活动,主要包括基因的激活和沉默,RNA 的剪接、修饰和编辑,蛋白质的翻译等。大量研究结果表明,非编码 RNA 与疾病的发生、发展有密切关系,其参与调控包括心血管疾病、肿瘤、代谢性疾病、免疫疾病等疾病过程。此外,非编码 RNA 还可作为疾病的标志物,未来对非编码 RNA 的进一步研究将为疾病的诊断和治疗提供手段。

本章将基于现有的研究成果对非编码 RNA 进行简要介绍,对其中常见的 miRNA、lncRNA 和 circRNA 三种调控型非编码 RNA 进行重点介绍。

二、非编码 RNA

基因表达除了很大程度上受蛋白调控外,还受到非编码 RNA 的调控。这些 RNA 包括 tRNA、rRNA、snRNA、miRNA、lncRNA 和 circRNA 等。

非编码 RNA 是一类不具有编码蛋白质功能的 RNA,在人体内广泛存在。随着 RNA 测序技术和计算机分析技术的进步,数以千计的非编码 RNA 被发现和注解。

非编码 RNA 可以通过转录调控、转录后调控和表观遗传学调控等影响基因的表达,参与细胞的生物学过程。例如,非编码 RNA 可以通过影响心脏成纤维细胞增殖和转化等过程参与心肌纤维化的调控,可作为心肌纤维化的潜在干预靶点和生物标记物,为心肌纤维化相关的疾病治疗提供了新的方法和治疗手段。

1. 非编码 RNA 分类

非编码 RNA 种类很多,根据长度划分主要有两大类:小于 200

个核苷酸(nt)的称为短链非编码 RNA;大于 200 nt 的称为长链非编码 RNA。短链非编码 RNA 根据其物种来源,又可分为细菌小 RNA 和真核生物小 RNA 两类,后者包括 miRNA,siRNA,piRNA 等。

长链非编码 RNA 根据其转录位置主要分为基因间区长非编码 RNA(long intergenic noncoding RNA, lincRNA)、反义长链非编码 RNA(antisense lncRNA)和内含子长非编码 RNA(intronic lncRNA)。

此外,还有超长链基因间的非编码 RNA,这类 RNA 的长度介于50 kb(千碱基对)和1 000 kb 之间。在人体内,这类 RNA 横跨约 10%的基因组,参与许多重要的生物学过程,包括细胞凋亡、细胞周期和衰老等。

根据其功能又可将非编码 RNA 分为管家型非编码 RNA 和调控型非编码 RNA 两种主要类型。

管家型非编码 RNA 是细胞生命活动的重要组成部分,其含量较为稳定,呈组成型表达,也称为组成性非编码 RNA。这类 RNA 在翻译和剪接中起着类似"管家基因"的作用,包括 rRNA、tRNA、胞质小RNA(small cytoplasmic RNA, scRNA)、snRNA、核仁小 RNA(small nucleolar RNA, snoRNA)、信号识别颗粒 RNA(SRP RNA)以及端粒酶 RNA(telomerase RNA)等。其中 rRNA、tRNA 和scRNA 为参与蛋白质合成的组成性非编码 RNA,snRNA 和snoRNA 为参与 RNA 加工的组成性非编码 RNA。

调控型非编码 RNA 的表达有明显的时空特异性,通常短暂表达,对转录、翻译等过程起调节作用,包括 siRNA,miRNA,piRNA 等。

2. 主要的非编码 RNA

核糖体 RNA(rRNA):细胞内含量最多的一类 RNA,其生理功能是与蛋白质一起构成核糖体，负责蛋白质的合成。

转运 RNA（tRNA）：主要负责转运氨基酸进入核糖体，在 mRNA 指导下合成蛋白质。

胞质小 RNA（scRNA）：主要位于细胞质内，参与形成内质网定位合成信号识别体，参与内分泌蛋白转运。

核小 RNA（snRNA）：真核生物转录后加工过程中 RNA 剪接体的主要成分，参与前体 mRNA 的加工（剪接和成熟）过程。

核仁小 RNA（snoRNA）：参与 rRNA 加工（切割和修饰），并指导 rRNA 上特异位点的假尿苷化和甲基化。另外，其还可以指导 snRNA、tRNA 和 mRNA 的转录后修饰。

信号识别颗粒 RNA（SRP RNA）：信号识别颗粒的组成部分，与细胞内蛋白质的转运有关。

端粒酶 RNA（telomerase RNA）：端粒酶的组成部分之一，在端粒延伸过程中，端粒酶 RNA 作为端粒继续延伸的模版，由端粒酶催化实现端粒的延长。

干扰小 RNA（siRNA）：受内源或外源（如病毒）双链 RNA 诱导后，细胞内产生的一种长约 22—24 nt 的双链小 RNA 分子。能引起特异的靶信使核糖核酸降解，以维持基因组稳定，保护基因组免受外源核酸入侵和调控基因表达。

微 RNA（miRNA）：真核生物中一类内源产生的通过序列互补方式识别并具有转录后基因调控功能的小分子 RNA，长度约为 22 nt。可以通过特异性结合靶向 mRNA 的 3′UTR 区域，调控靶向 mRNA 的表达。

Piwi 相互作用 RNA（piRNA）：哺乳动物小分子 RNA 家族的一

个新成员。其是在寻找导致基因表达的沉默因子时发现的,长 29—30 nt,与 Riwi 和 rRecQ1 形成核酸蛋白复合物而发挥基因沉默的功能。

此外,还有向导 RNA(Guide RNA,gRNA)、转运信使 RNA(transfer-messenger RNA,tmRNA)和类 mRNA RNA(mRNA-like noncoding RNA)等。gRNA 主要介导基因编辑。tmRNA 是一种细菌的 RNA 分子,是 tRNA 和 mRNA 类似物,参与破损 mRNA 蛋白质合成的终止等。类 mRNA RNA 是一类 3′端有 Poly(A),但不具有典型可读框(open reading frame,ORF),一般不编码蛋白质的调控型 RNA 分子。类 mRNA RNA 已经被证实与细胞生长和分化、胚胎发育、疾病发生发展密切相关。

3. 非编码 RNA 的功能

非编码 RNA 组成人转录组的绝大部分,在表观遗传调控中扮演了重要角色,可以在基因组水平(包括转录水平、转录后水平)和染色体水平调控基因的表达,决定细胞的命运。其生物学功能主要有:

调控转录:非编码 RNA 可与转录因子相互作用来调控转录。通常,非编码 RNA 的启动子区中有转录因子结合位点,保守性较编码蛋白质的 mRNA 启动子高。

参与 RNA 的加工和修饰:核酶主要通过 RNA 的自我裂解、自我剪接等进行转录后加工。非编码 RNA 是通过与修饰点附近的序列结合形成碱基配对而调节其功能。

参与 mRNA 的稳定和翻译调控过程:非编码 RNA 可以通过与

其靶向 mRNA 互补配对,占位核糖体结合点实现对翻译的抑制或阻断靶标 mRNA 形成抑制核糖体结合的结构而实现对翻译的激活。

调节染色体的结构:真核生物的端粒酶是一种催化延长端粒的 RNA 蛋白复合物,其中的端粒酶 RNA 是完整端粒酶的一部分。端粒酶 RNA 通常作为合成染色体端的模版,通过逆转录作用合成端粒 DNA 并添加到染色体末端,维持端粒长度进而保持染色体结构的稳定性。

此外,非编码 RNA 还参与调控细胞增殖、分化、生存、凋亡等,其也与诸多疾病如癌症、神经和代谢紊乱、心血管疾病等密切相关,并可能成为一些疾病的标志物。

三、微 RNA 及其调控

微 RNA(miRNA)是一类由内源基因编码的单链的、保守的小分子非编码 RNA,其长度约为 22 nt,序列高度保守,并在不同物种间有相似功能。

大部分 miRNA 来源于基因间隔区或基因的内含子区,其本身不含 ORF,不编码蛋白质,成熟 miRNA 的 5′ 端含有磷酸基团,3′ 端含有羟基。miRNA 表达具有组织特异性和发育时序性,在真核细胞中广泛存在。miRNA 主要在转录后水平调节基因表达,通过与靶标 mRNA 互补配对结合,导致靶标 mRNA 的降解或抑制靶标 mRNA 的翻译。

在植物细胞中,miRNA 通常与靶基因 mRNA 的 3′ 端非编码区域完全互补配对从而降解靶基因。

在动物细胞中,miRNA 与靶基因 mRNA 的结合不如植物细胞中那样完美,动物细胞中 miRNA 与靶基因 mRNA 的结合主要基于 miRNA 的 5′端的前 8 个核苷酸,该序列也称为 miRNA 种子序列。

一个成熟的 miRNA 通常靶向多个基因,有的甚至靶向数百个基因,抑制翻译或降解靶基因 RNA,参与多种生物学过程。

1. miRNA 的生物合成过程

miRNA 多由 RNA 聚合酶 II 转录及加工产生,其形成包括 miRNA 基因转录、加工成熟和功能复合体组配三个过程。形成 miRNA 的基因序列经 RNA 聚合酶 II 转录形成初级 miRNA,在细胞核中经由核酸内切酶Ⅲ家族 Drosha 催化形成具有发夹结构的前体 miRNA。前体 miRNA 的 5′端带有磷酸基团,3′端有 2 个碱基的突出。前体 miRNA 被核内转运蛋白 exportin‐5 转运出细胞核并进入细胞质,随后经由核酸内切酶Ⅲ家族 Dicer 对前体 miRNA 进行切割,从而形成短小的 miRNA 双链体(复合体),其中一条单链与 RNA 诱导的沉默复合体结合成成熟 miRNA,另一条被降解。

miRNA 与 mRNA 的 3′端非编码区特定位点(其第 2—8 个核苷酸)完美互补时会引发 mRNA 降解,不完美结合则会引发转录后的基因沉默,抑制靶基因的表达。通常只有极少部分的 miRNA 与其靶基因完全互补,大部分的 miRNA 与其靶基因部分互补(6—7 个碱基数),一般位于靶基因的 5′端的第 2—7 位核苷酸,即"种子区",是识别靶基因 mRNA 的关键序列。

2. miRNA 的研究

miRNA 的研究主要体现在鉴定 miRNA 和揭示 miRNA 生物学功能两方面。通常可以采用遗传筛选、直接克隆、生物信息学预测和高通量测序等方法发现 miRNA。其中，直接克隆是从总 RNA 中提取长度约 22 nt 的 RNA 分子，制备小 RNA 文库，比对文库中的 RNA 序列和基因组数据库中序列的相似性，最后通过 RNA 印迹法（Northern 印迹法）鉴定出 miRNA。高通量测序技术是 miRNA 鉴定的最主要方法，随着计算机辅助的高通量测序技术和分析手段的进步，大量的 miRNA 被鉴定出来。

miRNA 的生物学功能研究主要分为三个步骤：步骤一是分离和纯化 miRNA，步骤二是对 miRNA 的表达进行分析，步骤三是对 miRNA 进行功能研究。

近年来，随着高通量测序技术的广泛应用，虽已有大量新的 miRNA 被鉴定出来，但是 miRNA 的功能鉴定相对进展缓慢，仍有数量巨大的 miRNA 处于功能未知的状态。在对 miRNA 功能的研究中，明确 miRNA 的靶基因（mRNA）是重要的限制因素。在对 miRNA 靶基因的发掘中，靶基因预测和实验验证是揭示 miRNA 生物学功能的关键和难点。在早期研究阶段，miRNA 的靶基因研究的主要策略是正向遗传学，包括突变体的产物、变形筛选、定位克隆和 miRNA 及其靶基因的确认，如 lin24 和 let27 及其靶基因的发现。在果蝇中，miRNA bantam 及其靶基因 hid 的发现就是正向遗传学研究 miRNA 的经典过程。

基于 miRNA 与其靶基因的互补配对的反向遗传学，联合生物信息学应用逐渐体现出其优越性，在研究中已可通过软件来预测 miRNA 的靶基因并准确为实验验证提供关键核苷酸序列。通过实验方法确定 miRNA 的作用靶标非常耗时，通过软件预测可大大提高效率。常见的预测软件有 psRNATarget、RNAhybrid、TargetFinder 及 psROBOT 等。

靶基因的验证方法有基于 cDNA 末端快速扩增技术的 5′RLM - RACE 和 3′RLM - RACE、基于高通量测序技术的降解组测序、基于靶基因表达水平检测的烟草瞬间表达、荧光定量 PCR（polymerase chain reaction）、双荧光素酶报告实验及蛋白质免疫印迹等。

3. miRNA 的生物学功能

miRNA 主要有如下生物学功能：

功能一，通过调控组蛋白修饰引起染色质重塑。例如，细胞周期基因 POLR3D 启动子上游编码的 miR - 320 能引导 AGO1 至 POLR3D 启动子，同时还有组蛋白 H3K27 三甲基化转移酶 EZH2 参与诱导转录基因沉默，提示 miRNA 可在哺乳动物内引起转录基因沉默。

功能二，通过调控 DNA 甲基化酶的表达而影响 DNA 甲基化。miRNA 是一类长度较短的非编码 RNA，它们可以调节广泛的生物学过程，也在调控癌症相关基因表达方面发挥重要的作用——miRNA 可以通过抑制下游的肿瘤抑制性 mRNA 来发挥作用。

功能三，作为生物标志物和治疗靶标。miRNA 的异常表达与多种疾病相关,参与疾病的发生发展,且其可以稳定存在于包括血液、唾液和尿液在内的体液中。因此,miRNA 可以作为疾病诊断和预后的生物标志物和治疗靶标。

四、长链非编码 RNA 及其调控

长链非编码 RNA(lncRNA)是一类长度超过 200 nt 的非编码 RNA,因缺少有效可读框而很少或不能编码蛋白质。

起初,lncRNA 被认为是基因组转录的"噪声",是 RNA 聚合酶 II 转录的副产物,不具有生物学功能。近年来,越来越多的研究表明,lncRNA 参与介导染色质重构、转录激活与抑制、细胞核内运输等多种重要的生物学过程,也与肿瘤、神经系统、心血管系统等疾病的发生发展密切相关。

lncRNA 分子大小差距明显,结构复杂,异质性大,分布在细胞质和细胞核中,作用机制繁多。许多长链非编码 RNA 具有保守的二级结构。大多数的长链非编码 RNA 在组织分化发育过程中都具有明显的时空表达特异性,但在序列上保守性较低,只有约 12% 的长链非编码 RNA 可在人类之外的其他生物中找到。据估计,人体内的长链非编码 RNA 的种类多达 10 万种,但目前只有非常小部分的长链非编码 RNA 的生物学功能或调控机制被研究确定。

1. lncRNA 的分类

根据 lncRNA 在基因组上相对于编码蛋白基因的位置,可以分为以下几类(图 6-2):

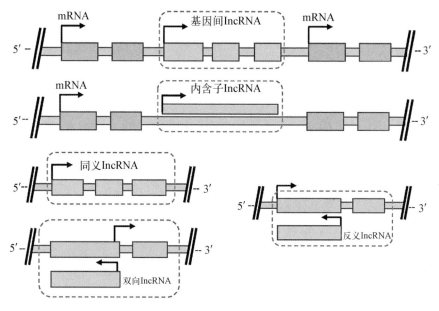

图 6-2 长链非编码 RNA 分类

基因间 lncRNA,位于两个基因的间区;内含子 lncRNA,来源于另一转录物的内含子;同义 lncRNA,与同义链上的转录物的外显子重叠;反义 lncRNA,与反义链上的转录物的外显子重叠;双向 lncRNA,lncRNA 转录起始位点靠近其互补链上相邻编码转录物的转录起始位点等。

部分 lncRNA 的生物学功能与其位置具有一定的相关性,可以根本 lncRNA 的位置初步推测其可能的功能。lncRNA 的功能可根据其定位来初步确定,lncRNA 可定位在不同的细胞结构中,包括细胞膜、细胞质、细胞核等。lncRNA 在细胞中的定位较为保守,其细胞结构定位的特异性对其功能通常有决定性作用。许多细胞核内的 lncRNA 都具有基因调控功能,可以与 DNA、RNA、蛋白质等多种分子相互作用,调节染色体的结构和功能;或通过顺式作用或反式作用调控基因的转录来影响 mRNA 的剪接、稳定和翻译等。定位在细胞核内无膜亚结构(如核斑、核旁斑、核小体等)的 lncRNA 可参与调控其组装和生物学功能。在细胞质中,lncRNA 多在转录后水平调控基因表达,如调节 mRNA 的翻译和降解、影响蛋白质转录后修饰或调控细胞信号转导等。

2. lncRNA 的生物学功能

lncRNA 具有多种生物学功能,可作为信号分子、诱饵分子、引导分子和支架分子来参与各种生物学过程,包括转录调控或反转录调控、组织调控核区域、调控 RNA 分子或蛋白质的表达和功能等,在胚胎发育、肿瘤发生、代谢、细胞周期调控等方面起着非常重要的作用。研究表明,多种非编码 RNA 参与代谢稳态调控,如调控慢性炎症、胰岛素抵抗和脂质稳态。lncRNA 在基因调控中也发挥着重要作用,一般来说,lncRNA 主要从以下三个层面调控基因表达:

第一个层面,表观遗传调控。lncRNA 招募染色质重塑复合体到特定位点进而介导相关基因的表达沉默。

第二个层面,转录调控。lncRNA 可从以下方面进行转录调控:通过 lncRNA 的转录来干扰邻近基因的表达;通过封阻启动子区域来干扰基因的表达;与 RNA 结合蛋白相互作用,并将其定位到基因启动子区调控基因的表达;调节转录因子的活性;通过调节基本转录因子来实现调控基因的表达。

第三个层面,转录后调控。lncRNA 可在转录后水平通过与

mRNA 形成碱基互补配对的双链形式调控基因表达。

此外,也有研究表明部分 lncRNA 可能具有编码潜能,能够编码小肽或蛋白质。

3. lncRNA 与疾病的关系

大量研究表明,lncRNA 与许多疾病密切相关,其在肿瘤发生发展、神经科学和个体发育等许多生物学领域均发挥着重要作用,是人类基因组重要的调控分子。

巨噬细胞分泌的外泌体所包裹的 lncRNA,可作为细胞间信号传导分子,调控肿瘤细胞的代谢重编程,促进癌症的有氧糖酵解。响应运动锻炼诱导生理性心肌肥厚的关键长链非编码 RNA CPhar 是一个运动锻炼之后在心脏中特异性高表达的 lncRNA,CPhar 被发现在心脏缺血再灌注损伤所致的病理性心室重构中显著性下调表达,过表达 CPhar 对心脏缺血再灌注损伤具有保护作用。与健康人体相比,类风湿性关节炎患者体内多种 lncRNA(HOTAIR、XIST、H19 等)的表达发生了显著改变,这种差异表达与疾病特征相关,提示 lncRNA 的异常表达与类风湿性关节炎的发生有关。

此外,lncRNA 的异常表达也与肿瘤的形成息息相关,部分 lncRNA 已成为癌症通路的关键调控因子和疾病的生物标志。肺腺癌相关转录本 1(MALAT1)是一个最早在肺癌中发现的 lncRNA,MALAT1 在肺癌中存在特异性高表达,被认为是非小细胞肺癌尤其是肺腺癌转移早期阶段的特异性标志物。MALAT1 在肺癌患者体内表达上调,能够促进肺癌细胞的增长和迁移。lncRNA‐ROR 是乳腺癌的分子标志物。研究发现 lincRNA‐ROR 可能是上皮间充质转化的重要调控因子,通过调控 miRNA 表达,促进乳腺癌进展和转移。乳腺肿瘤标本中 lincRNA - ROR 表达上调,且上调 lincRNA - ROR 的表达能增强乳腺肿瘤细胞的迁移和侵袭。相反,沉默 lincRNA - ROR 则可抑制乳腺肿瘤细胞的生长和体内肺转移。

lncRNA 也被认为是一个被低估了的新的治疗靶点。它们在多种疾病进展中的不同作用为其临床环境中的应用提供了新的机会。随着 lncRNA 体内靶向技术的成熟,如目前用于治疗人类疾病的反义寡核苷酸技术(antisense oligonucleotide technology),将极大地促进 lncRNA 治疗的实现。

五、环状 RNA 及其调控

环状 RNA(circRNA)是一类以共价键结合方式形成的具有闭合环状结构的内源性调控型 RNA,主要通过反向剪接方式产生。

1976 年,桑格(Sanger)等首次在植物病毒中发现了单链共价闭合环状 RNA 分子。

1979 年,Hsu 和帕多斯(Coca - Prados)通过电子显微镜在真核细胞的细胞质中观察到环状 RNA。

1991 年,尼格洛(Nigro)等首次在哺乳动物中发现环状 RNA 的转录物。

circRNA 虽然很早就被发现,但由于较多的 circRNA 分子表达丰度相对较低,传统的 RNA 分析方法也很难检测到这类 RNA,因此,在之后的很长一段时间里,circRNA 都未得到足够的重视。直到 2012 年，萨尔兹曼（Salzman）等利用 RNA‑Seq 方法首次报道了环状 RNA 在人正常细胞系、小鼠脑组织中大量存在。此后，借助于高通量测序技术，环状 RNA（circRNA）验明正身并进入科研领域。

近年来，随着生物信息学的发展和高通量测序技术的进步，以及 circRNA 富集手段的出现，研究人员发现，越来越多的外显子转录本可被非线性地反向剪接或通过基因重排而形成 circRNA，且它们在剪接转录本中的比例较高。大量的 circRNA 在人类、昆虫、植物和原生动物中被鉴定出来。与 lncRNA 相比，circRNA 具有结构稳定、序列保守等特点，已成为当下研究的热点。

1. circRNA 的产生和分类

circRNA 主要来源于基因组的外显子，通过套索循环或反向剪接产生。经典的真核生物前体 mRNA 剪接机制是去除内含子并连接外显子，形成带有 $5'-3'$ 极性的线性 RNA 转录本。在基因转录过程中，若出现内含子滞留或外显子跳跃时，会产生多个不同版本的成熟 mRNA，即"选择性剪接"。在"选择性剪接"过程中，当一个基因的外显子 $3'$ 端（剪接供体位点）与同一外显子（单外显子 circRNA）或与其相邻外显子（多外显子 circRNA）的 $5'$ 端结合时，可形成共价闭合的外显子 circRNA。外显子 circRNA 是最常见的一类 circRNA。此外，circRNA 也可以来源于内含子、基因间片段、非编码区。circRNA 的形成受到序列的长度、两翼重复序列和 RNA 结合蛋白影响。

目前研究报道的驱动 circRNA 形成的方式主要有 3 种，即外显子/内含子套索驱动环化方式、内含子配对驱动环化方式和 RNA 结合蛋白驱动环化方式。外显子/内含子套索驱动环化方式依赖于"外显子跳跃"机制,通过外显子的跳跃形成套索,并在套索内部通过拼接组合促进环化。内含子配对驱动环化方式主要依赖于 RNA 结构序列的特异性,部分 RNA 的外显子两端的内含子是互补配对的,反向互补配对的内含子直接结合成环。RNA 结合蛋白驱动环化方式主要通过 RNA 结合蛋白与侧翼内含子结合,并促进内含子-内含子相互作用来促进环化。此外,聚合酶 II 的转录、剪接体的活性和多聚核苷酸(A)的延伸等也会影响 circRNA 的产生。

根据 circRNA 的形成机制,可以将其分为以下几种类型:外显子 circRNA、内含子 circRNA、外显子-内含子 circRNA、融合基因 circRNA 和由转运 RNA(tRNA)、核小 RNA(snRNA)、核糖体 RNA (rRNA)环化而来的 circRNA。其中,内含子 circRNA 仅来源于内含子。外显子-内含子 circRNA 是由上下游外显子反向剪接且内含子保留形成的 circRNA。此外,转运 RNA 和融合基因也可以产生 circRNA。虽然 circRNA 的类型和来源各不相同,但 circRNA 主要还是通过"头对尾"的反向剪接方式产生的,其形成受顺式作用和反式作用元件的调控。

2. circRNA 的主要特征

circRNA 为共价闭合环状结构,不易被核酸酶降解,具有较好的稳定性。虽然 circRNA 的表达水平普遍低于其线性转录本的表达水平,但是部分基因也主要表达 circRNA 转录本。circRNA 的主要特征有:

不含有线性 RNA 的经典结构,而是形成了一个闭合环状结构。大部分 circRNA 定位在细胞质中,少数定位于细胞核内;circRNA 大多来源于外显子,少数来源于内含子或内含子片段。

种类多、具有组织特异性。在人体细胞中广泛表达;在特定组织中,部分环状的表达水平有时甚至超过其线性异构体的 10 倍之多。

结构稳定。相较于线性 RNA,circRNA 在体外和体内都更加稳定,具有核酸外切酶抵抗性。

具有进化保守性。circRNA 在不同物种之间显示出高度的保守性,例如,小鼠体内约有 20% 的 circRNA 与人类的 circRNA 同源;此外,circRNA 在不同的细胞类型或发育阶段存在表达特异性。

大部分 circRNA 为非编码 RNA。

大多数 circRNA 在转录或转录后水平发挥调控作用,少数在转录水平发挥作用。此外,circRNA 被证实还可以参与神经突触发育和神经细胞分化等多个生物学进程。

3. circRNA 的生物学功能及作用机制

继 2012 年发现 circRNA 普遍存在以后,许多研究人员针对 circRNA 的生物学功能开展了系统性研究。仅仅一年以后,就有两个研究小组同时发表文章证明 circRNA - *CDR1as* 可以充当"分子海绵"来作为 miRNA 的竞争因子,后续发现另外几种 circRNA 也可以作为 miRNA 的竞争因子,这进一步证实了 circRNA 作为"分子海绵"的生物学功能。然而,大多数 circRNA 并不包含 miRNA 的结合位点,因此,作为 miRNA 的"分子海绵"作用可能只是 circRNA 众多潜在功能中的一种。对于 circRNA 分子机制的最新研究表明，circRNA 还具有作为蛋白质的"分子海绵"或蛋白质复合物的支架、调节基因的转录和剪接以及翻译产生小肽等多种多样的生物学功能。

（1）作为 miRNA 或 RNA 结合蛋白的"分子海绵"

少数 circRNA 含有 miRNA 结合位点，可通过其结合位点负调控相应的 miRNA，从而调控 miRNA 下游靶基因的表达，即所说的"分子海绵"作用。一般认为，circRNA 的"分子海绵"作用与对应的 miRNA 呈负相关关系，依靠上调下游靶点来发挥作用。近几年，有关 circRNA"分子海绵"作用的研究大幅增加，主要集中在癌症方面，circRNA 在癌症中的"分子海绵"作用主要分为抑癌和促癌两大类。但是，circRNA 作为 miRNA 的"分子海绵"时，应考虑 circRNA 与其对应 miRNA 的相对丰度。此外，有些 circRNA 上也存在 RNA 结合蛋白的结合位点，可作为蛋白分子的"海绵"，调控蛋白功能，如通过与转录因子的结合来抑制基因的转录等。

（2）调控基因表达

circRNA 除了作为 miRNA 或 RNA 结合蛋白的"分子海绵"调控基因的表达外，还可以通过与 RNA 相互作用参与转录后调控。外显子来源的 circRNA 主要定位于细胞质，而含有内含子序列的 circRNA 可保留在细胞核中，顺式调控亲本基因的转录。

（3）调控基因的选择性剪接

研究表明，来自拟南芥（*SEPALLATA3*）基因 6 号外显子的 circRNA 可结合宿主基因的 DNA 基因座，形成一个 RNA－DNA 双链结构，该结构可抑制该区段的转录，导致跨外显子的选择性剪接过程。

（4）编码功能

circRNA 虽然属于非编码 RNA，但是也有研究表明少数 circRNA 可以编码多肽，通过该多肽行使其调控功能。另有研究表明，部分 circRNA 存在核糖体结合位点，可以翻译成蛋白质。例如，有研究报道称人细胞中的 circRNA 存在最丰富的碱基修饰 N^6-甲基腺苷（m^6A）可促进 circRNA 翻译。

4. circRNA 与疾病的关系

研究表明，circRNA 在癌症、糖尿病、心脏缺血再灌注损伤、高血压、类风湿关节炎等疾病发生时都存在异常表达。circRNA 的异常表达会影响肿瘤细胞的增殖、侵袭、转移，并进一步出现恶性肿瘤的特点，例如，胃癌的发生、发展常伴有多种 circRNA 的表达异常。干预 circRNA 的异常表达对于疾病具有防治效应，例如，circ-ZNF609 在发生缺血再灌注损伤的小鼠心脏组织中表达升高，抑制 circ-ZNF609 之后可以显著改善缺血再灌注损伤。不仅如此，circRNA 具有极高的临床应用价值，circRNA 可以作为疾病的诊断和预后的标志物。比如，hsa_circ_0003998 可以作为肝癌的诊断和预后的标志物。骨质疏松患者 hsa_circ_0002060 的表达与骨矿物质的密度呈负相关关系。此外，部分研究还表明，一些 circRNA 可以富集在细胞外囊泡中，血清或血浆中的 circRNA 可以作为肿瘤、心血管疾病等诊断和预后的标志物。随着技术手段的进步和研究的不断发展，环状 RNA 在作为诊断性生物标志物或疾病治疗靶点等方面均有了较多的研究，未来极具应用潜力。

本章小结

随着研究内容的深入和研究手段的进步,越来越多的非编码 RNA 被发现,其中包括 miRNA、lncRNA、circRNA 等。非编码 RNA 广泛参与多种生物学过程,包括个体发育、细胞分化、细胞凋亡和重编程等,并且和人类疾病密切相关。非编码 RNA 的研究已成为当前生命科学研究领域的前沿和热点。近年来,国内外的众多科学家参与了非编码 RNA 调控的研究,并取得了大量研究成果。研究发现,非编码 RNA 的异常表达与疾病相关,这些非编码 RNA 包括 miRNA、lncRNA、circRNA 等,并且,这些非编码 RNA 的表达可以作为疾病诊断和预后的生物标志物。此外,非编码 RNA 几乎参与调控疾病状态下异常细胞的各种生物学行为。尽管人们对非编码 RNA 的调控已经有了越来越多的了解,但非编码基因表达调控的规律以及其与疾病的关系等仍有待深入的研究。未来对非编码 RNA 与疾病的关系的研究,或将为理解基因表达调控和非编码 RNA 功能等提供新的认识,为疾病的防治提供新的思路。

思考与练习

1. miRNA,lncRNA 和 circRNA 在功能方面有哪些联系?

2. lncRNA 的功能是什么? 其是否可以应用于疾病治疗?

3. miRNA,lncRNA 和 circRNA 在疾病治疗应用中的优势分别是什么?

4. RNA 疗法面临的挑战主要来自哪几个方面？是否有相应的解决
办法？

本章参考文献

[1] Liu SJ，Dang HX，Lim DA，et al. Long noncoding RNAs in cancer metastasis. *Nature reviews cancer*. 2021；21(7)：446‒460.

[2] Santer L，Bär C，Thum T. Circular RNAs：a novel class of functional RNA molecules with a therapeutic perspective，*Molecular Therapy*. 2019；27(8)：1350‒1363.

[3] Qu L，Yi ZY；Shen Y，et al. Circular RNA Vaccines against SARS‒CoV‒2 and Emerging Varirants，*BioRxiv*，2021；DOI：10. 1101/2021. 03. 16. 435594.

[4] Chen X，Yang T，Wang W，et al. Circular RNAs in immune responses and immune diseases. *Theranostics*. 2019；9(2)：588‒607.

[5] Greene J，Baird A-M，Brady L，et al. Circular RNAs：biogenesis, function and role in human diseases. *Frontiers in molecular biosciences*. 2017；4：38.

[6] 陈玲玲,冯珊珊,范祖森 等. 非编码 RNA 研究进展[J]. 中国科学：生命科学，2019,49(12)：1573‒1605.

[7] 王馨悦,李剑. 长链非编码 RNA 在肿瘤中的研究进展[J].癌症进展,2018,16(11)：1328‒1330＋1423.

[8] 周晋宇,柳杰,尹冶 等. 长链非编码 RNA‒重编码调控因子与肿瘤的研究进展[J].生物技术通讯,2019,30(1)：109‒114.

[9] Kim DH，Saetrom P，Snaeve O Jr，et al. MicroRNA-directed transcriptional gene silencing in mammalian cells. *Proceedings of the national academy of sciences of the United States of America*. 2008；105(42)：16230‒16235.

[10] 李培飞,陈声灿,邵永富 等.环状 RNA 的生物学功能及其在疾病发生中的作用[J].生物物理学报,2014,30(1)：15‒23.

[11] 刘旭庆,高宇帮,赵良真 等.环状 RNA 的产生、研究方法及功能[J].遗传,2019,41(6)：469‒485.

[12] 郑小宇,陈敏,李航 等.植物 miRNA 研究方法与药用植物 miRNA 研究进展[J].药学学报,2021,56(12)：3460‒3472.

[13] Sanger HL，Klotz G，Riesner D，et al. Viroids are single-stranded covalently closed circular RNA molecules existing as highly base-paired rod-like structure.

Proceedings of the national academy of sciences of the United States of America. 1976；73(11)：3852 – 3856.

[14] 牟泽中，杨宸，姜昊文. 环状 RNA 的生物学特性及其在膀胱癌的研究进展[J]. 上海医学，2021，44(5)：353 – 357.

[15] Patop IL，Wust S，Kadener S. Past，present，and future of circRNAs. *EMBO Journal*. 2019；38(16)：e100836.

[16] Ashwal-Fluss R，Meyer M，Pamudurti N，R，，et al. CircRNA biogenesis competes with pre-mRNA splicing. *Molecular cell*. 2014；56(1)：55 – 66.

[17] Winkle M，EI-Daly SM，Fabbri M，et al. Noncoding RNA therapeutics-challenges and potential solutions. *Nature reviews. Drug discovery*. 2021；20(8)：1 – 23.

[18] Wang LJ，Yu PJ，Wang JQ，et al. Downregulation of circ-ZNF609 Promotes Heart Repair by Modulating RNA N^6 – Methyladenosine-Modified *Yap* Expression. *Research*. 2022；2022：9825916.

[19] Chen LL. The expanding regulatory mechanisms and cellular functions of circular RNAs. *Nature reviews molecular cell biology*. 2020；21：475 – 490.

[20] Statello L，Guo CJ，Chen LL，et al. Gene regulation by long non-coding RNAs and its biological functions. *Nature reviews molecular cell biology*. 2020；22：96 – 118.

[21] Pennisi E. Shining a light on the genome's 'dark matter'. Science. 2010；330 (6011)：1614.

[22] Andergassen D，Rinn LJ. From genotype to phenotype：genetics of mammalian long non-coding RNAs in vivo. *Nature reviews. Genetics*. 2022；23(4)：229 – 243.

[23] Gao RR，Wang LJ，Bei YH，et al. Long noncoding RNA cardiac physiological hypertrophy-associated regulator induces cardiac physiological hypertrophy and promotes functional recovery after myocardial ischemia-reperfusion injury. *Circulation*. 2021；144：303 – 317.

[24] Jet T，Gines G，Rondelez Y，et al. Advances in multiplexed techniques for the detection and quantification of microRNAs. *Chemical society reviews*. 2021；50(6)：4141 – 4161.

[25] Ozata MD，Gainetdinov I，Zoch A，et al. PIWI-interacting RNAs：small RNAs with big functions. *Nature reviews genetics*. 2019；20：89 – 108.

[26] Fabian RM，Sonenberg N. The mechanics of miRNA-mediated gene silencing：a look under the hood of miRISC. *Nature Structural & Molecular Biology*. 2012；

19: 586 - 593.

[27] Esteller M. Non-coding RNAs in human disease. *Nature reviews genetics*. 2011; 12: 861 - 874.

[28] Cech TR, Steitz JA. The noncoding RNA revolution-trashing old rules to forge new ones. *Cell*. 2014; 157(1): 77 - 94.

[29] Szabo L, Salzman J. Detecting circular RNAs: bioinformatic and experimental challenges. *Nature reviews genetics*. 2016; 17: 679 - 692.

第七章
细胞自噬的分子机制

张天龙

本章学习目标

1. 了解细胞自噬的生物学意义和研究历史；

2. 熟悉细胞自噬的类型和特点；

3. 掌握诱发细胞自噬的外界因素；

4. 了解细胞自噬的发生过程；

5. 了解细胞自噬在肿瘤等疾病中的作用。

　　"民以食为天"出自《汉书·郦食其传》，生命体从外界环境中获取营养物质，以维持新陈代谢和物种繁衍的觅食行为，是所有生命活动的基础。然而自然界不是天堂，岂有年年岁岁风调雨顺，饱暖无虞？生命的进化从另一方面而言就是一个对抗环境，对抗食物匮乏的过程，只有经受住考验，才能"适者生存"。

　　面对饥饿等恶劣环境的挑战，细胞为了能够继续生存、繁衍和更新,也开展了一系列的"自救"行为,形成了各具特点的生物体活动,本章所要讨论的就是其中之一——细胞自噬。

一、引言

细胞自噬(autophagy)这个概念,最早由比利时科学家迪夫(Christian de Duve)于 1963 年提出,该词来源于两个希腊词语 auto(意思是"自己")和 phagy(意思是"吃")。因此,自噬的意思就是"吃掉自己"。目前对细胞自噬尚无统一的定义,但可以肯定的是,细胞自噬是真核生物进化过程中高度保守的、通过不同途径利用溶酶体(动物)或液泡(酵母和植物),对细胞内物质(包括细胞质、细胞器或蛋白质等)进行回收再利用的生命过程。

近 60 年来的研究表明,细胞自噬与细胞凋亡、细胞衰老一样,发挥着非常重要的生物学功能,参与生物的生长和发育等多种过程,其功能异常会导致多种疾病的发生。细胞通过生理条件下的基础自噬过程,可以清除过多或损坏的细胞器、错误折叠或暂时不需要的蛋白质,维持细胞内的稳态,减少细胞代谢紊乱和氧化导致的细胞损伤。在外界营养供给不足或其他生存条件恶化时诱发的自噬过程中,细胞通过自噬介导的生物大分子降解过程,可以获得氨基酸和糖类等营养物质,帮助细胞在短期内维持细胞内营养和能量供给。近几年在研究中还发现细胞自噬与多种疾病直接相关,在肿瘤、病原体感染、神经退行性疾病、免疫应答和衰老等多种生理或病理过程中发挥重要作用。当病原体感染时,一方面,宿主细胞通过多种通路激活自噬活性,将病原体或病原体蛋白质运送到溶酶体进行降解,激活先天性和适应性免疫反应,或调节病原体诱导的细胞死亡,从而抵御病原体感染。另一方面,在进化过程中,一些细菌和病毒则会进化出各种策略以逃避自噬检测,甚至利用自噬通路的膜结构完成自身的复制和释放。

根据自噬发生的具体途径,可以将自噬分为三种形式:巨自噬(macroautophagy)、微自噬(microautophagy)和分子伴侣介导的自噬(chaperone-mediated autophagy,CMA)。

巨自噬是细胞自噬的主要途径,即在饥饿等刺激诱导下,胞质内产生双层囊泡结构包裹细胞器或长寿命蛋白形成自噬体(autophagosome),与溶酶体融合最终被降解的过程。

微自噬是溶酶体或液泡内膜直接内陷将细胞内物质包裹并将其降解的过程。

分子伴侣介导的自噬是具有特殊膜体的胞质蛋白被分子伴侣识别后,与溶酶体膜上的特殊受体——溶酶体相关膜蛋白 Lamp2A 结合,进入溶酶体被降解的过程。

三种自噬过程协同作用,共同维持细胞的内稳态环境以及细胞在外界压力下的生存。

二、自噬的研究历史

1. 自噬研究的起源

溶酶体是细胞自噬的主要场所,自噬的研究也同样起源于对溶酶体的研究。

20 世纪 50 年代中期,迪夫在肝组织匀浆中分离出一种细胞器,

含有大量酸性磷酸水解酶,这些酶在低 pH 时有较高的活性。他将该
细胞器命名为溶酶体(lysosome)。溶酶体就像细胞内的一个回收和
分解中心,负责回收细胞内各种多余的组分。圣路易斯华盛顿大学
医学院的克拉克(Sam Clark Jr.)随后通过电子显微镜在新生鼠肾小
管上皮细胞中观察到一种包含线粒体的膜组分,这被公认是最早关
于自噬体的报告。

1962 年,阿什福德(T. P. Ashfold)和波特(K. R. Porter)用升
血糖激素处理小鼠肝细胞,发现这种膜组分内包含了半消化的线粒
体和内质网。不久之后,阿尔伯特爱因斯坦医学院的诺维科夫(Alex
Novikoff)等发现饥饿小鼠的肝细胞中这种膜组分增加,并把这些结
构描述为细胞溶质体(cytolysome)。

基于前期这些发现比较混乱,1963 年在伦敦召开的 Ciba 基金-
溶酶体研讨会(CIBA Foundation Symposium on Lysosomes)上,溶
酶体的发现者迪夫描述了溶酶体介导的胞吞作用(endocytosis)和胞
吐作用(exocytosis),并对溶酶体的功能进行了划分,第一次提出了自
噬的概念,从而将溶酶体降解细胞自身组分的自噬过程和通过内吞
体降解外源物质的异体吞噬(heterophagy)区分开。相应的,细胞自
噬过程中产生的、用于包裹待降解细胞质和细胞器的特定膜组分被
命名为自噬体。

随后,迪夫和瓦提欧(Wattiaux)在 1966 年发表的综述文章中,提
出自噬的基本功能是在食物供给不足时为细胞提供营养,并在细胞
分化和清除细胞垃圾等生命活动中发挥重要功能性作用。鉴于在溶
酶体和过氧化物酶体研究中的贡献,迪夫于 1974 年被授予诺贝尔生
理学或医学奖。

伴随着巨自噬研究的发展，另外两种自噬也很快被发现。"微自噬"的概念同样由迪夫提出。他认为多囊泡溶酶体的形成可能是溶酶体通过"微自噬"吞噬细胞质的小囊泡。

1976年，莫提默（G. E. Mortimore）在研究哺乳动物溶酶体的超微结构时提出，溶酶体可以通过两种途径降解细胞组分，即我们现在熟知的巨自噬和微自噬途径。微自噬通过溶酶体膜的内陷，吞噬运输到溶酶体或者是靠近溶酶体的细胞组分，因此，相对于巨自噬，微自噬途径只负责少量细胞组分的降解。在这之后的20年间，陆续发现通过微自噬降解的细胞器包括过氧化物酶体（1993年）、细胞质（1996年）、线粒体（1998年）、细胞核（2003年）、脂滴（2014）、内质网（2014）、特定细胞质中的酶（2015）和囊泡膜蛋白（2020）等。

分子伴侣介导的自噬在1985年被发现。Dice课题组首先报道了溶酶体可以通过分子伴侣HSP70选择性降解带有KFERQ序列的可溶性蛋白质，如RNAaseA和GAPDH等。HSP70通过与溶酶体膜蛋白LAMP2结合，将这些带有特定序列的蛋白质运输到溶酶体内降解。2008年，库尔沃（Ana Maria Cuervo）等科学家发现分子伴侣介导的自噬能够减缓肝脏细胞的衰老，并在细胞代谢和衰老等一些疾病中发挥作用。

2. 自噬调控的研究历史

随着三种自噬途径分别被发现，自噬的诱发和抑制因素很快成了研究的热点。

20世纪60年代中期，迪夫确认升血糖激素可以诱发自噬。十年之后，费弗（Ulrich Pfeifer）发现胰岛素具有相反的作用，其能够抑制细胞自噬。莫提默等科学家进一步发现，氨基酸作为溶酶体降解的终产物，能够有效抑制肝细胞的自噬；而肝细胞中氨基酸供给减少，细胞中蛋白质的降解速率则会显著提高。

1982 年，赛伦(P. O. Seglen)和高登(P. B. Gordon)发现了一种细胞自噬的小分子抑制化合物 3-甲基腺嘌呤(3-Methyladenine，3-MA)并被广泛用于自噬研究。随后，赛伦、梅杰尔(Alfred J Meijer)和库多诺(Patrice Codogno)课题组发现一些蛋白激酶、磷酸酶和三聚体鸟嘌呤核苷酸结合蛋白参与细胞自噬的调控。

1995 年，梅杰尔等课题组发现氨基酸等营养物质诱导 S6 蛋白激酶的磷酸化，抑制细胞自噬过程；并发现雷帕霉素(Rapamycin)通过抑制 mTOR 激酶活性和 S6 激酶的磷酸化，诱发细胞自噬的发生，表明 mTOR 信号通路参与细胞自噬的调控。

这些早期的研究结果，为我们今天能认识到细胞自噬受到细胞物质和能量代谢途径的调控奠定了坚实的基础。

3. 自噬分子机制的研究历史

早期对细胞自噬的研究主要基于细胞形态学的分析，迪夫和其他科学家通过电镜等显微技术分析了在细胞自噬的不同阶段中自噬体具有不同的形态，但对于自噬这些不同阶段如何发生和调控的具体机制，在后续的几十年仍然一无所知。虽然自噬最早是在哺乳动物细胞中被发现的，但受到当时研究方法和技术水平的局限，在哺乳动物细胞中研究自噬的机制是非常困难的。

1992 年，大隅良典(Yoshinori Ohsumi)课题组发现酵母细胞自噬的形态与哺乳动物细胞的非常相似，提出可以通过基因突变筛选与蛋白质更新和细胞自噬相关的基因，从而掀开了自噬分子机制研究的序幕。正常酵母细胞在饥饿时，细胞中形成的自噬体迅速进入酵母细胞的液泡中被降解；而液泡蛋白水解酶基因缺陷的酵母突变菌株在饥饿条件下，自噬体数量会一直增加，直到酵母细胞的液泡被塞满，这有利于观察酵母的自噬活动。因此，大隅良典和他的学生三木吉森（Tamotsu Yoshimori）运用这一菌株对酵母基因进行大规模筛选，鉴定出一系列与自噬体的形成或自噬活动发展的相关基因。1993年，大隅良典报道了第一个酵母自噬相关基因Apg1（现名为Atg1）的发现，它具有蛋白激酶活性并在饥饿诱发的自噬中起到关键作用。在之后的20年间，大隅良典等科研人员陆续在酵母中发现了42个自噬相关基因，并从2003年起，这些基因被统一命名Atg基因（autophagy-associated genes），这些基因在细胞自噬过程中的作用机制也被逐渐揭示。鉴于大隅良典在细胞自噬机制研究中的贡献，他于2016年被授予了诺贝尔生理学或医学奖。

Atg基因的发现也推动了高等真核生物中细胞自噬分子机制的研究。1998年，大隅良典的学生水岛昇（Noboru Mizushima）首先发现了哺乳动物中的自噬相关基因ATG5和ATG12。而大隅良典另一位学生与合作者共同发现Atg8在哺乳动物中的同源蛋白LC3，并将LC3的修饰产物用作检测细胞自噬发生的金标准。其他Atg基因在哺乳动物中的同源基因也陆续被发现，也进一步证实了自噬在真核生物中的保守性。但哺乳动物中细胞自噬的机制远比酵母的复杂，哺乳动物细胞的自噬相较之下有更多的蛋白质参与自噬的调控。

自噬领域从20世纪90年代无人问津，年发文量不到30篇，随着研究不断深入，到2020年全年发表近万篇的相关文献，这说明细胞自噬在生命活动中的重要性受到了广泛关注,其已是国际生命科学最热门的研究领域之一(图 7-1)。在国内也有多个研究组从事自噬领域的研究。在 20 世纪 90 年代,原第二医科大学(现为上海交通大学医学院)汤雪明教授开启了中国在自噬领域的研究,发现大鼠睾丸组织中具有较高的基础自噬活动。进入 21 世纪,我国科研人员包括复旦大学余龙教授、中科院生物物理所张宏研究员、清华大学俞立教授、北京大学朱卫国教授和苏州大学秦正红教授等也在自噬领域作出了积极贡献。

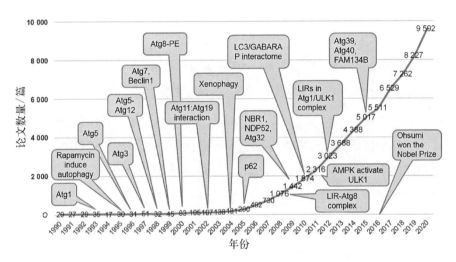

**图 7-1   细胞自噬领域的年发表文章数量(1990—2020 年)
和代表性突破(数据来源于 PubMed)**

三、自噬的调控因素

1. mTORC1 信号通路

自噬是细胞应对外界压力和维持内稳态的防御手段,可以被细胞内和细胞外多种压力因素诱发。其中,外界营养和能量供给状态是自噬最直接的调控因素。生命活动中,生物体必须及时感知和整合外界营养条件,调控生长和体内代谢,才能适应环境的变化。真核生物中哺乳动物雷帕霉素靶蛋白(mammalian target of rapamycin,mTOR)在这一过程中发挥重要的功能。mTOR 由多个亚基组成,包括 N 端骨架蛋白 HEAT repeat 结构域,中部调节结构域 FAT 和 C 端激酶结构域等。在高等真核生物(如哺乳动物)和低等真核生物(如酵母)中,mTOR 通过与不同亚基结合,形成两种蛋白复合物,分别是 mTOR complex 1(mTORC1)和 mTOR complex 2(mTORC2)。在哺乳动物中,mTORC1 是一个雷帕霉素(rapamycin)敏感型的蛋白复合物,除了核心的 mTOR 激酶,还包括 Raptor、mLST8 和 Deptor 等亚基。生物化学和结构生物学的研究表明,雷帕霉素对 mTORC1 的抑制,主要通过与 FKBP12 蛋白一起结合在 mTOR 激酶的 FRB 结构域,阻碍 mTORC1 对底物的识别和结合,从而抑制 mTORC1 的活性;mTORC2 是一个雷帕霉素非敏感型的蛋白复合物,主要包含 mTOR、Rictor、mLST8、Deptor、mSin 和 PROTOR 等。mTORC1 复合物和 mTORC2 复合物在生命活动中发挥不同的功能。mTORC1 信号通路主要受到外界环境中能量状态、生长因子、生长压力和营养物质等信号调控,通过整合这些信号,调控细胞内与生长发育直接相关的多种生命过程,包括基因的转录和翻译、核糖体的组装、蛋白质和脂类的合成与降解以及细胞自噬等,最终调节细胞生长、增殖以及生物体的发育。mTORC2 复合物则主要与胰岛素、生长因子和营养水平相关,调控下游细胞骨架生成、细胞生长和代谢等相关信号通路。

近年来,对 mTORC1 信号通路的研究热点主要集中在营养物质(其中主要是氨基酸)对于 mTORC1 复合物的调控机制上。在常见的 20 种氨基酸中,亮氨酸、精氨酸和谷氨酰胺能较为显著地激活 mTORC1 信号通路,诱导 mTORC1 下游底物的磷酸化;在氨基酸缺失的条件下,细胞中的 mTORC1 信号通路受到明显的抑制并导致细胞进入自噬过程。目前已经鉴定出一些潜在的氨基酸感应蛋白,包括亮氨酸感应蛋白 Sestrin2、细胞质中精氨酸感应蛋白 CASTOR1、和定位在溶酶体上的精氨酸感应蛋白 SLC38A9 等。Sestrin2、CASTOR1 和 SLC38A9 这些氨基酸感应蛋白,对于 mTORC1 信号通路的调控主要是通过改变 mTORC1 的细胞定位进行的。当氨基酸缺乏时,细胞中的 mTORC1 主要分散在细胞质中;而在氨基酸充足的细胞中,mTORC1 主要定位在哺乳动物细胞的溶酶体上和酵母细胞的囊泡上。在哺乳动物细胞中,Rag 家族小 G 蛋白在这一过程中发挥主要的调节作用,招募 mTORC1 在溶酶体上的定位,并被小 G 蛋白 Rheb 激活。在酵母中,Rag 家族小 G 蛋白 Gtr1 - Gtr2 复合物发挥相似的功能,介导了氨基酸调控 TORC1 在酵母囊泡上的定位。Gtr1 或 Gtr2 基因敲除的酵母细胞株缺乏自噬抑制机制,一旦细胞由于饥饿或者雷帕霉素抑制导致细胞启动自噬,即使后期补充营养或者去除雷帕霉素,细胞也不能解除剧烈的自噬活动,从而导致细胞由于自噬过度造成细胞损伤死亡。

2. AMPK 信号通路

除了氨基酸- mTORC1 信号通路,AMP 活化蛋白激酶(AMP-activated protein kinase,AMPK)也是能量代谢和细胞自噬调节的关键分子。AMPK 以异源三聚体复合物的形式存在,由具有 Ser/Thr 激酶活性的 α-催化亚基、β-调节亚基和 γ-调节亚基组成。AMPK

是细胞内最重要的能量感受器和调节器,通过感知能量状态变化并作出响应,调节多种代谢活动来维持能量生成与消耗的供需平衡,其底物涉及细胞生长、细胞自噬和代谢过程中的多种关键酶和转录调控因子,因此,AMPK 功能失常与代谢类疾病如糖尿病、肥胖,以及癌症的发生都有密切的关系。

作为能量代谢调节的开关,AMPK 的活性受到细胞能量水平,即腺嘌呤核苷酸(AMP、ADP 和 ATP)水平的影响。在能量供给不足时,细胞中的 ATP 消耗为 AMP,高浓度的 AMP 诱导 AMPK 激活,通过抑制 mTORC1 和激活 ULK1,诱发下游细胞自噬过程;反之,当能量过剩时,高浓度的 ATP 竞争性地取代 AMP 以抑制 AMPK 活性,从而抑制细胞的自噬。

3. 缺氧诱导因子

缺氧诱导因子-1(hypoxia-inducible factor-1,HIF-1)是细胞适应缺氧环境的核心调控元件,通过调控促红细胞生成素等蛋白质的表达,协调细胞对氧的输送和利用。HIF-1 是由 α 亚基和 β 亚基构成的异源二聚体,α 亚基是 HIF-1 的活性亚基,其活性受到细胞中氧浓度变化的精确调节;β 亚基不受氧浓度调节,作为骨架蛋白在细胞内持续稳定表达。在常氧条件下,细胞质内的 HIF-1α 蛋白通过氧依赖性的羟基化酶被羟基化修饰,并通过泛素-蛋白酶体系统被降解;缺氧条件下,HIF-1α 的羟基化修饰受到抑制,HIF-1α 蛋白稳定存在于细胞中并可以转移进入细胞核,与核内的 HIF-1β 形成异源二聚体,通过与低氧反应元件(hypoxia response element,HRE)结合,激活缺氧诱导基因转录。

HIF-1参与上百个基因的表达调控功能,其中一些靶基因参与自噬和凋亡等细胞活动,比如 BINP3 和 Beclin-1 等。低氧或缺氧环境都可以激活细胞的自噬过程,但两者的分子机制有所差异。

低氧条件诱导细胞自噬主要通过 HIF-1 依赖性途径:在低氧条件下,HIF-1 作为转录因子激活 BNIP3 转录。BNIP3 属于 Bcl-2 家族,通过 BH3 结构域与 Beclin-1 竞争结合 Bcl-2。从 Bcl-2 释放的 Beclin-1 可以直接参与自噬过程,并且 BNIP3 可以抑制 mTORC1 的上游重要激活因子小 G 蛋白 Rheb,通过抑制 mTORC1 活性激活自噬。

缺氧条件诱导自噬是通过非 HIF-1 依赖性途径:在细胞严重缺氧时,通常葡萄糖和氨基酸缺乏,ATP/AMP 的比值下降,此时 AMPK 信号通路被激活,而 mTORC1 的活性被抑制,细胞自噬水平提高。缺氧环境下 HIF-1 表达水平的动态变化在心肌细胞缺氧适应性反应中发挥核心功能,可以诱导细胞自噬和凋亡。缺氧可导致心肌梗死等缺血性心脏病,HIF-1 通过对心肌细胞缺氧导致的细胞自噬和凋亡的调控,决定了心肌细胞的存活,对缺血性心脏病的预后具有重要意义。

四、巨自噬的分子机制

巨自噬是细胞自噬过程的主要途径,因此,通常情况下所说的自噬即指巨自噬。在巨自噬过程中,细胞质中形成一种封闭的双层膜结构,称为自噬体,包裹需要降解的材料,如损伤的细胞器等,输送到溶酶体降解。根据在电镜下观察到的自噬体的形态特征,可以将其自噬过程分为起始、成核与延伸、成熟、自噬体与溶酶体融合以及自噬体的裂解等几个步骤。当细胞受到饥饿等生存压力刺激后，在特定位置组装种前自噬体（preautophagosomal structure，PAS），并形成具有双层膜的膜结构，称为自噬泡（phagopgore 或 autophagic vacuole）。自噬泡结构不断延伸，吞噬需要降解的细胞内组分，形成自噬体。

自噬体将通过两种方式与溶酶体融合：一种方式是自噬体的外层膜先与内吞体（endosome）融合，再与溶酶体融合形成自噬溶酶体（autophagolysosome）；另一种方式是直接与溶酶体融合形成自噬溶酶体（图 7-2）。待降解的材料进入自噬溶酶体后，可以被

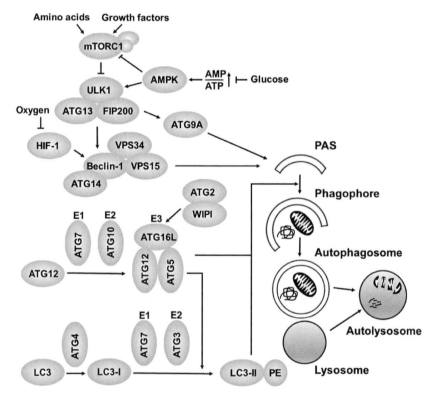

图 7-2　细胞自噬过程以及参与自噬的核心蛋白质或蛋白质复合物

溶酶体中蛋白水解酶等降解成氨基酸或多肽等供细胞进行回收利用。

目前已发现 40 多种蛋白质参与到自噬体的形成过程中,其中有 6 个核心蛋白质或蛋白质复合物在自噬体形成的不同阶段发挥重要的功能(表 7-1),下面将详细介绍它们的组成和功能。

表 7-1 参与自噬体形成的蛋白质及其功能

酵 母	哺乳动物	功 能
1. Atg1/ULK1 复合物		招募和调控自噬体形成相关蛋白
Atg1	ULK1/2	丝氨酸/苏氨酸激酶
Atg13	ATG13	介导复合物形成
Atg17 和 Atg11	FIP200	骨架蛋白
Atg29 和 Atg31	ATG101	稳定复合物
2. PI3KC3-C1 复合物		合成磷脂酰肌醇三磷酸
Vps34	VPS34	磷脂酰肌醇激酶
Vps30/Atg6	Beclin-1	稳定复合物并参与 Vps34/VPS34 调控
Vps15	p150	Vps34/VPS34 催化活性必需亚基
Atg14	ATG14L	介导复合物定位至自噬体形成区域
3. Atg9/ATG9L 结合囊泡		为自噬体形成提供脂质,促进膜延展
Atg9	ATG9L	介导囊泡定位至自噬体形成区域
4. Atg2-Atg18/ATG2-WIPI 复合物		介导自噬前体与内质网的连接,并促进脂类从内质网到自噬前体的转移

酵　　母	哺乳动物	功　　能
Atg2	ATG2A/B	介导膜连接和脂类转移
Atg18	WIPI1/2/3/4	结合磷脂酰肌醇三磷酸,介导复合物定位至自噬体形成区域
5. Atg16/ATL16L 复合物		参与 Atg8 家族蛋白的脂酰化修饰
Atg12	ATG12	类泛素蛋白
Atg7	ATG7	类 E1 泛素活化酶
Atg10	ATG10	类 E2 泛素转移酶
Atg5	ATG5	与 Atg12/ATG12 结合
6. Atg8/LC3		招募自噬底物等多种功能
Atg8	LC3A/B/C,GABARAP/L1/L2	类泛素蛋白,与磷脂酰乙醇胺结合
Atg4	ATG4A/B/C/D	半胱氨酸蛋白酶,剪切 Atg8
Atg7	ATG7	类 E1 泛素活化酶
Atg3	ATG3	类 E2 泛素转移酶

1. Atg1/ULK1 复合物

自噬的启动过程首先由 ULK1 复合物的激活开始。酵母中 Atg1 复合物由 Atg1 激酶、调控亚基 Atg13 和骨架蛋白 Atg11、Atg17 共同组成。哺乳动物的 ULK1 复合物由 Atg1 的同源蛋白 ULK1 激酶、骨架蛋白 FIP200、调控亚基 ATG13 和哺乳动物细胞特有的 ATG101

组成。Atg1/ULK1 的 N-末端具有激酶结构域，C-末端包含两个微管相互作用和转运结构域（microtubule interacting and transport, MIT），MIT1 和 MIT2。ATG13 主要由 N-末端的 HORMA 结构域、ATG17 连接结构域（17LR）和 ATG17 结合结构域（17BR），以及 C-末端的 MIT 结合结构域（MIM）组成。ATG17 呈现单螺旋结构域，以二聚体形式发挥功能。ATG11 作为接头蛋白，包含 4 端卷曲螺旋（coiled coil）结构域和 C-末端 Claw 结构域。ATG101 与 ATG13 都具有 HORMA 结构域，并通过 HORMA 结构域形成异二聚体，与 ULK1 的 C 端结构域结合。当细胞缺乏营养物质，如氨基酸或者处于血清饥饿状态，都能诱发细胞产生高水平的自噬活动。这些上游营养和能量信号，无论是在酵母细胞或是哺乳动物细胞中，都将被传递至 ULK1 复合物，再通过改变 ULK1 复合物的磷酸化状态，调控自噬的起始或者抑制。

mTORC1 和 AMPK 是最主要的 ULK1 磷酸化调控因子。当营养充足时，ATG13 蛋白上多位点被 mTORC1 磷酸化，导致 ATG13 不能与 ATG1 结合；而营养不足时，mTORC1 活性被抑制，导致 ATG13 迅速解除磷酸化修饰，与 ATG1 组成 ATG1-ATG13 复合物诱发细胞自噬。Atg1/ULK1 上同样存在多个磷酸化修饰位点。当营养充足时，mTORC1 直接与 ULK1 结合，磷酸化 ULK1 并抑制 ULK1 活性；而营养缺乏时，mTORC1 从 ULK1 上解离，ULK1 通过去磷酸化修饰并恢复其活性。作为细胞内能量感应器的 AMPK，当细胞能量供给不足时，一方面通过磷酸化 mTORC1 上游激活蛋白 TSC2 和 mTORC1 亚基 RAPTOR，抑制 mTORC1 活性，从而激活细胞自噬；另一方面，AMPK 也可以直接与 ULK1 结合，通过磷酸化激活 ULK1。

在酵母细胞中,细胞自噬主要从呈现斑点状的前自噬体区域启动自噬过程;在哺乳动物细胞中,自噬的起始位点与内质网相连接,周边富含磷脂酰肌醇三磷酸,也称为 Omega 区域。将激活的 Atg1/ULK1 复合物招募到酵母细胞的 PAS 区域和哺乳动物的 Omega 区域,是细胞自噬启动的第二个过程。在酵母细胞中,前自噬体的招募受到 Atg13 的磷酸化修饰调控。Atg17 以及它的支撑蛋白 Atg19 和 At31 首先到达前自噬体区域,当 mTORC1 和 AMPK 解除 Atg13 的磷酸化抑制,Atg17 等蛋白进一步与 Atg13 和 Atg1 结合,激活 Atg1 的活性。

2. PI3KC3 - C1 复合物

ULK1 被招募到前自噬体/Omega 区域,并被上游的自噬信号激活后发挥激酶活性,磷酸化下游多种底物。ULK1 的底物包含 ULK1 自身以及 ULK1 复合物的其他亚基,比如 ATG101、FIP200 和 ATG13 等,也包括 ULK1 下游的自噬系统的核心组分磷脂酰肌醇激酶 PI3KC3,促进自噬活动的进行。PI3K 家族成员具有丝氨酸/苏氨酸激酶的活性或磷脂酰肌醇激酶的活性,参与细胞多种信号传递途径,包括有丝分裂、细胞分化、凋亡、内吞和分泌途径等。PI3K 家族包括三类,其中 VPS34 属于哺乳动物中的第 III 类 PI3K(PI3KC3),具有磷酸化磷脂酰肌醇(phosphatidylinositol, PI)产生磷脂酰肌醇三磷酸(PI3P)的活性。VPS34 在细胞中通过与不同亚基组装,可以组成两种 PI3KC3 复合物(PI3KC3 - C1 和 PI3KC3 - C2)参与自噬调控。PI3KC3 - C1 和 PI3KC3 - C2 都具有相同的三个亚基,即

VPS34、Beclin‐1 和 p150。PI3KC3‐C1 和 PI3KC3‐C2 的主要差异在于 PI3KC3‐C1 第四个亚基为 ATG14L,而 PI3KC3‐C2 的第四个亚基为 UVRAG(在酵母细胞中为 Vps38)。PI3KC3‐C1 主要在自噬的早期阶段发挥功能,参与自噬的启动;PI3KC3‐C2 主要在自噬的晚期发挥作用,包括自噬体与溶酶体的融合以及自噬溶酶体的重构过程。

PI3KC3‐C1 复合物中,VPS34 具有一个 N‐末端结合脂质的 C2 结构域、一个螺旋结构域和一个 C‐末端激酶结构域。VPS15 的 N‐末端有一个激酶结构域,可与 VPS34 的激酶结构域结合,此外,还具有一个螺旋结构域和一个 C‐末端 WD40 结构域。VPS30 具有一个 N‐末端 NTD 结构域、两个螺旋结构域和一个 C‐末端 BARA 结构域。ATG14 主要由卷曲螺旋(coiled coil)结构域组成。在 PI3KC3‐C1 的激活过程中,VPS34 因结合 p150 而被激活,并进一步结合 Beclin‐1 形成 VPS34‐p150‐Beclin‐1 复合物。Beclin1 被 ULK1 磷酸化,并作为 PI3KC3‐C1 复合物的整体支架,促进 VPS34‐p150‐Beclin‐1 复合物的其他亚基定位到前自噬体区域,通过磷酸化磷脂酰肌醇产生磷脂酰肌醇三磷酸。自噬下游信号通路的相关蛋白,包括 Atg18/WIPI 等通过结合磷脂酰肌醇三磷酸,定位到自噬体形成位置,并进一步招募下游蛋白和脂类转移,推动自噬的进行。

3. Atg9/ATG9L 结合囊泡

自噬启动后,ULK1 除了磷酸化 Beclin1,还需要磷酸化另一个重要的底物 Atg9/ATG9L。在所有的自噬相关 Atg 蛋白中,Atg9/

ATG9L 是其中唯一的跨膜蛋白。在酵母细胞中,通过与 Atg13 的 HORMA 结构域和 Atg17 的相互作用,Atg9 囊泡被招募到 Atg1/ULK1 复合物。Atg9 主要负责介导囊泡定位至自噬体形成区域并为自噬体提供膜结构。通常 Atg9 囊泡在细胞器之间循环,酵母细胞中的 Atg9 与 Atg23 和 Atg27 一起,主要储存在管泡状小体中。围绕 Atg9 建立的分子复合体为初期或扩张期的吞噬泡膜提供脂质,然后又循环进入细胞质中,再从外周的位点募集脂质。体外自噬体组装实验表明,Atg9/ATG9L9 是自噬体膜形成的核心,包含 Atg9/ATG9L 的脂质体首先募集了 PI3KC3 - C1,开启磷脂酰肌醇的磷酸化。

4. Atg2 - Atg18/ATG2 - WIPI 复合物

Atg9 囊泡在前自噬体/Omega 区域聚集,并通过磷脂酰肌醇三磷酸招募下游蛋白 Atg18/WIPIs 等。酵母细胞的 Atg18 和 Atg21 以及哺乳动物细胞的 WIPI1 - 4 属于 PROPPIN 家族,由七个 WD40 重复序列组成,通过与磷脂酰肌醇三磷酸结合定位到 Atg9 囊泡上,并通过与骨架蛋白 Atg2 形成复合物参与自噬过程。

Atg2 - Atg18/ATG2 - WIPI 复合物可以与下游 Atg16/ATG16L 结合。在哺乳动物细胞中,ATG2 结合于内质网,WIPI 通过结合磷脂酰肌醇三磷酸定位在前自噬体。因此,在前自噬体膜上,ATG16L - ATG2 - WIPI 复合物介导自噬前体与内质网的连接,并促进脂类从内质网到自噬前体的转移,为后续自噬体的形成提供脂类成分。

5. Atg16/ATG16L 复合物

在哺乳动物细胞中,在自噬体的形成过程中有两个重要的类泛

素化修饰过程,分别发生在 ATG12 - ATG5 - ATG16L 类泛素化修
饰系统和 ATG8/LC3 类泛素化修饰系统中,参与自噬泡的延伸与成
熟过程。ATG5 是参与自噬泡中吞噬细胞膜延伸的关键蛋白,它与
ATG12 形成组成型复合物。在此过程中,首先 ATG7 作为类 E1 泛
素活化酶激活类泛素蛋白 ATG12;之后 ATG12 被传递给类 E2 泛素
转移酶 ATG10;最后与 ATG5 结合形成 ATG5 - ATG12 复合物。当
ATG16L 与 ATG2 - ATG18 结合并定位在自噬前体膜上时,ATG12 -
ATG5 复合物进一步与 ATG16L 结合形成比例为 2∶2∶2 的
ATG12 - ATG5 - ATG16L 异六聚体复合物,共同定位于自噬前体。
ATG5 - ATG12 - ATG16L 复合物具有类 E3 连接酶活性,主要通过
激活 ATG3 活性,促进 Atg8/LC3 从 ATG3 转移到底物磷脂酰乙醇
胺(phosphatidylethanolamine,PE)上。自噬体形成后,ATG12 -
ATG5 - ATG16L 复合物迅速从自噬体膜上解离下来。

6. Atg8/LC3

Atg8/LC3 是自噬体形成过程中的第二个类泛素化修饰过程。
虽然 Atg8/LC3 和 ATG12 几乎没有序列相似性,但它们都具有一个
类泛素结构。当酵母细胞的自噬启动时,Ume6 - Sin3 - Rpd3 与
Atg8 启动子结合,提高 Atg8 的表达水平。Atg8 首先被半胱氨酸蛋
白酶 Atg4 在 C-末端特定位点切开,形成带有甘氨酸末端的蛋白
Atg8 - I。和 Atg12 相似,Atg8 暴露的 C-末端甘氨酸残基可以被类
E1 泛素活化酶 Atg7 识别,在类 E1 酶 Atg7、类 E2 酶 Atg3 和类 E3
酶 Atg5 - Atg12 - Atg16 复合物的催化下,通过两步反应连接到磷脂
酰乙醇胺的-NH2 基,形成 Atg8 - II 以促进前自噬体的延展。Atg4

除了能切除 Atg8 的 C－末端,也能将 Atg8 从结合的磷脂酰乙醇胺上解离,使 Atg8 失去脂酰化修饰。LC3 和 GABARAP 家族蛋白作为 Atg8 在哺乳动物细胞中的同源蛋白,在哺乳动物细胞的自噬中发挥相似的功能。自噬形成时,胞浆型 LC3 会被酶解掉一小段多肽从而形成 LC3－I,进而与磷脂酰乙醇胺结合形成 LC3－II。LC3－II 是自噬体的重要标志分子,随自噬体膜的增多而增加。LC3－II 疏水性较强,所以在电泳迁移时比 LC3－I 快。因此,通过蛋白质电泳和蛋白质印迹法等方法检测 LC3－II/I 比值的大小,可用于评估细胞中自噬水平的高低。

在促进自噬体的成熟过程中,Atg8/LC3 发挥多种功能,包括作为骨架蛋白,促进自噬相关复合物在自噬体上的聚集。虽然,细胞自噬是非选择性的自噬过程,但是需要被降解的材料,包括包涵体、错误折叠或者损伤的蛋白质、损伤的细胞器等,需要被特异性地招募到自噬体中。在这一过程中,Atg8/LC3 作为核心因子介导降解材料的运输。损伤细胞器上特异的蛋白,比如线粒体上的 BN1PL3、FUNDC1 和 PHB2 等,内质网的 CCPG1、RTN3 和 Sec62 等,核糖体的 NUFIP1 等,都可以与 Atg8/LC3 直接结合,进入自噬体。被泛素化或半乳糖凝集素等修饰的蛋白质,可以通过 p62、SQSTM1、OPTN 和 TRIMs 等与 Atg8/LC3 接头蛋白结合,进入自噬体。

五、微自噬途径

细胞自噬途径中,微自噬主要通过溶酶体细胞膜凹陷,将细胞质物质直接吞入溶酶体降解。因此,区别于巨自噬,在微自噬过程中待降解物质是直接被溶酶体包裹吞噬的，没有自噬体的形成。微自噬的功能包括胞内运输、将新合成的水解酶运输到溶酶体内、获取营养和能量、减少细胞中暂时不需要的细胞器等。微自噬降解的底物包括过氧化物酶体、细胞核碎片、线粒体碎片和脂滴等。微自噬对于维持细胞器形态、数量以及细胞在营养缺乏条件下的存活至关重要。

六、分子伴侣介导的自噬途径

分子伴侣介导的自噬（CMA）是通过溶酶体途径选择性降解胞质中带 KFERQ 序列的可溶性蛋白质。细胞诱发 CMA 时，首先由分子伴侣 HSP70 识别带有 KFERQ 序列的底物蛋白质。一些分子伴侣也参与这一过程并发挥着各自的功能，例如，HSP40 可以激活 HSP70 的 ATPase 活性，增加 HSP70 与底物的结合；Hip 蛋白可以促进 HSP40、HSP70 与底物蛋白的组装；HSP90 可以防止底物蛋白质的聚集。HSP70 与底物蛋白质形成复合物后，进一步与溶酶体膜上的 LAMP2A 结合。LAMP2A 是定位在溶酶体膜上的受体蛋白，与 GFAP 等蛋白组成跨膜转运复合物，负责底物的识别和跨膜转运。底物蛋白质在 HSP70 复合物作用下，由折叠状态转变为未折叠状态，与 LAMP2A 结合，并在溶酶体内部的 Lys‑HSP70 协同作用下通过跨膜转运复合物进入溶酶体降解。

与巨自噬和微自噬相似，CMA 途径存在于大部分组织的细胞中，但主要在环境压力下启动。CMA 途径主要受到上游 NFAT‑钙离子、RARα、TORC2‑AKT1‑PHLPP1 和 ER 等信号通路的调控。

当细胞处于营养缺乏条件下,细胞首先通过巨自噬和微自噬为细胞提供营养;当细胞持续处于饥饿状态,CMA 途径可以为细胞提供新的营养来源,帮助细胞脱离困境。CMA 不仅可在持久饥饿状态下为细胞提供能量,还可在氧化性损伤保护和维持细胞内环境稳态等方面发挥作用。

七、自噬与疾病

自噬是一个受到严格调控的过程,在正常细胞中,自噬可以通过清除细胞中受损伤的细胞器或蛋白质,在蛋白质质量控制和细胞内稳态维持中发挥重要作用。自噬与疾病的关系也是自噬领域的一大研究热点。莱文(Beth Levine)和鲁宾斯坦(David Rubinsztein)等科学家发现细胞自噬与肿瘤、白血病、神经退行性变性疾病和肝损伤等相关。在神经系统中,特异性敲除自噬相关蛋白 ATG1、ATG5 或 ATG7 等,会导致小鼠运动功能与行为障碍,并引发小鼠小脑肿胀、调节性细胞死亡(regulated cell death)症状以及泛素修饰聚集物等神经退行性变性疾病的病理标志增加。阿尔茨海默病、帕金森病、路易体痴呆、亨廷顿病和肌萎缩侧索硬化等神经退行性变性疾病中,也发现细胞自噬活动的紊乱。自噬通过减少有毒蛋白的积累并维持代谢稳态,能有效地保护神经细胞免于调节性细胞死亡。细胞自噬还参与维护和修复心脏组织的正常生理功能。小鼠心肌细胞 ATG5 的敲除引起心肌肥厚,而心脏组织中特异性敲除 Park2 的小鼠无法完成线粒体自噬,导致缺血性心脏病。自噬也在衰老和衰老相关疾病中发挥重要作用。增强细胞的自噬活动可以有效延缓衰老并延长寿命;阻碍细胞自噬活动,会使细胞中错误折叠或者损伤蛋白质持续积累,导致神经退行性变性疾病等衰老相关疾病的发生。在细胞免疫反应中,自噬参与多种病原体的清除,比如结核分枝杆菌、肠道病原体、链球菌和李斯特菌等。

自噬在肿瘤疾病中发挥着双刃剑的功能。对于不同的肿瘤细胞、在不同的外部微环境中的相同肿瘤细胞、肿瘤发生发展的不同阶段,自噬对肿瘤细胞的生长的促进或抑制作用均可能不相同。在正常细胞和肿瘤细胞中,低水平的细胞自噬有利于清除细胞垃圾,维持细胞稳态。在肿瘤发生的初期,细胞自噬通过维持基因组稳定性、内稳态,减少 ROS 损伤,抑制细胞坏死和炎症,清除损伤细胞器和蛋白质,从而抑制肿瘤的生长。自噬相关基因 Becn1 和 ATG5 的敲除会导致小鼠肿瘤发病率提高。自噬激动剂能诱导细胞自噬,从而抑制肿瘤细胞的生长,也可抑制肿瘤细胞的恶性转移并诱导肿瘤细胞死亡。在肿瘤的发展阶段,肿瘤细胞代谢旺盛,需要更多的营养和能量。在一些肿瘤微环境中,包括肿瘤发生初始期到血管发生之前,肿瘤组织的血管化程度低,肿瘤生长过快导致血管崩塌、肿瘤细胞脱离原发灶迁移时,都会导致肿瘤细胞的营养供给有限,不能满足瘤细胞快速增殖的需要。肿瘤细胞通过增强自噬活动为肿瘤的生长提供营养,维持高速的增殖速度。在化疗和放疗等肿瘤治疗过程中,细胞处于应激状态,相对敏感的肿瘤细胞会产生大量的破损细胞器和蛋白质等,而肿瘤细胞通过提高自噬活动可及时清除有害物质,并通过自噬提供应急的营养为修复受损细胞赢得时间和条件,减少肿瘤细胞对刺激的敏感和增加对化疗和放疗的抗性。在肿瘤细胞中敲除 ATG5、ATG7 或 BECN1 等自噬相关基因,能限制多种

肿瘤的生长。因此,在化疗和放疗过程中,配合使用自噬抑制剂(如
3 - MA、渥曼青霉素、氯喹和 HCQ 等),能提高肿瘤对放化疗的敏
感性。

八、自噬在药物研发中的应用

鉴于自噬与神经退行性变性疾病、肿瘤和衰老等密切相关,目
前已有多种靶向自噬的激活或抑制药物。细胞营养和能量的感应
器 mTORC1 和 AMPK 是自噬的最直接调控通路,因此,用小分子
抑制 mTORC1 或激活 AMPK 能有效诱导细胞自噬。相关的药物
分子分为 mTOR 依赖性自噬诱导剂和非 mTOR 依赖性自噬诱导
剂。mTOR 依赖性自噬诱导剂以雷帕霉素及其衍生物为代表,作为
分子胶水介导 FKBP12 和 mTOR 结合,抑制 mTOR 的激酶活性,从
而诱导自噬。非 mTOR 依赖性自噬诱导剂主要是卡马西平
(Carbamazepine)和非洛地平(Felodipine)。卡马西平作为钠离子通
道阻滞剂,通过降低三磷酸肌醇水平来减少线粒体摄取钠离子,进
而减弱线粒体呼吸作用和激活 AMPK,最终诱导自噬。非洛地平是
I 型钙离子通道拮抗剂,抑制细胞对钙离子摄取,导致钙蛋白酶的活
性降低进而诱导自噬。

自噬过程中,错误折叠或者暂时不需要的蛋白质被招募到自
噬体,这些蛋白质就会通过自噬体运输到溶酶体降解。科研人员
基于这一思路发展出 AUTAC 技术用于致病蛋白质的降解,该技
术来源于细胞清除病原菌的细胞自噬途径。真核细胞受到链球菌
入侵后,链球菌蛋白会被 S - guanylation 修饰,进而被 K63 多泛素

化修饰标记,被自噬受体 SQSTM1/p62 识别,并随后通过自噬途径进入溶酶体降解。因此,S‑guanylation 修饰作为一种特异性的自噬信号,可以设计一系列特异的 AUTAC 分子:这些分子的一端特异性识别靶蛋白,另一端为模拟 S‑guanylation 修饰的基团。这些 AUTAC 分子进入细胞,通过与靶蛋白结合,将靶蛋白模拟出 S‑guanylation 修饰,导致靶蛋白被多泛素化修饰,进而通过自噬途径降解。

本章小结

自噬的研究起始于 20 世纪 60 年代,经过近 60 年的研究,科研人员已经在自噬的诱发因素、参与自噬的相关蛋白以及它们在自噬过程中的分子机制等方面的研究中获得了巨大的突破。自噬在细胞生命活动中发挥多种功能,是细胞行使自我保护的主要机制,在饥饿状态下为细胞提供营养和能量,同时还能够清除受损的蛋白质和细胞器以及入侵的病原体,维护细胞的内稳态。自噬在神经退行性变性疾病和肿瘤等疾病中发挥着双重作用,不仅可帮助正常细胞修复损伤、减少疾病发生的可能,也可帮助肿瘤细胞改善对化疗或放疗的敏感性。对于自噬体形成各个阶段的调控机制以及自噬相关基因的功能及其与疾病相关性,目前仍然有很多问题没有解决。通过对自噬具体调节机制以及信号转导通路的更加深入全面的研究,有望实现在疾病过程中对自噬的精确调控,从而发挥其有利作用,为现阶段疾病治疗提供新的治疗方向和新的治疗靶标,开发出更加有效的自噬调控药物。

思考与练习

1. 自噬分为哪几种类型,各类型分别有何特点?

2. 自噬的诱发因素有哪些?

3. 有哪些蛋白质或蛋白质复合物参与自噬体形成?

4. 如何用 LC3 蛋白分析细胞中的自噬水平?

本章参考文献

[1] Klionsky DJ. Autophagy revisited: a conversation with Christian de Duve. *Autophagy*. 2008; 4(6): 740 - 743.

[2] Chan EYW, Longatti A, McKnight NC, et al. Kinase-inactivated ULK proteins inhibit autophagy via their conserved C-terminal domains using an Atg13 - independent mechanism. *Molecular and cellular biology*. 2009; 29(1): 157 - 171.

[3] Heatha RJ, Xavier RJ. Autophagy, immunity and human disease. *Current opinion in gastroenterology*. 2009; 25(6): 512 - 20.

[4] Wang RC, Levine B. Autophagy in cellular growth control. *FEBS Letters*. 2010; 584(7): 1417 - 1426.

[5] Yang ZF, Klionsky DJ. Eaten alive: a history of macroautophagy. *Nature cell biology*. 2010; 12: 814 - 822.

[6] Liang CY. Negative regulation of autophagy. *Cell death & differentiation*. 2010; 17: 1807 - 1815.

[7] Yu L, McPhee CK, Zheng LX, et al. Termination of autophagy and reformation of lysosomes regulated by mTOR. *Nature*. 2010; 465: 942 - 946.

[8] Mizushima N, Komatsu M. Autophagy: renovation of cells and tissues. *Cell*. 2011; 147(4): 728 - 741.

[9] Kim JM, Kundu M, Viollet B, et al. AMPK and mTOR regulate autophagy through direct phosphorylation of Ulk1. *Nature cell biology*. 2011; 13: 132 - 141.

[10] Alers S, Löffler AS, Wesselborg S, et al. Role of AMPK-mTOR-Ulk1/2 in the regulation of autophagy: cross talk, shortcuts, and feedbacks. *Molecular and cellular biology*. 2012; 32(1): 2 - 11.

[11] Choi AMK, Ryter SW, Levine B. Autophagy in human health and disease. *The*

new England journal of medicine. 2013; 368(7): 651 - 662.

[12] Noda NN, Inagaki F. Mechanisms of autophagy. *Annual review of biophysics*. 2015; 44(1): 101 - 122.

[13] Rabanal-Ruiz Y, Otten EG, Korolchuk VI. mTORC1 as the main gateway to autophagy. *Essays in biochemistry*. 2017; 61(6): 565 - 584.

[14] Zachari M, Ganley IG. The mammalian ULK1 complex and autophagy initiation, *Essays in biochemistry*. 2017; 61(6): 585 - 596.

[15] Ktistakis NT. In praise of M. Anselmier who first used the term "autophagie" in 1859. *Autophagy*. 2017; 13(12): 2015 - 2017.

[16] Liu H, Zhang LQ, Zhang XY, et al. PI3K/AKT/mTOR pathway promotes progestin resistance in endometrial cancer cells by inhibition of autophagy. *Oncotargets and therapy*. 2017; 10: 2865 - 2871.

[17] Noda T. Regulation of Autophagy through TORC1 and mTORC1. *Biomolecules*. 2017; 7(3): 52.

[18] Gatica D, Lahiri V, Klionsky DJ. Cargo recognition and degradation by selective autophagy. *Nature cell biology*. 2018; 20: 233 - 242.

[19] Grumati P, Dikic I. Ubiquitin signaling and autophagy. *Journal of biological chemistry*. 2018; 293(15): 5404 - 5413.

[20] Kaushik S, Cuervo AM. The coming of age of chaperone-mediated autophagy. *Nature reviews molecular cell biology*. 2018; 19: 365 - 381.

[21] Qin ZH. Autophagy: biology and diseases. *Advances in experimental medicine and biology*. 2019; 1206: 1 - 727.

[22] Escobar KA, Cole NH, Mermier CM, et al. Autophagy and aging: Maintaining the proteome through exercise and caloric restriction. *Aging cell*. 2019; 18(1): e12876.

[23] Mizushima N, Murphy LO. Autophagy assays for niological discovery and therapeutic development. *Trends in biochemical sciences*. 2020; 45: 1080 - 1093.

[24] Schuck S. Microautophagy-distinct molecular mechanisms handle cargoes of many sizes. *Journal of cell science*. 2020; 133(17): jcs246322.

[25] Li XH, He SK, Ma BY. Autophagy and autophagy-related proteins in cancer. *Molecular cancer*. 2020; 19(1): 12.

[26] Nakatogawa H. Mechanisms governing autophagosome biogenesis. *Nature reviews molecular cell biology*. 2020; 21: 439 - 458.

[27] Sumitomo A, Tomoda T. Autophagy in neuronal physiology and disease.

Current opinion in pharmacology. 2021; 60: 133 - 140.

[28] Fukuda T, Wada-Hiraike O. The two-faced role of autophagy in endometrial cancer. *Frontiers in cell and developmental biology*. 2022; 10: 839416.

[29] Gubas A, Dikic I. ER remodeling via ER-phagy. *Molecular cell*. 2022; 82(8): 1492 - 1500.

[30] Simonsen A, Woller T. Don't forget to be picky-selective autophagy of protein aggregates in neurodegenerative diseases. *Current opinion in cell biology*. 2022; 75: 102064.

第八章
基因治疗

李　进　王天慧

本章学习目标

1. 了解基因治疗的概念和发展历史；

2. 简要概述基因治疗的一般策略；

3. 熟悉基因治疗的一般过程；

4. 了解基因治疗的应用；

5. 了解基因治疗面临的挑战。

    2019 年 5 月 24 日，美国食品药品监督管理局（FDA）批准了一款名叫 Zolgensma 的药物上市。该药物主要是用于治疗 2 岁以下患有运动神经元存活基因 1 等位基因突变的脊髓性肌萎缩（Spinal muscular atrophy，SMA）的患者。Zolgensma 实际上是一种基因治疗方法。它旨在通过一次静脉输入 AAV9 病毒载体引入人 SMN1 基因，在体内持续表达 SMN 蛋白，治疗导致 SMA 的遗传根源。这是美国 FDA 批准的第一款也是目前唯一一款治疗 SMA 的基因疗法。Zolgensma 的上市是基因治疗领域一项里程碑式的进展,让基因治疗的前景展现在人们的眼前。除此之外,Zolgensma 的定价也引起了广泛的讨论。这款新药的官方定价为 212.5 万美元,相当于 1 400 多万元人民币!

近年来,随着基因编辑技术的快速发展,让基因治疗逐渐走进了人们的视野。

一、引言

基因治疗是在基因水平上治疗疾病的方法,其包括基因置换、基因修正、基因修饰、基因失活、引入新基因等。具体而言,就是将基因片段导入细胞内,改变细胞中基因的表达情况,从而达到预防、逆转疾病的一种新的治疗方法。

人类基因组计划开展以来,科研人员发现大部分的罕见病与基因突变或者基因调控异常密切相关,这类疾病大多是遗传病。据统计,全球大约有 3 亿多罕见遗传病患者,且大多为婴儿和儿童。目前,这类罕见遗传病的预后普遍较差,而且缺乏有效的治疗方法。基因治疗的目标是治疗人类的各种疾病,随着基因治疗的发展,除了这些罕见遗传病之外,如癌症、心血管疾病和神经退行性变性疾病等常见疾病也将得到更为有效的治疗。那么,基因治疗是如何治疗这些疾病的呢?接下来我们将具体介绍基因治疗的相关内容。

二、基因治疗的发展历史

基因治疗的概念的形成具有非常悠久的历史,但是基因治疗的发展一直是螺旋式前进的方式。

1. 萌芽期

从 1953 年,沃特森(James Watson)和克里克(Francis Crick)共同提出了 DNA 双螺旋的结构模型,开启了分子生物学研究大门。1958 年,克里克进一步提出了"中心法则",确定了基因是生命体的决定因素。此外,早期的科学工作者们已经发现了细菌转化和转导现象,这些现象说明在引入外源性遗传物质后,细胞表型可以被改变。例如,1928 年,格里菲斯(Frederick Griffith)描述了细菌的转化现象;1944 年,艾弗里(Oswald Avery)等证明了转化现象是由于 DNA 的转入引起的;1952 年,辛德尔(Norton Zinder)和莱德伯格(Joshua Lederberg)发现细菌可以通过转导或转化的方式转移基因。在这些研究发现的基础上,1968 年,美国科学家布莱泽(Michael Blaese)在《新英格兰医学报》上发表了《改变基因缺损:医疗美好前景》的文章,首次在医学界提出了基因治疗的概念。

2. 探索期

基因治疗的概念提出来后,随着分子生物学技术的发展,让基因治疗慢慢由理论研究走向实践。

1966 年,塔特姆(Edward Tatum)提出了采用病毒作为基因治疗载体的潜在价值。1968 年，罗杰斯（Stanfield Rogers）等通过实验证实了病毒介导的基因传递的可能性。随后在 1970 年，他们进一步尝试通过体内注射野生型肖普乳头状瘤病毒（SPV）来治疗两个患有精氨酸酶缺乏症的女孩，但是遗憾的是，实验失败，他们并没有在两个女孩的体内检测到精氨酸酶的表达。1980 年，一个由克莱因（Martin Cline）领导的团队试图采用 DNA 重组的方法治疗患者的地中海贫血，该试验结果同样以失败告终并使研究者饱受谴责。

这两起失败的临床探索让基因治疗的实施回到理性的思考。随后，美国国立卫生研究院（National Institutes of Health，NIH）组建基因治疗分委员会。这标志着基因治疗开始逐步走向正轨，慢慢开始规范化和系统化。

3. 狂热期

随着分子生物学的蓬勃发展，基因治疗的瓶颈技术逐个突破，基因治疗的实施也迎来了极大的发展。1970 年，巴尔的摩（David Baltimore）发现了逆转录病毒，不仅完善了"中心法则"，同时也为基因治疗提供了更高效的基因导入方法。随后，慢病毒、腺病毒、腺相关病毒的相继出现为基因治疗的提供了高效的运载系统。1988 年，穆利斯（K. B. Mullis）首创聚合酶链式反应（polymerase chain reaction，PCR）技术，这让人们能够准确地获取目的基因。完美解决了基因治疗效应 DNA 片段的获得问题。

在这些新技术发展的基础上，1990 年，NIH 下属的美国国家心肺和血液研究所的安德森（William French Anderson）等通过逆转录病毒将人的腺苷酸脱氨酶（adenosine deaminase，ADA）嵌入白细胞的基因组中,然后将改造后的细胞回输到患者的体内,用于治疗重症联合免疫缺陷病(severe combined immunodeficiency,SCID)。最终,他们在患者体内成功检测到 ADA 的表达,也使 SCID 患者第一次走出了无菌仓。这是第一例成功的基因治疗案例,是基因治疗的历史上的里程碑,标志着基因治疗时代的来临。

1991—1992 年,复旦大学遗传学研究所薛京伦教授采用逆转录病毒的方式将人凝血因子 IX 基因导入皮肤成纤维细胞用于治疗血友病 B 的患者。这是全球第二例成功的基因治疗案例,也是我国的首例。

这些成功的基因治疗案例,让更多的临床试验得以相继开展。

4. 黑暗期

1999 年,在宾夕法尼亚大学开展的一项临床试验中,研究人员用腺病毒将鸟氨酸氨甲酰基转移酶(ornithine carbamyl transferase,OCT)基因通过动脉注射至肝脏,用于治疗 OCT 缺陷症的患者,但是该患者 4 天后死亡。

2003 年,法国 Necker 儿童医院的科研团队利用逆转录病毒感染造血干细胞治疗 X-连锁重症联合免疫缺陷症(X‑SCID)。但是在治疗后,受试者出现了白血病的情况。

这些异常的现象大多是由基因治疗的载体所致,随后美国 FDA 中止了较多的基因治疗临床试验。

这也对基因治疗的安全性提出了更多的挑战。

5. 理性期

经过黑暗的十年之后,基因治疗缓慢走出困境。

2009年,宾夕法尼亚大学的科研团队通过腺相关病毒2(adeno-associated virus 2,AAV2)过表达RPE65基因成功治疗了雷伯氏先天性黑蒙症。

2011年,英国伦敦大学的科研团队使用AAV8载体治疗血友病并取得了一定的临床疗效,使基因治疗重新引起了大众的关注。

在随后的十年中,如诺西那生钠(Nusinersen)、Zolgensma、艾满欣(Evrysdi)等基因治疗药物相继获批上市。

随着以同源重组、锌指核酸酶等为代表的基因编辑技术的出现,使基因治疗的选择更加灵活和多样。

三、基因治疗的一般策略和方法

1. 基因修复/置换

基因修复主要是指通过各种方式对因基因突变而产生的DNA损伤进行恢复的过程,即在原位修复有缺陷的基因,对靶细胞中致病基因的突变碱基序列加以纠正,使其在质和量上均能得到正常表达。基因置换主要是指通过基因操作等用一个基因替换另一个基因的过程。正常基因通过体内基因同源重组,原位替换病变细胞内的致病基因,使细胞内的DNA完全恢复正常状态。基因修复和基因置换被广泛应用于单基因遗传病的治疗。

脊髓性肌萎缩(spinal muscular atrophy,SMA)是一种破坏性的常染色体隐性遗传的进行性运动神经元病,其特征是脊髓运动神经元的进行性丢失,导致肌肉无力和萎缩。它是最常见的单基因疾病之一。SMA是由运动神经元存活基因(SMN1)纯合缺失引起的,

SMN1 基因编码 SMN 蛋白,SMN 蛋白在转录调控、端粒酶再生和细胞运输中发挥重要作用。治疗 SMA 的药物 Zolgensma 采用的是基因替代技术,属于一种基于腺相关病毒载体的基因治疗方法,旨在通过单次静脉输注将 SMN1 基因的功能拷贝传递到运动神经元。此外,由于高度同源基因 SMN2 不导致疾病,SMA 另一个治疗药物诺西那生纳(Nusinersen),则通过反义寡核苷酸修改 SMN2 基因的剪接来增加 SMN 蛋白浓度。

2. 基因增补

基因增补是指用具有正常功能的基因增补患者体内有缺陷的基因,进而达到治疗疾病的目的,这一类基因治疗方法已在恶性肿瘤的治疗过程中得到了应用。由于肿瘤抑制基因突变失活或表达减少,肿瘤细胞会脱离正常的生长控制机制。基因增补可以用一个正常的基因来替代一个不活跃的生长控制基因。一些基因已被发现在多种恶性肿瘤的纠正性基因治疗中具有重要作用。

p53 基因是目前研究较多的肿瘤抑制基因之一。它位于 17 号染色体上,在许多转移性肿瘤变异中发生突变,比如,在高达 70% 的前列腺恶性肿瘤转移中发现了突变。p53 作为一种转录因子,不仅可以调控细胞周期和凋亡,还可以调控血管生成。因此,有缺陷的 p53 基因是恶性肿瘤发生和发展的主要因素。临床前研究发现腺病毒介导的野生型 p53 表达可以抑制前列腺肿瘤的生长。一项使用携带野生型 p53 基因的复制缺陷腺病毒载体在前列腺恶性肿瘤患者中的临床试验正在进行,来自得克萨斯大学安德森癌症中心的研究结果表明,该载体是安全可行的。p21 基因产物是 p53 诱导的生长抑制系统的下游介质。它是一种周期蛋白依赖的激酶抑制剂，在增殖细胞中与受损 DNA 结合，抑制从 G_1 期到 S 期的复制，用腺病毒介导的 p21 基因治疗可以减缓肿瘤细胞的生长速度和延长动物生存期，同样在胶质母细胞瘤模型中也得到了类似的结果。

3. 基因失活

基因失活原指由于调控元件的突变，基因移位至异染色质部位，或编码序列出现突变、移框等因素导致基因不能正常表达的现象。在基因治疗领域则是指利用反义技术，使非正常基因或有害基因不表达或降低表达活性，以达到治疗某些特定疾病的目的。反义技术是根据碱基互补原理，通过人工合成或自然存在的与目标 DNA 或 RNA 互补的寡核苷酸短链分子，干扰目的基因转录、剪接、转运、翻译等过程的技术。这种反义 RNA 可与 mRNA 结合配对从而干扰 mRNA 的翻译，使相应的基因不能表达。

特定恶性肿瘤细胞基因的突变激活可导致不受调控的细胞增殖或使肿瘤细胞避免凋亡。一种基因治疗方法是通过表达核酶来降低致肿瘤细胞基因 mRNA 的水平，即通过基因工程的反义 RNA 分子特异性结合和切割靶 mRNA 分子。另一种策略是利用反义寡核苷酸。这些经过化学修饰的单链 DNA 分子被设计成与靶基因的特定 mRNA 区域互补结合，形成 RNA/DNA 双链，减少靶基因翻译，抑制 mRNA 和蛋白质表达。通过这种策略，已有科研人员成功下调了前列腺恶性肿瘤细胞 PC3 中 bcl－2 mRNA 和蛋白的表达。同样的策略也成功用于其他恶性肿瘤细胞基因，如 raf 和 c－myc。

反义寡核苷酸(antisense oligonucleotide，AS－ODNs)和小干扰

RNA(small interfering RNA，siRNA)都是新兴的靶向核酸药物，目前均处于早期临床开发阶段。AS‐ODNs可以将具有不同细胞功能的基因转录本作为靶点，如c‐raf、c‐fos、c‐myb、H‐ras、Her2/neu、bcl‐2、VEGF、Ang‐1。研究证明，AS‐ODNs能够成功抑制基因表达，导致肿瘤生长抑制或化疗及放射增敏。另一种新兴的基因抑制策略是利用siRNA作为序列特异性靶基因的抑制方法。但是，提高siRNA的稳定性和开发适当的递送载体是治疗成功的关键。近年来，新兴的纳米配合物，如有机聚合物和无机纳米颗粒，可以克服siRNA稳定性问题。在体外和体内的鳞状细胞癌模型中使用超声靶向微泡包裹siRNA，可有效地降低EGFR表达，并显示出抑制肿瘤生长的效果。另外，静脉注射靶向蛋白激酶N3(PKN3)表达的脂质体siRNA抑制剂(Atu027)，可以有效地抑制肺癌和乳腺癌的发展和转移。基于siRNA技术的实验研究和临床试验数量的快速增长，彰显了基因治疗的应用潜力。

4. 基因编辑

基因编辑是指对生物体基因组特定基因进行修饰的一种基因工程技术，通过对特定基因的一段核酸序列或单个核苷酸进行替换、切除、增加或插入外源DNA序列，使之产生可遗传的改变。基因编辑技术可定向改变基因组的组成和结构，具有高效、可控和定向操作的特点。

基因编辑依赖于核酸酶(亦称"分子剪刀")，在基因组中特定位置产生位点特异性双链断裂(double-strand breakage，DSB)，在修复过程中诱导基因靶向突变，从而定点编辑目的基因。基因编辑的关键是在基因组内特定位点创建 DSB。人们对几种不同类型的核酸酶进行了生物工程改造,比如,锌指核酸酶(zinc finger nuclease,ZFN),转录激活因子样效应物核酸酶(transcription activator-like effector nuclease,TALEN)和成簇规律间隔短回文重复(clustered regularly interspaced short palindromic repeat,CRISPR)/Cas9 系统等。

(1)成簇规律间隔短回文重复(CRISPR/Cas)

CRISPR/Cas 系统是细菌和古菌进化出来用于抵御外来病毒及质粒 DNA 的适应性免疫系统,是一种获得性免疫系统。细菌利用 DNA 剪切酶 Cas 剪切入侵病毒的 DNA 片段再拼接到 CRISPR 基因序列中,该 DNA 片段能起到对入侵病毒进行基因标记识别的作用,一旦该病毒再次入侵,细菌就能通过这段病毒 DNA 制造出与病毒序列互补的导向 RNA 片段,与 DNA 剪切酶 Cas 一起协作识别出病毒 DNA,并将其切除,阻止病毒复制。

这一过程分为两步进行:第一步,crRNA(CRISPR-derived RNA)的合成及在 crRNA 引导下的 RNA 结合与剪切。CRISPR 区域第一个重复序列上游有一段 CRISPR 的前导序列(Leader sequence),该序列作为启动子来启动后续 CRISPR 序列的转录,转录生成的 RNA 被命名为 CRISPR-derived RNA(简称 crRNA)。第二步,CRISPR/Cas 系统中 crRNA 与 tracrRNA(反式激活的 crRNA)形成嵌合 RNA 分子,即单向导 RNA(single guide RNA,sgRNA)。sgRNA 可以介导 Cas9 蛋白在特定序列处进行切割,形成 DNA 双链断裂(DSB)。受此过程启发,科研人员通过设计导向 RNA,使之与细胞基因组的特定位点相结合,将 DNA 剪切酶 Cas 定位到该基因位点进行切开。DNA 被切开后将引发 DNA 的修复,此时科研人员可以将自身想要利用的 DNA 片段"粘贴"到这一位点,从而完成精准的基因编辑。CRISPR/Cas 能够靶向基因组的特定序列,并且将 DNA 双链打断,引发非同源末端修复,提高同源重组修复效率,可用于基因敲除、小片段基因敲入和基因条件敲除等基因编辑。

(2)锌指核酸酶(ZFN)

锌指核酸酶(ZFN)是一种经过人工修饰的核酸酶,它是由锌指蛋白(zinc finger protein,ZFP)和 FokI 内切酶结构域组成,前者负责识别,后者负责切割 DNA。研究者可以通过加工改造 ZFN 的锌指 DNA 结合域,靶向定位于不同的 DNA 序列,从而使 ZFN 可以结合复杂基因组中的目的序列,可以实现对目的基因的特定 DNA 序列的靶向切割。

每个 ZFN 均可识别 3 个碱基,根据不同目的将多个锌指蛋白按一定的顺序串连起来,便可与特异 DNA 序列结合,连接的 FokI 可对基因组进行特异性切割。当一对 ZFN 分别结合到双链 DNA 的核苷酸位点后,两个 FokI 可形成二聚体,从而激活了限制性内切酶 FokI 的剪切活性,对 DNA 双链进行切割,使 DNA 在该位点产生双链断裂。此后,通过细胞自我修复机制达到特定基因编辑的目的。ZFN 的优势为:基因修复方式多样、精准更换基因、对基因表达强度影响较小;劣势为:设计与筛选过程复杂、"可编辑性"较低、存在脱靶风险和细胞毒性、治疗成本较高。

(3)转录激活因子样效应物核酸酶(TALEN)

TALEN 是经过基因工程改造后的可以切割特定 DNA 序列的限制酶。转录激活因子样效应物(transcription activator-like effector,

TALE)是由黄单胞菌分泌的蛋白质,能够识别特异性 DNA 碱基对。TALE 基序的发现催生了第二代基因编辑技术——转录激活因子样效应物核酸酶(TALEN)。

TALEN 由 TALE 基序串连成决定靶向性的 DNA 识别模块,与 FokI 核酸酶域连接而成。TALEN 技术紧随 ZFN 技术出现,用于基因组编辑和引入靶向 DSB。与 ZF 基序不同,一个 TALE 基序只能识别一个碱基对,因此,串连的 TALE 基序与所识别的碱基对是一一对应的关系;为获得识别某一特定核酸序列的 TALE,只需按照 DNA 序列将相应的 TALE 单元串连克隆即可。相比 ZFN,TALEN 毒性通常较低,且 TALEN 构建更加方便、快捷。但是,TALEN 在尺寸设计上往往比 ZFN 大,而且有更多的重复序列,所以,其编码基因在大肠杆菌等载体中组装更加困难。

(4) 碱基编辑和先导编辑系统

为了更加精准地进行 DNA 的校正,哈佛大学刘如谦(David R. Liu)团队开发出了更为精确的碱基编辑(base editors,BEs)和先导编辑(prime editors,PEs)系统。碱基基因编辑顾名思义,能在基因组上引起碱基改变的基因编辑技术。目前的碱基基因编辑包括嘧啶碱基转换技术(C/G 到 T/A)和嘌呤碱基转换技术(A/T 到 G/C)两种,可以实现 C/G 到 T/A,A/T 到 G/C 之前的转变。

碱基基因编辑可以理解为将胞嘧啶脱氨酶或腺苷脱氨酶与现存的 CRISPR/Cas 融合而形成,依赖于 CRISPR 原理使靶点远离间隔序列邻近基序(protospacer adjacent motif,PAM)端的 4—7 位的单个碱基发生修改的基因编辑技术。单碱基编辑法可以精确地、不可逆地实现从一种碱基对到另一种碱基对的转变,而无须 DSB。

先导编辑系统则更加拓展了碱基编辑的功能,在引入 DSB 和供体 DNA 的情况下,在 DNA 剪切酶 Cas、反转录酶和特殊设计的 gRNA(prime editing guide RNA,pegRNA)的作用下,可以在几十个碱基对中实现插入、缺失等所有的 12 种类型的碱基突变。

碱基编辑和先导编辑系统预计能为 89%以上的由于基因突变导致的遗传病的治疗提供更精确的编辑方法。

5. RNA 疗法

RNA 疗法的基本原理是使用能够与 mRNA 或蛋白质结合的寡核苷酸来影响 mRNA 的代谢过程以及调节蛋白质的功能。RNA 疗法的优势:与必须被送入细胞核并产生永久性变化的基于 DNA 的基因疗法不同,RNA 疗法只需要到达细胞质即可执行其转录后活性,并且不是永久性的,因此,可以根据需要修改或停止治疗。RNA 疗法更易操作,并且不存在意外遗传效应的风险。目前,RNA 疗法可归结为三大类:靶向核酸(DNA 或 RNA)的治疗、靶向蛋白质的治疗和编码蛋白质的治疗。

(1)靶向核酸(DNA 或 RNA)的治疗

针对核酸的治疗有两种不同类型:单链反义寡核苷酸(antisense oligonucleotide,ASO)和 RNA 干扰(RNA interference,RNAi)。

ASO 是由 13—25 个组成部分或核苷酸组成的修饰过的 DNA 短片段。这些分子阻止 mRNA 被翻译成蛋白质,包括阻止翻译的开始或标记 mRNA 以使其降解。2018 年批准的淀粉样变性药物 Tegsedi(inotersen)就是一种 ASO。ASO 还可以改变剪接(splicing),这是一个将 mRNA 前体进行塑造使其变为成熟形式的过程。有两种这种类型的 ASO 在 2016 年获得 FDA 批准：诺西那生纳（Nusinersen）和依特立生（Eteplirsen）。

RNAi 则是 21—23 个核苷酸长的 siRNA 或类似分子（如 microRNAs），可以降解 mRNA 并阻止其翻译成蛋白质。2018 年 FDA 批准的另一种淀粉样变性药物帕蒂西兰（Patisiran）就是一种 siRNA 疗法。

进行性假肥大性肌营养不良（Duchenne muscular dystrophy，DMD）是一种由抗肌萎缩蛋白基因异常导致抗肌萎缩蛋白 dystrophy 的严重缺陷而引起的 X 连锁隐性遗传性肌营养不良。利用外显子跳跃的 RNA 靶向治疗是迄今为止发展起来的最先进的 DMD 基因治疗技术。外显子跳跃靶向治疗可以通过调节 RNA 转录本的剪接，从而排除一个或几个外显子，改变 mRNA 转录本顺序，或者使转录本中包含提前终止密码子的外显子被删除。由外显子跳跃性产生的内部 RNA 缺失，并且产生部分功能营养不良蛋白的治疗方式有望将严重的 DMD 转化为轻型 DMD。

（2）靶向蛋白质的治疗

靶向蛋白质的治疗主要是使用一种称为 RNA 适体的分子。该分子被设计成与特定蛋白质上的特定位点结合，以调节其功能。哌加他尼（Macugen）是这类药物的一个例子，它是一种用于治疗血管穿透视网膜导致视力恶化的一种年龄相关性黄斑变性的药物。其主要成分与一种叫作血管内皮生长因子的蛋白质结合并阻断其功能，导致眼内血管生长和渗透性降低。RNA 适体可能在外科手术和急诊医学中有用，它们的快速起效和可逆性作用可以辅助麻醉和调节凝血。

（3）编码蛋白质的治疗

使用 mRNA 编码蛋白质的 RNA 疗法正被用于开发个性化的癌症以及传染性疾病疫苗，比如，辉瑞研发的针对新型冠状病毒的 mRNA 疫苗等。科研人员还在探索这类治疗是否可用作凝血障碍血友病等罕见疾病的蛋白质替代疗法。

（4）混合策略

一些科研人员正在寻求利用三种主要形式的 RNA 治疗的混合策略。美国马萨诸塞州的一家公司采用了一种被称为"沉默与取代"的方法，即使用一种 RNAi 成分来"沉默"一个有害基因，并使用一种 mRNA 成分来编码"取代"相应突变蛋白的正常版本。两者均由单一病毒载体递送。该公司正在针对 α1-抗胰蛋白酶缺乏症（一种遗传性肺部和肝脏疾病）和遗传性肌萎缩侧索硬化（一种退行性神经疾病）开展混合药物的临床前工作。

（5）非编码 RNA 治疗

非编码 RNA 已经成为药物开发的一类重要靶点。在过去的 20 多年中，非编码 RNA 中的微小 RNA（microRNA，miRNA）已经被发现能够调节多种疾病的发生发展。以微小 RNA 为靶点的临床试验目前已经得到广泛开展。例如，采用脂质体递送的 MRX34 药物用于提高 miR-34a 的表达已在原发性肝癌和小细胞肺癌患者中完成了 I 期临床试验；miR-29 模拟物（MRG201）正在接受 II 期临床试验用于治疗马乔林溃疡患者；miR-124 过表达小分子（ABX464）已完成人类免疫缺陷病毒（HIV）感染患者的 II 期临床试验，并且正在进行溃疡性结肠炎、类风湿性关节炎和克罗恩病的 II 期临床试验。另一方面，锁核酸（locked nucleic acid，LNA）技术修饰的 miR-122 药物米拉韦生（Miravirsen）已完成丙型肝炎病毒（hepatitis C virus，HCV）患者的 II 期临床试验；基于 LNA 修饰的抗 miR－155 候选药物库博马森（Cobomarsen）正在进行 II 期临床试验，用于治疗真菌亚型皮肤 T 细胞淋巴瘤；一种 ASO 修饰的 miR－132 抑制剂 CDR132L 已完成慢性缺血性心力衰竭患者的 I_b 期临床试验。这些临床试验表明，基于 miRNA 的基因治疗对于多种疾病来说具有广阔的前景。

非编码 RNA 除了微小 RNA 之外，长链非编码 RNA、环状 RNA 等，都展现出了较大的前景。

四、基因治疗的流程

1. 选择治疗基因

基因治疗是一个复杂的过程，并不是所有的疾病都适合采用基因治疗，只有在基因突变导致的疾病中，基因治疗才可能行之有效。在选择进行基因治疗前，首先需要确定造成疾病的基因的变化方式。对于单基因疾病，在确定导致疾病发生的基因后，一般遵循"缺什么补什么"和"多什么去什么"的原则，例如，SCID 是由于腺苷脱氨酶 ADA 缺陷或者 IL 受体缺陷所导致的，由于 ADA 的活性缺陷常常是由碱基置换突变所致，因此，在进行基因治疗时需要将突变基因修复，或者直接将正确表达 ADA 的基因转导至患者体内，以恢复 ADA 的功能，与此类似的还有血友病、镰状细胞贫血、地中海贫血等。由于很多疾病是由多种基因变化共同导致的，因此，在治疗时应选择对主导基因进行修饰以进行基因治疗。

2. 选择合适的载体

在确定靶向基因之后,下一步需要找到能够将目的基因片段转导至细胞内的载体,设计并制造合适的载体是基因治疗能否成功的关键。目前,基因治疗所选择的载体主要分为非病毒载体和病毒载体两类,不同载体往往针对不同疾病进行针对性选择,载体也具有各自不同的优势和劣势。

非病毒载体主要包括电穿孔等物理方法以及脂质体和纳米颗粒等化学方法。以电穿孔为代表的物理方法具有通用性高、适用于难以转染的细胞等优点,但是由于该方法需要特殊的仪器设施,对操作人员的熟练度有较高的要求。而以脂质体为代表的化学方法由于具有类似生物膜的结构而具有免疫原性低,载荷量大等优点,但是同时也具有转染效率低、不稳定等缺点,在进行静脉注射的过程中容易被网状内皮系统捕获吞噬,从而无法到达靶组织,即便是进入了靶细胞,脂质体也容易被溶酶体降解,以上缺点极大地限制了它的应用,同时也是亟待解决的应用难题。

病毒作为天然存在的微小生物,在进行适当改造后便是基因治疗载体的极佳选择,目前基因治疗常用的病毒载体主要包括慢病毒载体、腺病毒载体、腺相关病毒载体以及单纯性疱疹病毒载体等。

慢病毒载体是通过人免疫缺陷病毒 HIV‑1 改造而来,在去除控制病毒本身复制的功能片段后,其作为目的基因的载体被广泛用于多种基因治疗的研发,其作为具有逆转录功能的 RNA 病毒能够将携带的目的基因随机整合至宿主细胞的基因组 DNA 中,从而使目的基因能够持续稳定地表达，同时具有传染效率高、免疫原性低等优点，但是其将目的基因整合至宿主基因组 DNA 中的特性也是"一把双刃剑"，在持续表达的同时也有一定机率导致插入位置基因失活，长期使用甚至有致癌的风险。

腺病毒载体能够感染非分裂期细胞和分裂细胞，且具有较大的荷载量，能够携带较大片段的目的基因，并且不会整合至宿主细胞的基因组 DNA 中，但是该载体表达短暂且不稳定，容易被宿主的免疫系统清除，具有较强的免疫原性。

腺相关病毒载体是细小病毒科的一种，相较于腺病毒，其目的基因载荷量较小，但是具有组织亲嗜性，目前发现的不同血清型腺相关病毒对不同组织具有明显的亲嗜性，例如，AAV8 病毒载体具有对肝脏、骨骼肌、视网膜等组织的亲嗜性，而 AAV9 病毒载体则对于心脏组织具有较强的嗜亲性。此外，腺相关病毒的免疫原性也较低，不易引起宿主的免疫反应。但是腺相关病毒同时也具有荷载量低、容易被宿主本身中和抗体清除等劣势，仍需要科研人员对其结构进行改造以克服以上不足。

对于新型基因治疗载体的研发从未止步，科研人员在以往的载体基础上进一步研发，不断挖掘新型的基因治疗载体。目前，常见的研发路线包括对新型非病毒载体的探索、对病毒载体的优化和对类病毒载体的研发。聚合物等非病毒载体在递送过程中存在细胞毒性大、转导效率低、无靶向性等缺点，但已有科研人员从天然糖类化合物出发，利用其优良的生物相容性，在传统聚合物中加入天然糖类化合物做成含糖聚合物以改善其细胞毒性大的缺点，例如，Curdlan - g - PDMAEMAs 等含糖阳离子聚合物即是这种研发路线的产物。针对病毒载体的优化主要包括增强其靶向性、降低免疫原性等，这其中对腺相关病毒衣壳蛋白的改造获得了巨大的突破，科研人员通过对腺相关病毒的改造增强了该病毒载体对不同组织器官的靶向性，极大地提高了新型病毒载体的应用价值。

类病毒载体也是新型基因治疗载体的一个极佳选择。2021 年，张锋团队在《科学》（Science）上发表了其最新研究成果，该研究利用小鼠以及人类的 PEG10 蛋白包装和递送特定的 RNA，研究成果证明，PEG10 作为一种内源性蛋白具有作为基因治疗载体的巨大潜力。该基因治疗系统可以全部由内源性蛋白组成，具有类似慢病毒载体的核酸递送能力，同时具有极低的免疫原性，对于新型基因治疗载体的研发具有重要意义。对于新型基因治疗载体的研发能够为基因治疗提供更多选择，对新型载体的研发对基因治疗的推广和应用具有重大意义。

3. 将治疗基因导入体内

当确定合适的载体后，基因治疗仍然面临着如何将携带目的基因的载体转导至宿主体内，进而使治疗基因导入组织细胞中的问题。在宿主体内主要存在体细胞和生殖细胞，在进行基因治疗时往往要避开生殖细胞，由于对生殖细胞的基因修饰涉及众多伦理问题，所以，以生殖细胞为靶细胞的基因治疗往往无法开展。因此，目前的研究重点是将治疗基因导入体细胞，使之表达基因产物以达到治疗的目的。将治疗基因转移至体细胞中又分为在体直接转移，如将腺相关病毒载体、腺病毒载体以及非病毒载体直接注射至宿主体内；离体的间接转导法，例如，CAR－T 治疗时将患者 T 细胞分离后在体外进行培养，并使用基因治疗载体将目的基因转导至体外培养的 T 细胞中，在进行遗传修饰后回输至患者体内的方法，该方法的适用载体包括慢病毒载体、腺病毒载体等，该方法虽然能够对靶细胞精准编辑，但是操作流程复杂烦琐，尚有很大的改进空间。

4. 治疗基因在体内表达

在经历了对治疗基因的选择，并确定了合适的载体将治疗基因导入到宿主细胞中之后，后续过程中仍需对治疗基因的表达进行检测，根据"中心法则"，有必要对在接受基因治疗后宿主细胞内目的基因转录的 mRNA，以及翻译得到的蛋白质是否存在进行检测，随后在细胞以及动物水平检测该蛋白是否具有功能。治疗基因成功表达出足量具有功能的蛋白是基因治疗成功的基础，也是基因治疗的重要评估指标。

五、基因治疗的应用

至今，已有超过 2 300 项临床试验获批得以实施。根据美国临床试验数据库（ClinicalTrials. gov）的临床数据来看，全球正在进行的基因治疗临床试验有超过一半是针对肿瘤治疗的，而除了肿瘤以及前期临床的地中海贫血、镰状细胞贫血、血友病常见适应证外，近年来，基因治疗已经被应用到更广泛的疾病领域，主要包括血液系统疾病、五官科疾病、神经系统疾病、内分泌系统和代谢疾病、肿瘤等疾病领域（图 8-1 和表 8-1）。

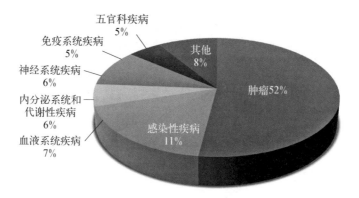

图 8-1　全球在研基因治疗临床试验领域分布

表 8-1　不同领域临床试验代表

项　　目	疾　病	治疗方式	阶段	日期	状态
无脉络膜基因治疗临床试验	无脉络膜症	注射 AAV2 - REP1	II 期	2015.9	完成
使用载体 rAAV2/5 - PBGD 治疗急性间歇性卟啉病的 I 期基因治疗临床试验	急性间歇性卟啉病	注射 rAAV2/5 - PBGD	I 期	2012.11	完成
将卵泡抑素基因转移至贝克肌营养不良和散发性包涵体肌炎患者	贝克肌营养不良；散发性包涵体肌炎	注射 rAAV1.CMV.huFollistatin344	I 期	2012.1	完成
I 型脊髓性肌萎缩症参与者的基因替代疗法临床试验	脊髓性肌萎缩	Onasemnogene Abeparvovec-xioi	III 期	2017.10	完成
AAV2 - BDNF 基因治疗早期阿尔茨海默病和轻度认知障碍的临床试验	阿尔茨海默病	注射 AAV2 - BDNF	I 期	2021.3	筹备

续 表

项 目	疾 病	治疗方式	阶段	日期	状态
自杀基因治疗与前列腺癌的随机试验	前列腺癌	Ad5 - yCD/mutTKSR39rep - ADP	II期	2007.11	完成

    例如,用于治疗脂蛋白脂肪酶缺乏引起的严重肌肉疾病的药物 Glybera 的成功上市开启了基因治疗的新时代。在基因治疗方面,我国也不甘示弱。2003 年,我国率先批准了世界上首个上市的基因治疗产品——"今又生"(Gendicine),一种携带 p53 的溶瘤腺病毒,用于治疗晚期头颈癌的药物。随着基因治疗临床试验的开展和产品的获批,众多医药企业,如诺华、蓝鸟、Biomarn 以及 Spark Therapeutics 等都积极地研发生产创新基因治疗药物,以期治疗严重的基因疾病。随着研发的进展,可以预测多款基因治疗产品于几年之后便可获批进入临床应用(表 8 - 2)。

表 8 - 2 基因治疗药物的临床试验阶段

公 司	产 品	疾 病	阶段
Bluebird bio	Lenti - D	儿童脑肾上腺脑白质营养不良	II/III 期
	LentiGlobin	输血依赖性 β 地中海贫血和严重镰状细胞贫血	多临床阶段
	bb2121 bb21217	多发性骨髓瘤	I 期

续　表

公　司	产　　品	疾　　病	阶段
Novartis	Zolgensma(AVXS‐101)	脊髓性肌萎缩	上市
	Piqray(BLY719)	携带 PIK3CA 基因突变的 HR＋/HER2‐晚期乳腺癌	上市
	177Lu‐PSMA‐617	转移性去势抵抗性前列腺癌（mCRPC）	II 期
	fevipiprant(QAW039)	哮喘	III 期
	Entresto(sacubitril/valsartan)	射血分数正常的心力衰竭	III 期
	Cosentyx(secukinumab)	非放射性轴性脊柱关节炎	III 期
SparkTher-apeutics	AAV‐RPE65(Luxturna)	RPE65 基因缺陷引起的视网膜疾病	上市
中山大学	重组人内皮抑素腺病毒注射液（E‐10A）	晚期头颈鳞状细胞癌	III 期

　　基因治疗临床试验以及基因治疗药物的成功,使得基因治疗在生物医药行业稳步前进。与此同时,基因编辑技术的深入研究也给予了基因治疗坚强的后盾。已有科研人员提出一种替代性抗病毒方法,它依赖于一种基于 CRISPR 的系统,用于识别和降解细胞内病毒基因组及其产生病毒的 mRNA。同时间,麻省理工学院张锋教授等开发了一项基于 CRISPR 的高敏感度的病毒检测技术,能够高效检测病毒 RNA 的存在。

　　作为一种相对年轻的治疗方法,基因治疗在最近几年取得了巨大的成功。目前,有更多的基因疗法正在进行临床试验,将为更多的患者带来福音。

六、基因治疗面临的问题和挑战

第一，基因治疗的安全性问题，也是基因治疗最重要的方面。这也就要求更多的基因治疗技术需要加以完善。其中，最重要的还是基因治疗的载体，目前腺病毒、腺相关病毒等仍是基因治疗领域的主要运载系统，但病毒载体的安全性问题一直是基因治疗的关键。例如，病毒在体内的基因组插入情况、病毒引起的免疫反应等。临床实践中，中和抗体对病毒介导的基因治疗的效果影响较大。此外，病毒载体的运载量往往有限，因此，一些新型的纳米载体和脂质体载体需要开发。第二，基因治疗的靶向性问题。以基因编辑为主的基因治疗方式，脱靶问题是基因治疗实施中的一个重要的技术限制。第三，基因治疗的编辑效率问题。尽管基因编辑为基因治疗提供了更多的可能，但是，目前基因编辑效率低下是一个亟待解决的问题。

此外，除了技术层面的问题之外，伦理问题也是基因治疗领域不容忽视的一个重要问题。

本章小结

基因治疗的快速发展为疾病的治疗提供了新的方法，也让无数处于绝望中的患者看到了新的希望。尽管基因治疗经历了长时间的起伏和面对众多挑战，随着技术的发展与法律法规的逐步完善，基因治疗将会为人类疾病的治疗带来更多的惊喜。

思考与练习

1. 简述什么是基因治疗。

2. 举例说明基因治疗有哪些策略。

3. 简述基因治疗的一般步骤。

4. 谈谈你对基因治疗涉及的伦理问题的看法。

本章参考文献

[1] Chen ML, Shi H, Gou SX, et al. In vivo genome editing in mouse restores dystrophin expression in Duchenne muscular dystrophy patient muscle fibers. *Genome medicine*. 2021; 13(1): 57.

[2] Veerapandiyan A, Eichinger K, Guntrum D, et al. Nusinersen for older patients with spinal muscular atrophy: A real-world clinical setting experience. *Muscle & nerve*. 2020; 61(2): 222 – 226.

[3] Mendell JR, Al-Zaidy S, Shell R, et al. Single-dose gene-replacement therapy for spinal muscular atrophy. *New England journal of medicine*. 2017; 377(18): 1713 – 1722.

[4] Thu Le HT, Murugesan A, Candeias NR, et al. Functional characterization of HIC, a P2Y1 agonist, as a p53 stabilizer for prostate cancer cell death induction. *Future medicinal chemistry*. 2021; 13(21): 1845 – 1864.

[5] Grover P, Flukes S, Jacques A, et al. Clinicopathological characteristics and clinical morbidity in high-risk head and neck cutaneous squamous cell carcinoma patients in Western Australia. *Internal medicine journal*. 2021.

[6] Cavazzana-Calvo M. Gene therapy of human severe combined immunodeficiency (SCID)-X1 disease. *Science*. 2000; 288: 669 – 672.

[7] Ribeil JA, Hacein-Bey-Abina S, Payen E, et al. Gene therapy in a patient with sickle cell disease. *New England journal of medicine*. 2017; 376(9): 848 – 855.

[8] Batty P, Lillicrap D. Advances and challenges for hemophilia gene therapy. *Human molecular genetics*. 2019; 28(R1): R95 – R101.

[9] Colella P, Ronzitti G, Mingozzi F. Emerging issues in AAV-mediated in vivo gene therapy. *Molecular therapy — methods and clinical development*. 2018;8: 87 – 104.

[10] Tabebordbar M, Lagerborg KA, Stanton A, et al. Directed evolution of a

family of AAV capsid variants enabling potent muscle-directed gene delivery across species. *Cell*. 2021; 184(19): 4919 – 4938(e22).

[11] Segel M, Lash B, Song J, et al. Mammalian retrovirus-like protein PEG10 packages its own mRNA and can be pseudotyped for mRNA delivery. *Science*. 2021; 373(6557): 882 – 889.

[12] Rosenbaum L. Tragedy, perseverance, and chance — the story of CAR-T therapy. *New England journal of medicine*. 2017; 377(14): 1313 – 1315.

[13] Couzin-Frankel J. CRISPR takes on cancer. *Science*. 2020; 367(6478): 616.

[14] Contreras JL, Sherkow JS. CRISPR, surrogate licensing, and scientific discovery. *Science*. 2017; 355(6326): 698 – 700.

[15] Newby GA, Liu DR. In vivo somatic cell base editing and prime editing. *Molecular therapy*. 2021; 29(11): 3107 – 3124.

[16] Kratzer K, Getz LJ, Peterlini T, et al. Addressing the dark matter of gene therapy: technical and ethical barriers to clinical application. *Human genetics*. 2021.

[17] Rashid RA, Ankathil R. Gene therapy: an updated overview on the promising success stories. *The Malaysian journal of pathology*. 2020; 42(2): 171 – 185.

[18] Tang R and Xu ZG. Gene therapy: a double-edged sword with great powers. *Molecular and cellular biochemistry*. 2020; 474(1 – 2): 73 – 81.

[19] Wang DW, Wang K and Cai YJ. An overview of development in gene therapeutics in China. *Gene therapy*. 2020; 27: 338 – 348.

[20] Ma CC, Wang ZL, Xu T, et al. The approved gene therapy drugs worldwide: from 1998 to 2019. *Biotechnology advances*. 2020; 40: 107502.

[21] He XJ, Urip BA, Zhang ZJ, et al. Evolving AAV-delivered therapeutics towards ultimate cures. *Journal of molecular medicine*. 2021;99(5): 593 – 617.

[22] Joung J, Ladha A, Saito M, et al. Detection of SARS-CoV-2 with SHERLOCK One-pot testing. *New England journal of medicine*. 2020; 383: 1492 – 1494.

[23] Wu SS, Li QC, Yin CQ, et al. Advances in CRISPR/Cas-based gene therapy in human genetic diseases. *Theranostics*. 2020; 10(10): 4374 – 4382.

[24] Cring MR and Sheffield VC. Gene therapy and gene correction: targets, progress, and challenges for treating human diseases. *Gene therapy*. 2020; 29 (1 – 2): 3 – 12.

[25] Lee TJ, Yuan XY, Kerr K, et al. Strategies to modulate microRNA functions for the treatment of cancer or organ injury. *Pharmacological reviews*. 2020; 72(3): 639 – 667.

［26］ Abbott TR，Dhamdhere G，Liu Y，et al. Development of CRISPR as an antiviral strategy to combat SARS-CoV-2 and influenza. *Cell*. 2020；181(4)：865–876(e12).

［27］ Safari F，Afarid M，Rastegari B，et al. CRISPR systems：novel approaches for detection and combating COVID–19. *Virus research*. 2021；294：198282.

［28］ Joung J，Ladha A，Saito M，et al. Point-of-care testing for COVID–19 using SHERLOCK diagnostics. *medRxiv*. 2020.

［29］ Wang D，Tai PWL and Gao GP. Adeno-associated virus vector as a platform for gene therapy delivery. *Nature reviews drug discovery*. 2019；18：358–378.

［30］ Friedmann T. A brief history of gene therapy. *Nature genetics*. 1992；2：93–8.

第九章
干细胞与再生医学

刘　畅　李珊珊

本章学习目标

1. 掌握干细胞的基本定义和分类；

2. 了解胚胎干细胞的基本特征和培养方法；

3. 了解体细胞重编程的概念和方法；

4. 了解干细胞的应用方向；

5. 掌握类器官模型的应用方向。

    器官再生的概念在古希腊神话中就有描述。普罗米修斯是古希腊神话中的神明之一。天神宙斯禁止人类用火，普罗米修斯帮人类从奥林匹斯山盗取了火，因此触怒了宙斯。宙斯为了惩罚普罗米修斯，将他锁在高加索山的悬崖上，每天派一只神鹰啄食他的肝脏，又让他的肝脏每天晚上重新长好。赫拉克勒斯是古希腊神话中最伟大的英雄，因为受到诅咒，必须完成十二项艰巨的任务，其中第二项任务是杀死九头蛇。九头蛇有惊人的再生能力，每被砍下一个脑袋就会再生两个脑袋。可见古代希腊人对于器官再生的概念已经有所认识。

中国神话中对于再生的想象也非常丰富，其中最为人们所熟知的是孙悟空的故事。孙悟空是中国著名的神话人物之一，出自四大名著之《西游记》。孙悟空拥有七十二变的高超法术。其中，最令人印象深刻的就是孙悟空拔毫毛就能变出自己的分身。孙悟空用毛发瞬间复制出成千上万个自己的分身，这一特点恰好和现代生物医学的体细胞克隆技术不谋而合。

一、引言

器官再生和器官再造从古至今一直是人类的共同梦想，也是生物医学研究的重点和难点问题。在自然界中，一些两栖类动物如蝾螈的肢体可以在损伤后再生。人体的一些器官，如肝脏和皮肤，在成年之后仍然具有再生能力，受到损伤之后能够自我修复。但是，一些人体的重要器官，如大脑和心脏，在成年之后就基本不具有再生的能力了。神经元和心肌细胞在成熟之后退出细胞周期，无法大量分裂和增殖，不能生成足够的细胞来替代和修复损伤的组织。

随着近代医学的不断发展，人类的寿命得以大大延长，随之而来的老龄化疾病成了严峻的社会问题。各种神经退行性变性疾病，如多发性硬化症和阿尔茨海默病，目前尚无有效治疗手段，不但给患者造成痛苦，也会给社会带来巨大的经济压力。心肌梗死患者的心肌细胞在疾病发生后大量死亡并且不可自然再生，最终发展成为终末期心脏病和心力衰竭。多种疾病的病情发展最终的治疗手段只能依赖器官移植，然而器官供体尚且不能满足需求。目前医疗卫生领域对人体器官和可用于移植的细胞存在巨大的供需矛盾，这就依赖于再生医学来提供解决方案。干细胞是再生医学的重要细胞来源，这一研究领域在近几十年来的研究中逐渐发展、成熟起来。目前，干细胞再生治疗相关的研究成为学术界关注的热点，并在临床应用上展现出了一定的潜力。接下来我们将从多个方面对这一研究领域进行介绍。

二、干细胞与再生医学概述

干细胞(stem cell)是一类具有自我更新能力和多向分化潜能的细胞。干细胞具有很强的增殖能力和分化能力，可以维持自身的细胞库，并不断地分化出子代细胞，从而维持细胞和组织的再生。而干细胞治疗就是利用干细胞的分化潜能，将健康的干细胞或者干细胞分化出来的组织特异性细胞移植到患者体内，从而达到组织再生和修复的功能。干细胞依照其来源可以分为胚胎干细胞(embryonic stem cell，ES cell)和成体干细胞(adult stem cell，AS cell)，按照其分化潜能可分为全能干细胞、多能干细胞和单能干细胞。

胚胎干细胞是早期胚胎的内细胞团(inner cell mass)分离出的一类细胞，它具有无限增殖、自我更新和多向分化的特性。无论是体外还是体内环境，胚胎干细胞都能被诱导分化为机体几乎所有的细胞类型。胚胎干细胞是一种高度未分化的干细胞，它具有发育的全能性，能分化出成体的所有组织和器官，包括生殖细胞。

成体干细胞是一类存在于已分化组织中的多能性干细胞，具有自我更新的能力,在一定的条件下可以分化生成各种特异的细胞类型。研究发现,在成年人体内多种组织和器官中(如大脑、骨髓、皮肤和肠道等),均存在成体干细胞(图9-1)。在特定条件下,成体干细胞可以通过对称分裂生成新的干细胞以维持细胞库;或者通过不对称分裂,形成分化的子代细胞,修复器官损伤。成体干细胞经常位于特定的干细胞龛(stem cell niche)中。干细胞龛能够提供一系列生长因子或配体,维持成体干细胞的更新和分化。

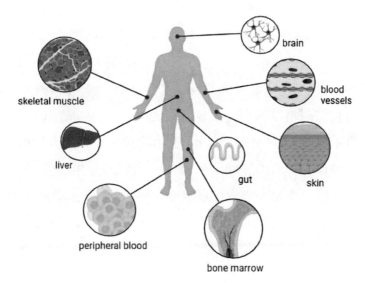

图9-1　成体干细胞示意图

三、胚胎干细胞

受精卵在胚胎发育过程中产生众多形态以及功能特化的子代细胞,祖细胞转变为具有特殊形态结构、生理功能和生化特性的细胞的过程称为细胞分化。受精卵具有的向成年个体所有细胞分化的潜能，则称为细胞的全能性（totipotency）。全能性保证了受精卵能够通过细胞分裂和分化，逐渐形成具有不同细胞类型的复杂多样的个体。小鼠的受精卵发育至胚胎期 3.5 天（E3.5）时可以形成中空的囊胚（blastocyst），其中的内细胞团具有发育成为包括生殖细胞在内多种体细胞的潜能。1981 年，英国科学家马丁·伊万（Martin Evans）首次建立了小鼠胚胎干细胞系。他发现，从小鼠的内细胞团分离出的细胞可以在体外培养并建立成为胚胎干细胞。体外培养的胚胎干细胞可在移植后成功分化为生殖细胞和除了胎盘以外的多种体细胞，并将它们的遗传信息传递给下一代。这一特性称为干细胞的多能性（pluripotency）。这一划时代的发现开启了胚胎干细胞研究领域，也为后来对转基因小鼠的研究奠定了基础。1998 年，詹姆斯·汤姆森（James Thomson）教授建立了世界上第一株人类胚胎干细胞（human ES cell），并证实了人类胚胎干细胞具有高度的分化潜能——可以向外胚层（神经，表皮等器官）、中胚层（心脏、肌肉、血液等器官）和内胚层（肠道、肝脏、肺等器官）进行分化。这一发现引发了社会的广泛关注，为人类发育和器官再造研究提供了细胞模型。

1. 胚胎干细胞的基本特性

胚胎干细胞的基本特性包括：

胚胎干细胞具有正常的二倍体核型，正常情况下，小鼠胚胎干细胞有 20 对染色体，人类胚胎干细胞有 23 对染色体；胚胎干细胞在体外培养条件下具有无限的增殖能力；冻存后的胚胎干细胞可以复苏并继续传代培养；胚胎干细胞在体外和体内均具有向多种细胞类型分化的能力。

胚胎干细胞的分化能力包括在体外培养条件下形成类胚体（embryoid body）的能力、在动物体内形成畸胎瘤（teratoma）的能力、发育形成嵌合体子代（chimeric offspring）的能力，以及发育形成完全来源于胚胎干细胞的子代的能力。其中，形成类胚体的实验是将胚胎干细胞在悬浮培养体系中进行培养，利用胚胎干细胞自组装的能力，自发聚集成球体并分化。畸胎瘤是将胚胎干细胞注射到裸鼠皮下，通过细胞增殖分化而形成的一种包含外胚层、中胚层和内胚层组织的肿瘤。而嵌合体则是将胚胎干细胞注射进入受体小鼠囊胚中，然后将嵌合囊胚移植到母鼠子宫内发育成的子代个体。该子代的所有细胞，一部分由供体胚胎干细胞发育而来，另一部分由受体囊胚内细胞团的细胞发育而来，因而体现出嵌合的表型。最后，要确定胚胎干细胞是否具有发育形成一个完整子代的能力，就要通过四倍体补偿实验（tetraploid compensation）来证实。四倍体补偿实验是检测胚胎干细胞分化能力的金标准。正常情况下，人和小鼠都是二倍体，在胚胎发育的第二细胞阶段，两个细胞可以通过电融合融合成一个细胞，从而获得四倍体胚胎。四倍体胚胎不能发育形成正常的个体，但可以形成胎盘。如果将胚胎干细胞注射到四倍体囊胚中，移植到母鼠子宫后能够生出健康子代，那么就说明移植的胚胎干细胞具有发育形成完整子代的能力。

2. 胚胎干细胞的获取和培养

小鼠的胚胎干细胞来源于胚胎期 3.5 天的囊胚中的内细胞团，通过分离内细胞团的细胞进行体外培养，维持其多能性和分化能力。

小鼠的胚胎干细胞的培养体系包括滋养层细胞（feeder cell）和血清（serum）。其中，滋养层细胞可以分泌白血病抑制因子（leukemia inhibitory factor，LIF），而血清则可以提供骨形态发生蛋白质（bone morphogenetic protein，BMP）。滋养层细胞还可以对胚胎干细胞起到提供营养和支持的作用。滋养层细胞是从胚胎期 13.5 天的小鼠胚胎分离获得的成纤维细胞，通过辐照的方法消除其增殖能力之后，作为一种支持细胞用于包被培养皿，然后将胚胎干细胞培养在滋养层细胞上面。

"滋养层细胞 + 血清"的培养方式对胚胎干细胞的多能性维持较好，但因为血清和滋养层细胞来源于动物血液和组织，其中的成分复杂，且容易产生批次差异，因此，又发展出了无血清、无滋养层细胞的培养方式。这种培养方法不采用滋养层细胞和血清，取而代之的是外源性添加生长因子 LIF 和 BMP，用来维持胚胎干细胞的多能性。不仅如此，科研人员进一步开发出了化学小分子组合，即成纤维细胞生长因子/细胞外信号相关激酶（Fgf/Erk1/2）抑制剂和糖原合成酶激酶 3（GSK3）抑制剂的组合（2 inhibitor，2i），替代生长因子。其中，Fgf/Erk1/2 抑制剂的功能是抑制干细胞分化，而 GSK3 抑制剂的功能是增加 β-连环蛋白水平。两种化学小分子的协同作用，起到了维持干细胞自我更新的效果。

四、体细胞重编程

1. 核移植

胚胎干细胞具有高度的分化潜能，其分化过程和体内的发育过程相对应。胚胎干细胞的分化过程是一个多能性逐渐丢失,细胞命运和基因表达模式逐渐特化的过程,这个过程称为细胞编程(programming)。那么,这种已分化成熟的体细胞是否可以逆转命运,重新变回类似于受精卵或胚胎干细胞的状态? 20 世纪 60 年代,英国科学家约翰·戈登(John Gurdon)在非洲爪蟾(*Xenopus*)身上完成了一个经典的实验,把完全分化的肠道表皮细胞的细胞核转移到去核的卵细胞的细胞质中,发现移植后的卵细胞获得了像受精卵一样的发育潜能,可以发育成为健康的成年爪蟾。这一实验首次成功地实现了完全分化细胞命运的逆转,这种细胞命运的逆转被称为去分化(dedifferentiation)或重编程(reprogramming)。通过核移植获得的后代具有和细胞核供体完全一致的遗传信息,这种技术称为体细胞克隆技术。其后,科研人员通过不懈努力,在戈登实验成功 40 年后的 1996 年,实现了对哺乳动物的核移植(nuclear transfer),第一个克隆的哺乳动物,就是著名的克隆羊——多莉。但是,灵长类动物的体细胞克隆依然是一个世界级的难题。因为灵长类动物的卵母细胞不透明,核移植存在着操作困难等问题,并且灵长类动物中的表观遗传学障碍(epigenetic barrier)降低了重编程的效率。2018 年,我国的科研人员通过核移植技术实现了猕猴的体细胞克隆,标志着我国在非人灵长类动物模型研究中已经处于领先地位。

2. 诱导多能干细胞(iPSC)

核移植技术虽然非常强大,但是对技术要求很高,需要对供体和受体细胞进行破坏性的精细操作,在哺乳类动物中实现核移植是十分困难的。那么,是否存在更为简便的方式诱导细胞重编程呢? 日本科学家山中伸弥(Shinya Yamanaka)对该问题进行了开创性的研究,鉴定了一系列在胚胎干细胞中具有重要功能的转录因子,并对通过逆转录病毒对体外培养的小鼠成纤维细胞进行感染,过表达这些转录因子。在功能筛选之后发现,在小鼠成纤维细胞中共表达其中的4个转录因子,即可将已分化的小鼠成纤维细胞转变为多能干细胞。这种从体细胞诱导得到的多能干细胞被命名为诱导多能干细胞(induced pluripotent stem cell,iPSC)。而这四个转录因子(Oct4/Sox2/Klf4/c-Myc,OSKM)则被命名为 Yamanaka 四因子(图9-2)。2007年,人体的 iPSC 细胞系也被成功地从人类成纤维细胞中诱导出来。iPSC 因为实验操作相对核移植来说较为简单,取材方便,并

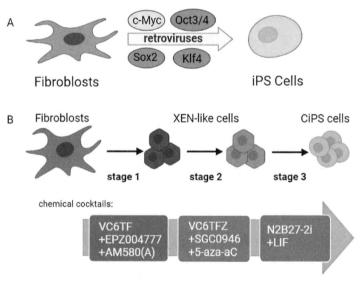

图9-2 体细胞重编程示意图

A. 转录因子介导的重编程(版权经 Elsevier 许可)

B. 化学小分子介导的重编程(版权经 Elsevier 许可)

且避免了免疫排斥和伦理问题,很快成为再生医学研究领域广泛使用的新的干细胞来源。鉴于其在核移植和诱导多能干细胞方面的杰出贡献,2012 年,约翰·戈登和山中伸弥教授被共同授予了诺贝尔生理学或医学奖。iPSC 技术的出现,大大推动了再生医学领域的发展。

iPSC 虽然具有多种优势,但仍然存在一些问题。例如,在重编程过程中使用的转录因子包含肿瘤相关基因 c - Myc,其长时间过表达有可能诱发癌症。并且,逆转录病毒转染可能导致一些致癌基因的激活,也可能导致一些重要基因的功能异常。因此,如何提高 iPSC 的安全性成为一个重要的问题。经过科研人员的不懈努力,目前已经开发出了多种技术手段,一定程度上提高了 iPSC 的安全性。这些提高 iPSC 安全性的手段主要有:

去除 c - Myc:研究发现,通过病毒载体导入 Oct4 和 Sox2 两种转录因子基因,即可将体细胞重编程为多潜能干细胞。

非整合载体:通过一种非整合的附加型载体(episomal vector)诱导出既无外源基因也无载体整合到基因组上的 iPSC。

直接引入重编程因子蛋白:将细胞穿透肽附着在重编程因子蛋白上,重编程因子蛋白通过穿透细胞膜进入细胞执行其重编程功能,诱导 iPSC 的形成。

化学方法的重编程:纯化学试剂诱导 iPSC 完全避免了引入外源基因,具有更高的安全性。

3. 化学方法的重编程

根据所用方法的不同,重编程可以分为转录因子介导的重编程和非转录因子的重编程。非转录因子介导的重编程常用的方法为小分子化合物。小分子化合物在重编程领域具有很多优势。首先，小分子化合物避免了转录因子介导的重编程常用到的病毒载体，不会整合进细胞的基因组，因此，不会对细胞基因组造成破坏，避免潜在的风险，其安全性较高；其次，大部分小分子化合物均能以渗透的方式进入细胞内发挥作用，省去了细胞转染、病毒包装、细胞感染等步骤，可操作性强。此外，小分子化合物结构多样、靶点清晰、价格低廉、易于获得，能够节省实验成本。目前，很多细胞命运决定相关的信号通路都已经被研究得较为透彻，小分子化合物可以通过靶向调节这些信号通路上的关键环节，实现对细胞命运的控制。

中国科学家邓宏魁等发现，小分子化合物组合（VPA、CHIR99021、616452、Tranylcypromine 等）可以替代 Yananaka 四因子中的三个转录因子（Sox2/Klf4/c‐Myc），与 Oct4 一起发挥作用，将小鼠成纤维细胞重编程为多能干细胞。该研究团队的进一步研究发现，纯化合物组合（VPA、CHIR99021、616452、Forskolin、Tranylcypromine、DZNep 等）可以完全替代 Yamanaka 四因子，仅用小分子化合物诱导将小鼠体细胞重编程为多能干细胞。这种完全由化学方法诱导的多能干细胞被命名为化学诱导多能干细胞（chemically induced pluripotent stem cell，CiPSC）。但是，这种纯化合物的手段的重编程效率与转录因子介导的重编程相比仍有较大差距，因此，邓宏魁等科学家对小分子化合物的组合和作用时间进行了进一步的优化，把化学重编程系统细分为三个阶段（图 9‐2）：

第一阶段采用的小分子化合物组合为：VC6TF（VPA、CHIR99021、616452、Tranylcypromine、Forskolin）、EPZ004777、

AM580。

第二阶段采用的小分子化合物组合为：VC6TFZ（VPA、CHIR99021、616452、Tranylcypromine、Forskolin、DZNep）、AM580、SGC0946、5-aza-dC。

第三阶段采用的小分子化合物组合为：CHIR99021、PD0325901。

科研人员通过不同小分子化合物组合对体细胞进行分段重编程，实现了体细胞向胚外内胚层（extraembryonic endoderm，XEN）样状态转化，进而从 XEN 样细胞转变为 CiPSC。科研人员利用这种分步方式来精确操控细胞命运转变，成功地将化学重编程的效率提高了 1 000 倍。化学重编程可操作性强，还可以实现对小分子的使用浓度、持续时间和组合的精准调控。由此可见，化学重编程具有较高的实用性和广泛的应用前景。寻找促进重编程的化学小分子以及小分子组合，有助于进一步提高重编程的效率，以及揭示细胞命运调控的新机制，具有重要的研究意义和价值。

五、干细胞的应用

1. iPSC 的应用

iPSC 的获得不需要依赖卵母细胞或胚胎，因此，它的应用不受细胞来源和伦理的诸多限制。并且 iPSC 可以被基因编辑修饰以纠正缺陷基因。iPSC 具有多向分化能力，能够在体外诱导分化成为神经细胞和心肌细胞等终末分化细胞用于组织和器官修复。因此，iPSC 技术在技术上和伦理上都具有明显的优势。

对于神经系统退行性变性疾病的 iPSC 替代疗法而言，由于大脑结构复杂,介入手段难度高,具有较大的挑战性,目前的研究仍然以动物模型上的基础研究为主。iPSC 可以在体外培养条件下分化为神经前体细胞,并形成不同种类的神经元和神经胶质细胞。将 iPSC 衍生的神经细胞移植入胎鼠脑中,这些细胞可整合进受体鼠的脑中,形成神经胶质细胞和神经元细胞,包括谷氨酸能、GABA 能、儿茶酚胺能的各亚型神经元细胞。由人体 iPSC 分化而来的少突胶质前体细胞能够在脱髓鞘模型小鼠体内形成髓鞘,恢复神经元的正常功能。而眼科学领域在细胞替代疗法上因为介入相对容易,具有独特优势。目前,由 iPSC 向视网膜色素上皮细胞分化的技术已经非常成熟。患者自体的 iPSC 分化得到的视网膜色素上皮细胞补片已经用于治疗老年性黄斑变性的临床试验。这些基础研究为 iPSC 以及其来源的神经干/前体细胞在神经退行性变性疾病的临床治疗应用上提供了更加充分的理论依据。

心血管疾病是人类健康的重大威胁,缺血性心脏病患者的心肌细胞发生大量死亡,而心肌细胞和神经细胞类似,已经退出细胞周期,不可自然再生,导致患者心功能逐渐恶化,最终发展为心力衰竭。迄今为止,尚未发现具有增殖能力的心肌干细胞,这对心脏疾病的细胞替代治疗带来了困难。虽然心脏中不存在心肌干细胞,利用 iPSC 诱导分化得到的心肌前体细胞能够在体外进一步分化成心肌细胞。并且这种 iPSC 诱导得到的心肌细胞在非人灵长类动物体内实验起到了一定的治疗效果。但是这种技术手段也面临体外细胞扩增困难、分化得到的心肌细胞成熟度低及免疫排斥等问题,有待进一步的研究探索。

综上所述,iPSC 具有强大的分化能力,在神经系统退行性变性疾病和心血管疾病方向具有明显的治疗优势和研究前景。尽管如此，对于心脏的干细胞治疗与心肌细胞再生的研究依然任重而道远，需要结合多种手段，研发更加成熟的多能性干细胞向心肌细胞的诱导条件，筛选促进心肌细胞再生的关键分子和通路，通过小分子化合物作用于目标靶点，以得到更加安全和高效的心肌细胞命运转化和再生的治疗方案。

2. 间充质干细胞的应用

间充质干细胞（mesenchymal stem cell，MSC）是一类存在于骨髓等多种组织中的，具有多向分化潜力的成体干细胞（图 9-3）。间充质干细胞也可以从脐带、胎盘、羊水和脂肪组织中分离获得。

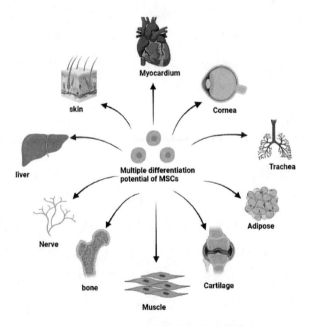

图 9-3　间充质干细胞的多向分化能力

间充质干细胞具有以下特性：

向多种间充质类型细胞（如成骨、成软骨及成脂肪细胞等）或非间充质类型细胞（如心肌细胞、骨骼肌细胞和神经元）分化的潜能；具有独特的细胞因子分泌功能，可以通过细胞间的相互作用及产生细胞因子抑制 T 细胞的增殖及其免疫反应，从而发挥免疫重建的功能；来源方便，易于分离、培养、扩增和纯化，多次传代扩增后仍具有干细胞特性；表面抗原不明显，异体移植排异反应较轻。

鉴于间充质干细胞的上述特性，间充质干细胞被广泛应用于增殖、移植和分化研究，以及体外的免疫反应的研究。

间充质干细胞最早在骨髓中被发现，但是骨髓来源的间充质干细胞存在以下问题：第一，随着年龄的老化，干细胞数目显著降低、增殖分化能力大幅度衰退；第二，制备过程不容易质控；第三，取材时对供体有损伤，供体有骨髓疾病时不能采集。这都限制了骨髓间充质干细胞的应用，使得寻找骨髓以外其他间充质干细胞来源成为一个重要的研究方向。

研究发现，从胎盘和脐带组织中可以分离出间充质干细胞，这种组织来源的间充质干细胞不仅保持了间充质干细胞的生物学特性，而且还具备如下优点：胎盘和脐带组织中的间充质干细胞有更强的增殖分化能力；胎盘和脐带组织中的间充质干细胞易于分离，纯度高，无肿瘤细胞污染的风险；扩增时培养体系统一，便于质控；可制成种子细胞冷冻，且冷冻后细胞损失小；获得的细胞中潜伏性病毒和病原微生物的污染几率较低；胎盘和脐带中的细胞采集对产妇及新生儿无任何危害及损伤；采集方便，易于保存和运输，伦理学争议少。

因此,胎盘和脐带组织中的间充质干细胞有可能成为骨髓间充质干细胞的理想替代物,并具有更大的应用潜力。

目前,间充质干细胞的应用方向主要有以下几个方面:

免疫抑制。MSC 在特定条件下具有良好的免疫抑制能力。在 MSC 对 T 细胞的免疫抑制过程中,免疫激活的 T 细胞首先释放细胞因子(IFNγ、TNFa 和 IL－1),然后刺激 MSC 产生大量趋化因子(CXCL9、CXCL10)和一氧化氮(NO)。这些趋化因子可以召集 T 细胞向间充质干细胞聚集。然后,MSC 产生的一氧化氮抑制 T 细胞增殖,进而达到免疫抑制作用。因此,骨髓间充质干细胞可用于治疗免疫疾病,如移植物抗宿主病和系统性红斑狼疮等。

损伤修复。由于 MSC 具有多向分化能力和良好的免疫抑制能力,MSC 可以被用于细胞移植治疗,修复损伤的组织和器官。目前一些临床试验正在进行中,以测试局部和全身输送间充质干细胞替代心肌细胞和血管内皮细胞的有效性。

组织工程。利用 MSC 构建的人工组织可以用于修复结缔组织损伤和骨骼以及软骨损伤。例如,将骨髓间充质干细胞与 I 型胶原混合构建的人工组织,可用于移植疗法以修复跟腱损伤。而将 MSC 移植到生物可降解高分子材料上,则能够构建功能正常的组织工程骨,可用于修复骨缺损。

基因疗法。MSC 具有多向分化的潜力,且易于外源基因转染,导入的外源基因可长时间高效表达。因此,MSC 具有作为基因改造的种子细胞的优势,可用作基因修复治疗的细胞载体。研究发现,将野生型 I 型胶原基因导入间充质干细胞可以修复基因缺陷,能够用于治疗儿童成骨不全,并成功形成新生骨骼。

3. 造血干细胞的应用

造血干细胞（hematopoietic stem cell，HSC）主要位于骨髓中，在成年人的一生中，维持血液的形成和自我更新。造血干细胞是血液系统中的成体干细胞，具有自我更新的能力和分化成各类成熟血细胞的潜能。目前对造血干细胞的分化谱系的研究已经非常明确和成熟。造血干细胞可以分化为髓样祖细胞（myeloid progenitor cell）和淋巴样祖细胞（lymphoid progenitor cell）（图 9 - 4）。髓样祖细胞可以进一步分化为红细胞（erythrocyte）、中性粒细胞（neutrophil）、嗜酸性粒细胞（eosinophil）、嗜碱性粒细胞（basophil）、单核细胞（monocyte）和血小板（platelet）。而淋巴样祖细胞则分化成为淋巴细

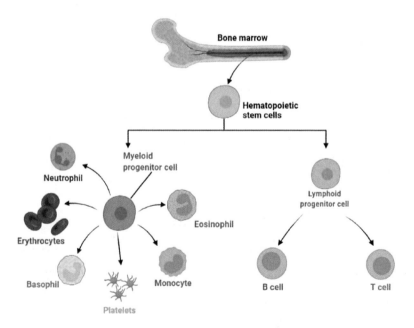

图 9 - 4　造血干细胞的分化谱系

胞,包括 B 淋巴细胞(B cell)和 T 淋巴细胞(T cell)等。

异体造血干细胞移植技术是发展最早的一种干细胞疗法,主要应用于白血病等疾病患者血液系统的重塑(图 9-5)。异体造血干细胞移植之父,美国科学家爱德华・唐纳尔・托马斯(Edward Donnall Thomas)于 1957 年发现并首次完成了双胞胎之间的骨髓和造血干细胞的移植,他在造血干细胞移植方向上的研究为无数白血病患者带来了希望。鉴于托马斯在造血干细胞移植领域的贡献,1990 年他被授予诺贝尔生理学或医学奖。异体造血干细胞移植技术经过六十多年的发展,已经成为一种成熟的治疗手段,可以有效治疗白血病等造血系统遗传缺陷疾病。但这种治疗方法并非 100% 有效。因为,我们身体的免疫系统对移植的异体造血干细胞会产生异体移植排斥反应。将他人骨髓中的造血干细胞移植到患者体内可能会导致移植物抗宿主病(graft versus host disease,GVHD)。在这个过程中,准确的人类白细胞抗原(human leukocyte antigen,HLA)配型是至关重要的。同卵双胞胎的 HLA 几乎相同,因此移植成功率最高。其次是

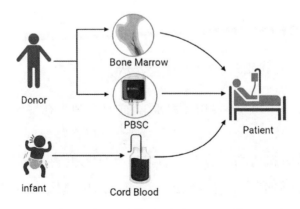

图 9-5 异体造血干细胞移植技术

兄弟姐妹,然后是近亲或无关的志愿者。目前,异体造血干细胞移植方案仍然存在免疫排斥和配型困难等棘手问题。

在这一背景下,基于自体造血干细胞的基因治疗方法应运而生,对于单基因遗传缺陷疾病的治疗来说,可以很好地避免上述问题。基因疗法通过病毒载体,在患者自体造血干细胞的基因组中插入目的基因,从而修复基因缺陷,得到健康的造血干细胞,最终回输到患者体内,重塑患者的血液系统。随着 CRISPR/Cas9 介导的基因编辑技术的问世和发展,造血干细胞的基因疗法变得更加精准有效。通过 CRISPR-Cas9 核糖核蛋白(RNP)技术编辑的 β-地中海贫血和镰状细胞贫血症患者的造血干细胞能够在移植小鼠的骨髓中成功重塑血液系统。这种方法通过电转向导 RNA(sgRNA)和 Cas9 蛋白的 RNP 复合体,实现对靶基因的定点敲除,不使用病毒载体,提高了基因编辑的精确度和安全性。CRISPR/Cas9 基因编辑技术的进步极大地推动了造血干细胞基因疗法的发展,为血液系统遗传疾病提供了更加安全有效的治疗手段。

六、类器官与再生

1. 类器官模型的概念和培养方法

类器官(organoid)是由干细胞或者前体细胞在体外三维培养形成的多细胞团,通常包含多种细胞类型,可以在一定程度模拟体内相应器官的结构和功能。由于干细胞具有自我更新和分化的能力,因此,可以在三维培养中自组织形成三维结构。相比较于二维平面培养的细胞,类器官拓展了空间结构,可以更好地维持细胞异质性和细胞间通讯。

类器官 3D 培养最常见的方法是使用固体细胞外基质来支持细胞生长和促进细胞之间的黏附。目前应用最广泛的培养基质是从小鼠肉瘤中提取的天然细胞外基质 Matrigel。这种天然的基质胶包含一些层粘连蛋白、胶原蛋白、生长因子等，可以在 4℃ 溶化为液体，并且在 37℃ 重新凝固，为细胞在空间中生长提供重要的微环境与组织支撑。Matrigel 的主要优点在于细胞外基质组分和生长因子的复杂混合，这使得细胞生长和分化非常有效率。然而，这种复杂性和组成不确定性使其培养环境难以控制，并会降低实验的可重复性。因此，化学成分特定的水凝胶（hydrogel）也被用作为 Matrigel 的替代物用以支持类器官培养。另一种类器官 3D 培养的方法是在悬浮液中培养 3D 细胞聚集体，比如用于视杯、大脑、小脑等类器官的培养。此外，要成功培养类器官，还需要一些特定的外源信号的刺激，包括各种生长因子和化学小分子等外源添加物。

2. 类器官模型的优势与应用

类器官模型和动物模型相比，其明显的优势是可以在器官水平模拟人类病理。虽然小鼠模型广泛用于人类疾病模型构建，但仍然存在一些局限性。例如，小鼠和人类的心脏生理学特征具有显著差异，小鼠心肌的复极化由超快延迟整流钾通道（IKur）介导，而人类心肌的则由快速延迟整流和缓慢延迟整流钾通道（IKr 和 IKs）介导。小鼠和人类的心肌细胞肌原纤维细丝的构成也有很大差异，在成年小鼠心脏中主要表达 α-肌球蛋白重链亚型（α - myosin heavy chain isoform），而在成年人类心脏中主要表达 β-肌球蛋白重链亚型（β -

myosin heavy chain isoform）。并且，患者来源的 iPSC 构建的二维和三维培养模型，能够体现人类遗传背景的差异以及疾病相关突变所造成的药物响应性差异，而这是在小鼠模型上是无法实现的。

传统二维 iPSC 分化细胞培养模型和类器官模型相比，其细胞成熟度相对较低。以心肌细胞为例，人类 iPSC 分化得到的心肌细胞和成年人类的心肌细胞相比，细胞体积小，亚显微结构简单，肌小节长度短，线粒体密度低，静息膜电位低，并且对 α‐肾上腺素的响应性低。此外，由于分化的细胞存在一定程度的异质性，这种异质性对单个细胞的电活动记录会造成较大的差异。最后，传统的二维心肌细胞模型只能检测到药物对心肌细胞的直接作用，无法评估药物经过肝脏代谢之后产生的系统性作用。

类器官模型相对二维平面培养系统的优势在于，三维培养体现可以给细胞提供一个更加接近生理状态的环境，并且可以促进细胞成熟。以心脏类器官为例，在三维培养条件下，心肌细胞的亚显微结构更加复杂。并且，三维培养的心脏类器官中，心肌细胞能够受到更大的力学负载，其力学特性更加接近真实组织。因此，在药物刺激的心肌收缩力动力学改变上，类器官的动力学数据更接近于真实的人类心脏组织。最后，通过类器官微流控芯片技术，可以构建心脏‐肝脏等类器官的整合芯片，实现对药物的代谢整体性作用评估。

类器官的应用方向主要有：器官层面的疾病模型构建，高通量药物筛选，基因编辑技术修复/构建遗传突变的类器官模型，类器官层面的转录组、蛋白组等组学研究，以及类器官移植修复组织损伤的再生医学研究（图 9‐6）。类器官技术可以和微流控技术，高通量测序技术，生物可降解材料以及基因编辑技术实现多学科交叉，协同发展。虽然目前类器官技术尚处于发展阶段,在临床应用方面还面临很多技术难题。但是,已有的研究表明,类器官在个体化医疗、药物筛选、再生医学和基因治疗方面具有巨大的潜力。可以预见的是,类器官技术在生物医学和再生医学中有着广阔的应用前景。未来几十年,在这些领域中广泛使用类器官技术将成为现实。

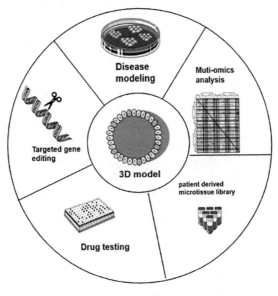

图 9-6 类器官的应用方向

本章小结

近年来,干细胞领域的研究发展十分迅速,基于干细胞的细胞移植治疗在再生医学的临床应用上展现出了一定的潜力,尤其是在血液系统的遗传疾病以及视网膜退行性疾病的治疗方面,具有明显的优势。干细胞治疗领域的成功案例均建立在长时间、系统性、全面和深入的基础研究背景之下,对干细胞本身的特性和分化谱系,以及治疗的有效性和安全性进行了详细的研究和论证。因此,对于目前干细胞治疗尚无法完全攻克的疾病,如心血管疾病和神经退行性变性疾病的细胞治疗,依然需要大量的基础研究提供理论和技术支持。不可否认的是,干细胞与再生医学研究具有重要的科学价值和社会价值。随着细胞重编程技术,小分子化合物组合和 CRISPR/Cas9 基因编辑技术的发展,多领域学科之间的交叉合作将促进干细胞与再生医学研究领域不断进步和完善。

思考与练习

1. 干细胞按照其来源或分化潜能,分别有哪些分类?
2. 胚胎干细胞的基本特性有哪些?
3. 举例说明间充质干细胞的应用方向。
4. 举例说明造血干细胞的应用方向。

本章参考文献

[1] Evans MJ, M. H. Kaufman. Establishment in culture of pluripotential cells from mouse embryos. *Nature*. 1981; 292(5819): 154 – 156.

[2] Thomson JAItskovitz-Eldor J, Shapiro SS, et al. Embryonic stem cell lines derived from human blastocysts. *Science*. 1998; 282(5391): 1145 – 1147.

[3] Gurdon JB, Elsdale TR, Fischberg M. Sexually mature individuals of Xenopus laevis from the transplantation of single somatic nuclei. *Nature*. 1958; 182 (4627): 64 – 65.

[4] Campbell KHS, McWhir J, Ritchie WA, et al. Sheep cloned by nuclear transfer from a cultured cell line. *Nature*. 1996; 380(6569): 64 – 66.

[5] Liu, Z, Cai YJ, Wang Y, et al. Cloning of macaque monkeys by somatic cell

nuclear transfer. *Cell*. 2018; 174(1); 245.

[6] Takahashi K, Yamanaka S. Induction of pluripotent stem cells from mouse embryonic and adult fibroblast cultures by defined factors. *Cell*. 2006; 126(4) 663 – 676.

[7] Takahashi K, Tanabe K, Ohnuki M, et al. Induction of pluripotent stem cells from adult human fibroblasts by defined factors. *Cell*. 2007; 131(5); 861 – 872.

[8] Weiskopf K, Schnorr PJ, Pang WW, et al. Myeloid cell origins, differentiation, and clinical implications. *Microbiology spectrum*. 2016; 4(5).

[9] Thomas ED, Lochte HL, Lu WC, et al. Intravenous infusion of bone marrow in patients receiving radiation and chemotherapy. *New England journal of medicine*. 1957; 257(11); 491 – 496.

[10] Chabannon C, Kuball J, Bondanza A, et al. Hematopoietic stem cell transplantation in its 60s; a platform for cellular therapies. *Science translational medicine*. 2018; 10(436); eaap9630.

[11] Naldini L. Gene therapy returns to centre stage. *Nature*. 2015; 526(7573); 351 – 360.

[12] Wu YX, Zeng J, Roscoe BP, et al. Highly efficient therapeutic gene editing of human hematopoietic stem cells. *Nature medicine*. 2019; 25(5); 776 – 783.

[13] Osakada F, Ikeda H, Mandai M, et al. Toward the generation of rod and cone photoreceptors from mouse, monkey and human embryonic stem cells. *Nature biotechnology*. 2008; 26(2); 215 – 224.

[14] Osakada F, Ikeda H, Sasai Y, et al. Stepwise differentiation of pluripotent stem cells into retinal cells. *Nature protocols*. 2009; 4(6); 811 – 824.

[15] Da Cruz L, Fynes K, Georgiadis O, et al. Phase 1 clinical study of an embryonic stem cell-derived retinal pigment epithelium patch in age-related macular degeneration. *Nature Biotechnology*. 2018; 36(4); 328 – 337.

[16] Mandai M, Watanabe A, Kurimoto Y, et al. Autologous induced Stem-Cell-Derived retinal cells for macular degeneration. *New England journal of medicine*. 2017; 376(11); 1038 – 1046.

[17] Bartus RT, Dean RL, Beer B, et al. The cholinergic hypothesis of geriatric memory dysfunction. *Science*. 1982; 217(4558); 408 – 417.

[18] Crawford AH, Tripathi RB, Richardson WD, et al. Developmental origin of oligodendrocyte lineage cells determines response to demyelination and susceptibility to age-associated functional decline. *Cell reports*. 2016; 15(4);

761 - 773.

[19] Wang S，Bates J，Li XJ，et al. Human iPSC-derived oligodendrocyte progenitor cells can myelinate and rescue a mouse model of congenital hypomyelination. *Cell stem cell*. 2013；12(2)：252 - 264.

[20] 国家心血管病中心，中国心血管病报告 2018[M]. 北京：中国大百科全书出版社，2019.

[21] Chien KR，Frisén J，Fritsche-Danielson R，et al. Regenerating the field of cardiovascular cell therapy. *Nature biotechnology*. 2019；37(3)：232 - 237.

[22] Lee JH，Protze SI，Laksman Z，et al. Human pluripotent stem cell-derived atrial and ventricular cardiomyocytes develop from distinct mesoderm populations. *Cell stem cell*. 2017；21(2)：179 - 194(e4).

[23] Zhao Y，Zhao T，Guan JY，et al. A XEN-like state bridges somatic cells to pluripotency during chemical reprogramming. *Cell*. 2015；163(7)：1678 - 1691.

[24] Nugraha B，Buono MF，Emmert MY. Modelling human cardiac diseases with 3D organoid. *European heart journal*. 2018；39(48)：4234 - 4237.

[25] Weinberger F，Mannhardt I，Eschenhagen T. Engineering cardiac muscle tissue：a maturating field of research. *Circulation research*. 2017；120(9)：1487 - 1500.

[26] Strauer BE，Zeus T，Gattermann N，et al. Intracoronary，human autologous stem cell transplantation for myocardial regeneration following myocardial infarction. *Deutsche medizinische wochenschrift*. 2001；126(34 - 35)：932 - 938.

[27] Ren GW，Zhang LY，Zhao X，et al. Mesenchymal stem cell-mediated immunosuppression occurs via concerted action of chemokines and nitric oxide. *Cell stem cell*. 2008；2(2)：141 - 150.

[28] Li F，Wang XJ，Niyibizi C. Bone marrow stromal cells contribute to bone formation following infusion into femoral cavities of a mouse model of osteogenesis imperfecta. *Bone*. 2010；47(3)：546 - 555.

[29] Gurdon JB. Adult frogs derived from the nuclei of single somatic cells. *Developmental biology*. 1962；4(2)：256 - 273.

第十章
肥胖的分子机制和预防措施

邓嘉莉　胡玉雪

本章学习目标

1. 掌握肥胖症的定义以及肥胖的标准；

2. 了解肥胖产生的原因；

3. 掌握能够描述肥胖发生的机制；

4. 掌握与肥胖相关的疾病及其之间的联系；

5. 了解肥胖的预防措施。

　　因为有了生命，世界才变得更加绚丽多彩；因为有了生命，地球才有了光明的未来；因为有了生命，人生的旅途才步步生辉……健康的饮食、良好的心态和持之以恒的锻炼，给予了人体旺盛的生命力和健康的体魄，让我们有机会去追求人生的目标。遗传只是健康的起跑线，健康的身体还在于个人的自律和维持。

一、引言

随着经济的发展和生活水平的提高,全球肥胖人数呈爆发式增长。根据《中国居民营养与慢性病状况报告(2020 年)》最新数据显示,目前我国成年人中有超过 1/2 的人肥胖或超重,成年人(≥18 岁)肥胖率为 16.4%、超重率为 34.3%。同时,在 6—17 岁的儿童和青少年中有 14%存在肥胖或超重的情况;在 6 岁以下的儿童中有 10.4%存在肥胖或超重的情况。按照绝对人口数来计算,我国已经有 6 亿人肥胖和超重,这个数字在全球排在第一位,肥胖或超重应该得到社会的关注和重视。

其实,在正常情况下,我们人体对能量的吸收与消耗处于一个动态平衡的状态,但由于某种因素打破了这种状态,使能量的吸收超过了能量的消耗,即能量过剩,就会造成脂肪累积从而引起肥胖。肥胖包括单纯性肥胖和继发性肥胖两种类型。单纯性肥胖一般与遗传、不健康的饮食和生活习惯等有关;而继发性肥胖则与一些代谢性疾病有很大关系。那么,什么是肥胖? 肥胖发生的原因是什么? 你离肥胖又有多远呢? 如何预防肥胖的发生? 通过本章内容的学习,希望你能够解答这些问题。

二、肥胖症的概述

1. 肥胖症的定义

随着生活水平的提高,饮食的改变,肥胖发生率越来越高。众所周知,肥胖与许多疾病的发生有关,目前,肥胖症已被世界卫生组织列为威胁人类健康的十大疾病之一,肥胖已成为世界的一大难题。那么,什么是肥胖症呢？肥胖症不仅仅是我们眼睛所看到的身体形态上的臃肿,肥胖症是指体内脂肪成分过多致体重明显超出正常范围(＞标准体重 20%)的异常状态。肥胖症病因多样,是由遗传因素、环境因素等多种因素相互作用引起的一种慢性代谢性疾病,多由于体内脂肪代谢障碍,尤其是甘油三酯(三酰甘油)积聚过多而致。

2. 肥胖判定标准

在临床上,肥胖通常用体重指数(body mass index,BMI)作为判定标准。BMI 定义为体重除以身高的平方(kg/m^2)。世界卫生组织(World Health Organization,WHO)推荐 BMI 在 25.0 kg/m^2 为超重,BMI≥30.0 kg/m^2 为肥胖。如今,全世界有近 1/3 的人肥胖或超重。那么,你离肥胖有多远呢？

三、导致肥胖症的因素

1. 遗传因素

肥胖症具有一定的遗传性,父母体型肥胖的子女发生肥胖的可能性会偏大,但也不是绝对的。近年来,肥胖率的快速增长说明肥胖症不仅仅是由遗传基因决定的,更多的是由人们不良的生活方式所致。

2. 环境因素

环境因素主要包括不良饮食习惯和运动两个方面。喜食甜食和油炸类食物、进食过多、高脂饮食等一些不健康的饮食习惯容易导致热量超标;另外,缺乏体力运动,久坐不运动,能量消耗减少,使能量过度堆积,能量转化为脂肪储存于体内。上述两方面是构成了导致肥胖症的环境因素。

3. 其他因素

心理因素:研究表明,某些抑郁患者、工作压力较大者,倾向于多吃美食以获得满足感,也容易暴饮暴食,因此导致肥胖。

药物因素:长期服用抗精神病药、糖皮质激素、抗过敏类药物、胰岛素等会影响机体内分泌或能量代谢,可导致肥胖症。

肥胖症还与炎症、肠道菌群及一些疾病相关。

四、肥胖症发生的机制

肥胖症是由特定的生化因子引起的一系列进食调控和能量代谢紊乱疾病,发病过程相当复杂。

1. 瘦素水平与肥胖症的关系

研究肥胖基因发现,肥胖症表现为多基因遗传,在目前发现的肥胖基因中,对体重调节起主要作用的基因有两种,分别为 OB(obesity gene)基因和 OB 受体基因(obesity receptor gene),两者的表达产物分别是瘦素和瘦素受体。

瘦素(leptin)由白色脂肪细胞分泌的分子量大小为 16 kDa 的蛋白质类激素。瘦素是脂肪细胞之间的反馈信号,具有调节食物摄入、能量平衡和脂肪储存,发挥抑制食欲、减少能量摄取、增加能量消耗、抑制脂肪合成等作用。虽然瘦素具有调节代谢、抑制摄食、影响代谢和免疫等多种生物学功能,但这些功能的发挥必须先与特殊受体相结合。瘦素调节体内脂肪代谢主要通过三种途径,即影响食欲、增加能量消耗、促进机体脂肪分解并抑制脂肪的合成。瘦素通过下丘脑摄食中心来调节体重,有两种不同的调节方式:

第一种,当体脂含量升高时,瘦素水平升高,进而刺激下丘脑代谢调节中枢促使垂体产生 α-促黑素,随后 α-促黑素会激活室旁核上的黑皮素 4 受体系统(mehmocortin 4 receptor),从而产生饱腹信号,抑制食欲。

第二种,当体脂含量减少时,瘦素水平减少,进而通过调节神经肽 Y(neuropeptide Y)递质系统刺激下丘脑弓状核(arcuate nucleus)产生神经肽 Y,随后神经肽 Y 与它的受体结合并发出信号,使交感神经兴奋并抑制副交感神经,从而促进食欲。

2. 胃促生长素与肥胖症的关系

胃促生长素(ghrelin)是一种由胃底黏膜分泌的肽类激素,当其在人体水平较高时会刺激下丘脑弓状核释放神经肽 Y,促进食欲,而食物中的糖类、脂肪、蛋白质则可以促进胃促生长素的分泌。正常情况下,当体内的脂肪过多时会抑制胃促生长素的释放,从而抑制食欲,但是长期高脂饮食会使下丘脑对胃促生长素的敏感性降低,所以当饥饿时机体会增加胃促生长素的分泌,导致饥饿感增加,促进食欲,从而容易过多摄食,使体内脂肪含量增多,最终导致肥胖症的发生。

3. 环境内分泌干扰物与肥胖症的关系

环境内分泌干扰物（environmental endocrine disrupting chemicals，EDCs）是指人类生活活动产生的释放到环境中的一类化学物质，这种化学物质对人体内脂肪代谢和激素的调节有一定的影响。其中与肥胖有关的环境内分泌干扰物称为环境肥胖激素（environmental obesogens，EOs），大多数为脂溶性物质，容易富集在脂肪中。EOs 主要有重金属、双酚 A、有机磷、氨基甲酸等物质。当过量的 EOs 与脂质分子结合时会影响其正常代谢，从而容易导致肥胖症及一些与代谢异常有关的疾病的发生。

4. 神经递质与肥胖症的关系

（1）血清素

血清素（serotonin）也称为 5-羟色胺，是体内平衡系统的一种重要的神经递质。通过对动物和人类的研究表明，调节 5-羟色胺会改变饮食行为并且大多数实验表明人类肥胖与 5-羟色胺能信号减少有关。大多数现有证据指向一个模型，即增加 5-羟色胺能信号与减少食物摄入有关，而 5-羟色胺能信号的减少则会导致嗜食和体重增加，5-羟色胺对食物摄入的影响被认为是双重的。下丘脑中 5-羟色胺信号的减少被认为是导致肥胖的原因之一，其途径是降低摄入能量对食物摄入的负反馈，从而促进过度消耗而导致肥胖，这也将进一步增加肥胖症发生的概率。

（2）多巴胺

研究表明，多巴胺（dopamine）信号减弱可能导致人们以过量饮食作为补偿,从而促进对可口食物的过度消耗而超出稳态的需求,也可以说多巴胺信号的减少可能会促使人们暴饮暴食,从而容易导致肥胖症的发生。

5. 肠道菌群与肥胖症的关系

肠道菌群(gut microbiota)通常被称为携带人体"第二基因"的"隐形器官",能促进膳食成分的消化,包括先天消化系统无法消化的成分。因此,肠道菌群提高了从摄入的营养物质中获取能量的效率。在一项小鼠粪便移植试验中发现,将肥胖小鼠的粪便移植到瘦的小鼠中会导致瘦的小鼠的体重增加和肥胖,这表明肠道菌群产生的代谢物和细菌衍生的成分可能会改变全身代谢,即微生物群与肥胖的发生具有一定的因果关系。另外,在人类中多项研究发现,瘦人和肥胖受试者之间微生物组组成和多样性存在差异,但这些发现并不一致。

有研究已提出"肠道菌群作为环境因素调节脂肪存储"观点,并发现肥胖者肠道厚壁菌增多而拟杆菌减少,拟杆菌与厚壁菌比值下降。科研人员对我国肥胖人群肠道菌群特征的研究发现,多形拟杆菌可降低血清谷氨酸水平,促进脂肪分解代谢。此外,有研究发现肠道菌群可以协同生物钟来调节体内脂肪的代谢。

6. 胰岛素与肥胖症的关系

胰岛素(insulin)是一种肽类激素,体内胰岛素是由胰岛 β 细胞分泌的。胰岛素是机体内唯一降低血糖的激素,并且能够促进糖原、脂肪以及蛋白质的合成。研究发现,除了调节进餐后的代谢外,胰岛素对下丘脑的影响能够促进饱腹感的产生,并且它能增强纹状体的多巴胺释放,抑制食欲。而肥胖症的特点之一就是胰岛素抵抗(胰岛素作用障碍)。

7. 昼夜节律与肥胖症的关系

昼夜节律是以 24 小时为周期来协调所有的生物功能(从基因表达到细胞凋亡)。中央生物钟位于中枢神经系统(central nervous system,CNS),特别是下丘脑的视交叉上核(suprachiasmatic nucleus,SCN)。大多数代谢活跃的细胞也有一个内、外周时钟,使组织能够以自主方式在局部调节基因表达。中央生物钟主要由来自视网膜的传入信号同步,但对其他信号,如进餐时间和食物成分进行微调。外周时钟则由来自 SCN 的信号同步,并有多种机制影响代谢,包括激素和代谢物的循环水平。当食物摄入和饮食组成时间发生改变即昼夜节律失调,则会引起代谢紊乱。在动物中,昼夜节律的变化与饮食行为和体重增加的变化有关。研究结果发现,夜班工人患肥胖症和肥胖相关疾病的风险更大,仅仅修改进食时间就可以显著影响体重。

五、肥胖及其相关疾病

1. 肥胖与糖尿病

(1)糖尿病发病机理

糖尿病是一种慢性代谢性疾病,以持续高血糖水平为特征,主要包括 1 型糖尿病(type 1 diabetes mellitus,T1DM)和 2 型糖尿病(type 1 diabetes mellitus,T2DM)。胰岛素分泌缺陷或胰岛素作用障碍(胰岛素抵抗)是糖尿病发生的两个主要原因。在胰岛内有两种主要的内分泌细胞亚型：胰岛 α 细胞和胰岛 β 细胞,其中 β 细胞参与产生胰岛素,而胰岛 α 细胞则负责分泌胰高血糖素。正常状况下,胰岛素和胰高血糖素的分泌随着体内葡萄糖水平的变化而变化,使体内的血糖处于动态平衡的状态。但是如果胰岛素和胰高血糖素的分泌发生失衡,血糖水平就会出现异常。

（2）1 型糖尿病(T1DM)和 2 型糖尿病(T2DM)

T1DM 又称为胰岛素依赖型糖尿病,发病原因是因为患者体内胰腺产生胰岛素的细胞(胰岛 β 细胞)损坏,或者是功能衰竭,从而导致胰岛素分泌不足。在体内胰岛素绝对缺乏的情况下,就会引起血糖水平的持续升高,最终形成糖尿病。T1DM 是遗传、免疫、环境等多种因素共同作用的结果,其具体机制目前尚不清楚。T1DM 的患者要依赖外源的胰岛素才能够维持生存,通常需要终身用药,发病年龄一般比较年轻。

T2DM 是以胰岛素抵抗和胰岛素分泌相对缺乏为主的糖尿病,所谓胰岛素抵抗是指 T2DM 患者对于体内分泌的胰岛素不敏感,从而导致 2 型糖尿病的发生。因为胰岛 β 细胞未出现破坏,所以主要根据患者身体状况使用降血糖的药物来控制血糖,或者用胰岛素药物进行治疗。T2DM 的患者的年龄一般比 T1DM 的患者要大。

（3）肥胖与糖尿病的关系

综上所述,两种类型的糖尿病都是因为胰岛素分泌缺陷或胰岛素作用受损导致的。胰岛素作用受损,具体来说,是机体对葡萄糖的摄取和利用减少,血糖就会升高,而机体为了维持血糖水平的平衡会使胰岛 β 细胞分泌更多的胰岛素来降低血糖,这样就会导致胰岛素过多。随着胰岛素水平的升高,胰岛素受体与胰岛素的亲和力发生降低,也即对胰岛素越来越不敏感,这一现象也被称为胰岛素抵抗。而肥胖与糖尿病的联系在于,肥胖会使脂肪细胞、炎症细胞因子 IL－1、IL－6 和 TNF－α 的水平升高。而这些成分的增高会刺激多种信号通路,比如 NF－κB 信号通路,容易引起胰岛素抵抗。因此,肥胖的人比正常体重的人更容易患 2 型糖尿病,这也是建议人们要注重控制体重,合理饮食,多做运动的原因之一。

2. 肥胖与慢性炎症

前面我们已经知道了肥胖的发生,是由于脂肪在体内过多的堆积或者是分布异常造成的,而这些脂肪细胞可以分泌许多炎症因子,进而引起炎症反应。哺乳动物体内的脂肪组织主要有两大类:白色脂肪组织和褐色脂肪组织。肥胖发生时,白色脂肪组织会进一步堆积,过多的白色脂肪组织会导致促炎细胞因子(TNF－α、IL－6)等分泌量增多,使患者进入慢性炎症状态。而炎症因子可以分泌各种减弱胰岛素信号的因素,阻碍胰岛素信号的传导,进而诱发胰岛素抵抗,导致 2 型糖尿病发生。慢性炎症发生相关的机制主要为:

肥胖发生时,随着脂质的积累脂肪细胞体积增大,当细胞体积超出一定的承受范围,细胞就会破裂,引发炎症的发生。研究表明,肥胖症患者的脂肪细胞要多于正常体重的人。

随着肥胖的发生,脂肪组织不断生长,同时也伴随着心血管的生成,但脂肪组织的生长速度过快,使血液循环供氧不足,进而造成局部缺氧,而局部缺氧又与慢性炎症有一定的联系。

研究发现,内质网对组织缺氧、肥胖等原因导致的细胞内稳态的变化非常敏感,当细胞内稳态被破坏细胞发生损伤时,内质网会触发未折叠蛋白反应(unfolded protein response,UPR),而 UPR 与肥胖引起的慢性炎症有一定联系。

此外,巨噬细胞浸润机制作为引发炎症的可能机制在近几年也受到广泛关注。

3. 肥胖与心血管疾病

心血管疾病(cardiovascular disease,CVD)是一系列涉及循环系统(心脏和血管)疾病的统称,包括先天性疾病和后天致病原因引起的心脏和血管疾病。常见的心血管疾病有冠心病、脑血管疾病、周围末梢动脉血管疾病、风湿性心脏病、先天性心脏病、深静脉血栓和肺栓塞等。大量的临床试验表明,肥胖与心血管疾病之间有着密切的联系,肥胖会直接或间接地增加心血管疾病的发病率和死亡率。直接影响表现在肥胖引起心血管系统的结构和功能的改变,以适应过重的体重,以及脂肪因子对炎症和血管稳态的影响,导致产生促炎症和促血栓的环境。间接影响是由高血压、胰岛素抵抗、2 型糖尿病和血脂异常等一系列心血管疾病的风险因素所诱导的。另有研究表明,肥胖还与阻塞性睡眠呼吸暂停(obstructive sleep apnea)及一些其他睡眠相关通气不足综合征的发生有关,而这些都可能导致心血管功能障碍。

肥胖对心血管功能的影响不容小觑,研究数据表明,大约有 11% 的男性和 14% 的女性的心力衰竭症状都是由肥胖而引起的。相关的心脏疾病的研究表明,BMI 每增加 1,男性患心力衰竭的风险就会增加 5%,而女性患心力衰竭的风险则会增加 7%。这也进一步证明了肥胖与心血管疾病之间有很大的关联。另有研究发现，不仅仅是整体的肥胖会使心脏结构和功能发生变化，脂肪分布的异常也会使左心室发生适应性变化以适应过重的体重，而这种适应对心脏来说是一种不利的影响。所以，有时候控制体重，保持好身材不仅仅是为了美丽，更多的是为了身体的健康，而拥有健康才是追求其他一切的基础。

4. 肥胖与骨质疏松症

（1）骨质疏松症

骨质疏松症（osteoporosis，OP）是一种以骨密度（bone mineral density，BMD）和骨强度降低为特征的全身性骨骼疾病。患者的骨组织微结构被破坏或出现恶化，从而较容易发生骨折。一般老年人更易患骨质疏松症，但各年龄时期均可发病。

（2）肥胖与骨代谢

脂肪细胞可以分泌各种炎症因子，而肥胖患者的脂肪分布异常，因此，可以激活各种信号通路，进而诱导各种炎症的发生。而异常分布的脂肪细胞在骨髓腔中积聚，可能会损害骨再生并导致骨质疏松症。骨是一个动态器官，不停地进行着转换，这一过程主要包括成骨细胞的骨形成和破骨细胞对骨的吸收。在正常情况下，骨形成和骨吸收之间处于平衡状态，以保证一定的骨量。通常，老年人的成骨细胞数量和活性降低，而破骨细胞数量和活性增加，说明随着年龄的增长骨量开始减少，这也是老年人更容易患骨质疏松症的原因之一。研究表明，肥胖会增加骨髓脂肪，而成骨细胞和脂肪细胞是来自相同的干细胞前体，脂肪细胞的增加将以抑制成骨细胞的分化为代价，使成骨细胞数量减少,进而骨质减少,使肥胖症患者容易发生骨折。另有报道显示,脂肪细胞的过度增加与低总骨密度和低总骨矿物质含量有关,肥胖增加也可能与骨折风险增加有关。

5. 肥胖与阿尔茨海默病

阿尔茨海默病(AD),俗称老年痴呆症,是一种常发生于老年或老年前期的神经系统退行性性变疾病,表现为认知功能障碍和行为障碍。淀粉样蛋白级联假说是目前人们普遍接受的阿尔茨海默病发病机制,该假说认为阿尔茨海默病的病理标志是 β 淀粉样蛋白(amyloid β - protein,Aβ)肽——淀粉样蛋白前体蛋白(APP)的水解产物。APP 有淀粉样蛋白和非淀粉样蛋白两种代谢途径,其中非淀粉样蛋白途径可以减少淀粉样蛋白 β 肽对神经元的损伤。

流行病学研究表明,肥胖造成的脂质代谢异常可导致海马结构的改变,进而造成轻度认知障碍,从而增加患阿尔茨海默病的概率。肥胖可以引起慢性炎症,而慢性炎症可通过不同的途径导致神经系统损伤。神经病理学损伤通常是由血脑屏障(blood brain barrier,BBB)的通透性增加引起的,血脑屏障可阻挡血液中的有害成分进入中枢神经系统(CNS),从而保证神经系统的正常运行。研究表明,血脑屏障通透性的增加与炎症反应有关,而肥胖症会使患者进入慢性炎症状态。

六、肥胖的预防及治疗

通过上面的学习,我们已经知道了什么是肥胖症、肥胖的判定标准、肥胖发生的主要原因、肥胖发生的机制以及由肥胖相关的疾病。肥胖带给人们的不仅是身体上的伤害，同时，也给人们带来了巨大的心理负担，比如自卑、焦虑、抑郁等。总而言之，肥胖对人的影响是巨大的，那人们应该如何预防肥胖的发生呢？导致肥胖发生的因素主要包括遗传因素、环境因素和其他因素，其中，环境和其他因素也是导致肥胖症发生的重要因素。长期高热量饮食、暴饮暴食及不规律饮食等不良习惯会直接导致体内的脂肪含量增加，进而导致肥胖。另外，研究表明，膳食还可以影响体内激素水平和生长因子的释放进而影响细胞的代谢，间接导致肥胖的形成。因此，我们可以从饮食和运动等方面控制体重，以下是关于预防肥胖的几项措施：

1. 控制饮食

食物中的脂肪含量，以及不同脂肪含量（主要是饱和脂肪酸与不饱和脂肪酸）的比值与体脂密切相关。在日常的饮食中，我们应该降低饱和脂肪酸/不饱和脂肪酸的摄入比例，适当增加蛋白质的摄入量。鸡蛋、牛奶、瘦肉、鱼等食物富含蛋白质并且可以补充钙，是健康饮食的优选蛋白质，另外，多吃蔬菜可以促进消化，有利于预防肥胖。

2. 养成良好饮食习惯

饮食习惯在控制体重方面也起着重要的作用，比如，吃饭速度过快、吃饭时注意力分散等行为容易造成大脑兴奋泛化和胃肠道功能紊乱，使饱腹感延迟，进而容易使人饮食过多，长期如此体重就自然而然地增加了。因此，我们要在吃饭时养成细嚼慢咽的好习惯，另外，少食多餐也有利于预防肥胖。

3. 坚持运动

体育运动可以加快身体代谢,促进体内物质的转化与重新储存,是减肥的一种有效方式。但是,由于我们每个人的体质不同,所以,要根据自己的身体状况选择强度适宜的运动方式,比如慢跑、瑜伽、骑自行车、游泳等强度适宜的训练都是不错的运动方式,适合大多数人。另外,运动也要遵循循序渐进的原则,运动时间要由短到长,运动量要由少到多,动作要由易到难。最后,也是最重要的,就是要坚持,因为只有长期、有规律的体育运动才能起到控制体重与预防肥胖的作用。

4. 药物辅助

除了坚持运动,通过药物辅助也可以达到预防肥胖的目的,但药物都是有一定副作用的,不同的药物有不同程度的副作用和不同的适用范围,故而不能为了预防肥胖而盲目用药,必须要听从医生的指导。此外,通过药物来控制体重一般会有反弹的情况。因此,控制饮食、坚持运动,或同时以药物辅助,才能科学预防肥胖。

本章小结

肥胖症是指因体内脂肪过度堆积或分布异常而引起的体重超常,是由遗传因素、环境因素等多种因素相互作用引起的一种慢性代谢性疾病。在临床上,肥胖通常用 BMI 作为判定标准,BMI 定义为体重除以身高的平方(kg/m^2)。WHO 推荐 BMI$\geqslant$25.0 kg/m^2 为超重,BMI$\geqslant$30.0 kg/m^2 为肥胖。肥胖症主要由遗传、环境及其他因素引起,环境和其他因素是非常重要的因素。肥胖症还是一种由特定的生化因子引起的一系列进食调控和能量代谢紊乱疾病,发病过程相当复杂。本章列举了几种常见的与肥胖症发生相关的机制。瘦素具有调节代谢、抑制摄食、影响代谢和免疫等多种生物学功能。当体脂含量升高时,瘦素水平升高,进而刺激下丘脑代谢调节中枢促使垂体产生 α-促黑素,随后 α-促黑素会激活室旁核上的黑皮素 4 受体系统,从而产生饱腹信号,抑制食欲;当体脂含量减少时,瘦素水平减少,进而通过调节神经肽 Y 递质系统刺激下丘脑弓状核产生神经肽Y,随后神经肽 Y 与它的受体结合并发出信号,使交感神经兴奋并抑制副交感神经,从而促进食欲。胃促生长素是一种由胃底黏膜分泌的肽类激素,当其在人体内水平较高时会刺激下丘脑弓状核释放神经肽 Y,促进食欲。EDCs 是指人类生活活动产生的释放到环境中的一类化学物质,这种化学物质对人体内脂肪代谢和激素的调节有一定的影响。神经递质、肠道菌群、胰岛素、昼夜节律等都与肥胖的发生密切的联系。

肥胖还与许多疾病的发生有关。

糖尿病:一种慢性代谢性疾病,以持续高血糖水平为特征,包括T1DM 和 T2DM 两种主要的亚型,两种类型的糖尿病都是因为胰岛素分泌缺陷或胰岛素抵抗导致的。肥胖会使脂肪细胞、炎症细胞因子 IL-1、IL-6 和 TNF-α 的水平升高,进而刺激多种信号通路,引起胰岛素抵抗。因此,肥胖的人比正常体重的人更容易患 2 型糖尿病。

慢性炎症:肥胖的发生是由于脂肪在体内过多的堆积或者是分

布异常造成的,而这些脂肪细胞可以分泌许多炎症因子,进而引起炎症反应。哺乳动物体内的脂肪组织主要白色脂肪组织和褐色脂肪组织两大类,肥胖发生时,白色脂肪组织堆积,导致促炎细胞因子分泌量增多,使机体进入慢性炎症状态。

心血管疾病:肥胖会直接或间接地增加心血管疾病的发病率和死亡率。直接影响表现在肥胖引起心血管系统的结构和功能发生改变,以适应过重的体重,以及脂肪因子对炎症和血管稳态的影响,导致产生促炎症和促血栓的环境。间接影响是由高血压、胰岛素抵抗、2 型糖尿病和血脂异常等一系列心血管疾病的风险因素所诱导的。

骨质疏松症:是一种以骨密度和骨强度降低为特征的全身性骨骼疾病,患者的骨组织微结构被破坏或出现恶化,从而更容易骨折。肥胖症患者的脂肪分布异常,而异常分布的脂肪细胞在骨髓腔中积聚,可能会损害骨再生并导致骨质疏松症。研究表明,肥胖会增加骨髓脂肪,而成骨细胞和脂肪细胞是来自相同的干细胞前体,脂肪细胞的增加将以抑制成骨细胞的分化为代价,使成骨细胞数量减少,进而骨质减少,使肥胖症患者容易发生骨折。

阿尔茨海默病:是一种常发生于老年或老年前期的神经系统退行性变性疾病,表现为认知功能障碍和行为损害。淀粉样蛋白级联假说认为阿尔茨海默病的病理标志是 β 淀粉样蛋白肽(APP 的水解产物),APP 有淀粉样蛋白和非淀粉样蛋白两种代谢途径,其中非淀粉样蛋白途径可以减少 β 淀粉样蛋白肽对神经元的损伤。流行病学研究表明,肥胖造成的脂质代谢异常可导致海马结构的改变,进而造成轻度认知障碍,从而增加患阿尔茨海默病的风险。

肥胖可以引起慢性炎症,而慢性炎症可通过不同的途径导致神经系统损伤,此外,血脑屏障通透性的增加也与炎症反应有关。肥胖带来的危害是不容小觑的,我们可以通过控制饮食,养成良好饮食习惯、坚持运动、药物辅助等方面预防肥胖的发生。需要注意的是,药物都具有一定副作用,所以,不可为了预防肥胖而盲目用药,必须要听从医生的指导,做到科学预防肥胖。

思考与练习

1. 肥胖的判定标准是什么?

2. 影响肥胖的因素有哪些?

3. 简述肥胖症发生的有关机制。

4. 糖尿病的主要亚型有哪些? 其发病机理分别是什么?

5. 简要描述 1 型糖尿病(T1DM)和 2 型糖尿病(T2DM)的区别。

6. 解释肥胖与糖尿病的发生的关系。

7. 简要描述肥胖与心血管疾病之间的联系。

8. 慢性炎症的发生机制有哪些?

9. 解释老年人为什么更容易得骨质疏松症。

10. 简要说明阿尔茨海默病的发病机理假说。

11. 我们应该如何预防肥胖?

本章参考文献

[1] 温昀斐,岳凌生,慈宏亮等.高蛋白膳食干预对肥胖及相关慢性疾病的影响[J].生命科学,2020,32(2):170-178.

[2] 王楠楠,白英龙.与肥胖相关的慢性炎症机制研究进展[J].中国全科医学,2017,20(12):1527-1530.

[3] Pan XF, Wang LM, Pan A. Epidemiology and determinants of obesity in

China. *The lancet diabetes & endocrinology*. 2021；9(6)：373 - 392.

[4] 钟磊发，周谷城，范艳艳等.青少年肥胖的危害、发生机制和防治概述[J].生物学教学，2018,43(8)：7 - 9.

[5] Oussaada SM，van Galen KA，Cooiman MI，et al. The pathogenesis of obesity. *Metabolism: clinical and experimental*. 2019；92：26 - 36.

[6] Bäckhed F，Ding H，Wang T，et al. The gut microbiota as an environmental factor that regulates fat storage. *Proceedings of the national academy of sciences of the United States of America*. 2004；101(44)：15718 - 15723.

[7] Liu RX，Hong J，Xu XQ，et al. Gut microbiome and serum metabolome alterations in obesity and after weight-loss intervention. *Nature medicine*. 2017；23：859 - 868.

[8] 袁宵潇，罗飞宏.肠道菌群与肥胖、糖尿病关系的研究进展[J].医学综述,2020,26(2)：346 - 350.

[9] 杨萌.肥胖发生机制的分子生物学研究[J].生物技术世界,2016(4)：323.

[10] Wang MN，Tan Y，Shi YF，et al. Diabetes and sarcopenic obesity：pathogenesis, diagnosis, and treatments. *Frontiers in endocrinology*. 2020；11：568.

[11] Koliaki C，Liatis S，Kokkinos A. Obesity and cardiovascular disease：revisiting an old relationship. *Metabolism: clinical and experimental*. 2019；92：98 - 107.

[12] 叶儒佳，王光耀，王兴华.对肥胖与糖尿病之间分子机制的新认识[J].医学争鸣,2017,8(3)：53 - 55.

[13] 杨青峰，蒋宜伟，马晨光等.肥胖症与骨质疏松症的相关性研究[J].中国骨质疏松杂志,2021,27(8)：1245 - 1248.

[14] 潘智博，于文磊，陆林杰等.肥胖诱导阿尔茨海默病相关神经系统损伤机制的研究进展[J].健康研究,2021,41(1)：9 - 13.

[15] 潘浩.肥胖症的诊断和治疗进展[J].继续医学教育,2020,34(12)：82 - 84.

第十一章
染色质结构及其调控基因转录的分子机制

高 娟 王红云

本章学习目标

1. 了解原核生物和真核生物的遗传信息传递的异同;
2. 了解染色质结构对基因活性的影响;
3. 掌握 DNA 甲基化和组蛋白修饰对染色质调控作用及分子机制;
4. 掌握依赖 ATP 的染色质重塑复合物对染色质结构的调控功能;
5. 掌握组蛋白和组蛋白变体对染色质的调控功能和分子机制;
6. 掌握学习核小体的组装及染色质的结构特征。

    1859 年,达尔文(Charles Robert Darwin,1809—1882)在其著作《物种起源》(*On the Origin of Species*)中首次阐述了"物竞天择适者生存"的自然选择进化论,但在当时自然选择的分子机制尚不清楚。到了 20 世纪 50 年代,遗传学和分子生物学的蓬勃发展揭开了达尔文进化论的面纱:遗传物质是 DNA,自然界中 DNA 序列随机发生突变,而携带着能适应环境的遗传物质的物种存活下来。自然把适合的基因突变保留了下来,然而这个理论尚不能解释生物界所有生物的演化,基因与表型之间似乎仍存在着一道鸿沟。生物确实演化出了能适应环境的表型,但相对于新表型出现的速率,DNA 发生的自发随机突变的速率还远远不能匹配。如果自然选择并不仅仅局限于 DNA 序列的改变,那到底是什么样的分子机制导致了环境与表型之间的复杂调控关系呢?为什么有着相同遗传物质的同卵双生子会患有不同的疾病?在患有同一种疾病的患者中为什么会发现不同的致病基因突变?为什么环境改变表型,但基因序列却没有发生变化?这些问题的答案,在达尔文的《物种起源》发表之前很多年,19 世纪初法国博物学家让·巴蒂斯特·拉马克(Jean Baptiste Pierre Antoine de Monet Lamarck,1744—1829)已经提出了"获得性遗传"理论:生物受外界环境条件的影响,可以产生新的性状,并能够遗传给后代。与达尔文进化论最大的不同,拉马克认为这些变异的来源不是基因的自发突变,而是有方向性的,是适应环境的变异。然而,自遗传物质被证明是 DNA 以来,拉马克的"获得性遗传"理论就已经被科学界完全抛弃。转折点发生在 20 世纪 40 年代早期,爱丁堡大学的发育生物学家康拉德·沃丁顿(Conrad Hal Waddington,1905—1975)引入了"表观遗传学"(epigenetics)这一术语,用于描述遗传原理无法解释的生物学现象,并将其定义为"生物学的一个分支,研究不改变 DNA 序列而引起基因表达或细胞表型改变的现象与机制的学科"。随着研究的深入,科研人员也逐渐揭开了表观遗传学的神秘面纱……

一、引言

经典遗传学(classical genetics)认为 DNA 是遗传信息稳定性和变异性发生的载体。基因功能的改变被认为是由 DNA 序列的变化引起的,包括点突变、碱基插入、碱基缺失和 DNA 序列倒置等。经典遗传学侧重于研究遗传信息是如何代代相传,遗传密码如何被读取转录成信使 RNA,然后再翻译成功能蛋白质。表观遗传学(epigenetics)是指基因组 DNA 序列没有发生改变,而基因功能发生了可遗传的变化。表观遗传学侧重于研究在基因组 DNA 序列相同的细胞中基因如何出现时空差异性表达,研究表观遗传信息如何被读取,表观遗传基因表达模式和相关表型如何在细胞经过有丝分裂甚至减数分裂后仍持续存在,如何在发育过程中保持并传递给后代。由于全基因组 DNA 甲基化和组蛋白修饰测定、染色质免疫沉淀(chromatin Immunoprecipitation,ChIP - sequence)结合二代测序等技术的兴起,当代科学界对表观遗传调控机制的认知已经迈出了一大步,越发认识到表观遗传信息的载体应该是染色质。DNA 甲基化修饰、组蛋白的共价修饰和核小体定位被认为是表观遗传的三大重要调控因素,影响基因转录翻译、非编码 RNA 表达、DNA—蛋白质相互作用、细胞分化、胚胎发生、X 染色体失活(X - chromosome inactivation)和基因组印记(genomic imprinting)等重要的生物学过程。

二、染色质

细菌、蓝藻等原核生物没有细胞核，基因组 DNA 裸露存在于细胞中。从单细胞酵母到多细胞真核生物（包括人类等细胞）都具有细胞核，其基因组 DNA 皆存在于称为染色质（chromatin）的聚合物中。染色体（chromosome）是细胞在分裂过程中由染色质纤维（chromatin fiber）进一步凝缩而成的棒状结构，染色质和染色体的化学组成相同，都是 DNA 和蛋白质。染色质和染色体是真核生物遗传物质在细胞周期不同阶段的表现形式。细胞染色后，处于分裂期的细胞染色体可以在光学显微镜下被观察到，在分裂间期细胞中的染色质的结构则需在电镜下才能被观察到。

人类基因组 DNA 包含 30 亿碱基对，完全伸展开来的总长度超过两米，必须经过高度压缩才能够包裹到直径不到 10 μm 的细胞核中。染色质的基本单位是核小体（nucleosome）。核小体由一段长度约为 200 个碱基对（bp）的 DNA 和组蛋白（histone）八聚体以及连接组蛋白构成。组蛋白八聚体包含 4 种各 2 分子的核心组蛋白，富含赖氨酸的组蛋白 H2A 与 H2B 以及富含精氨酸的组蛋白 H3 和 H4。146 bp 长度约 2.5 nm 的 DNA 缠绕在组蛋白八聚体形成约 10 nm 的核小体颗粒。而核小体与核小体之间通过 20—75 bp 的连接区 DNA 相连，连接组蛋白 H1 可以结合连接 DNA（在成熟的鸟类和鱼类的细胞中，连接组蛋白 H1 被组蛋白 H5 取代），形成电子显微镜成像显示的核小体经典"串珠状"（beads-on-a-string）结构。在此基础上，连接 DNA—核小体多聚体进一步折叠，形成约 30 nm 的染色质纤维。目前,通过电子显微镜和 X 射线晶体衍射技术发现 30 nm 的染色质纤维存在两种不同的模型,即螺线管纤维模型(solenoid fiber model)和Z 字形纤维模型(zigzag fiber model)。30 nm 的染色质纤维进一步螺旋化组装成 300 nm 左右的螺旋环(coiled loop),螺旋环进一步形成直径约 700 nm 的超螺旋环(supercoiled loop)。超螺旋环进一步螺旋化,组装为直径 1—2 μm 的有丝分裂中期染色体,从伸展的 DNA到高度紧密压缩的染色体,总共压缩约了 8 400 倍。DNA 超螺旋与染色体结构详见图 11 - 1。

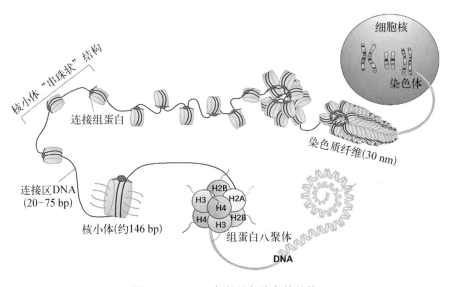

图 11 - 1　DNA 超螺旋与染色体结构

核小体有三个主要功能。第一,核小体构成基因组 DNA 的第一级压缩,组织约 200 bp 的 DNA,将 DNA 的长度压缩至原来的 1/6 至1/7。第二,核小体作为染色质功能调控的信号中枢,为各类染色质调控因子(包括染色质修饰酶和染色质结构调节因子等)的结合提供支架,形成复杂的翻译后修饰组合阵列。这种翻译后修饰阵列又进一步调节了染色质修饰酶的募集,调节核小体的稳定性和染色质的压缩。第三,核小体可以自组装成更高级的染色质结构,从而介导基因组 DNA 的高度紧密压缩。

三、常染色质和异染色质

根据染色质的结构和压缩状态,染色质可分为常染色质(euchromatin)和异染色质(heterochromatin)(图 11－2)。常染色质是一种松散的"活跃"的染色质结构形态,特点是基因转录活跃、核小体之间的间距更宽、转录复合物对 DNA 的可及性更高。异染色质是一种更紧密压缩的"沉默"的染色质结构形态。与常染色质相比,异染色质的转录活性较低,并且与基因沉默相关。异染色质主要定位于核外围和核仁周围的区域,在空间上与常染色质分离。异染色质又可分为组成型(或结构)异染色质(constitutive heterochromatin)和兼性(或功能)异染色质(facultative heterochromatin)。组成型异染色质位于所有细胞类型同源染色体的相同位置,一旦建立则存在于个体的整个生命周期中。组成型异染色质在整个细胞周期中都高度凝聚,含有大量高度重复顺序的 DNA,称为卫星 DNA(satellite DNA),主要分布于着丝粒区域、着丝粒周围区域和端粒区域。兼性染色质只在特定细胞类型或生物特定发育阶段凝集,由常染色质失活转变而来,作为体细胞剂量补偿的机制存在,通常分布于包含发育调控基因的区域,可以响应发育或环境信号。兼性染色质除了在细胞周期 S 期晚期凝聚状态和异步复制方面与组成型染色质相似外,其

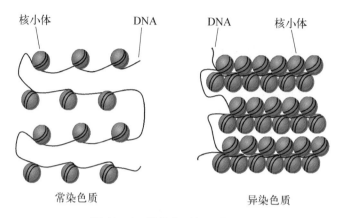

核小体　　　　　　　DNA　　　　　DNA　　　　　核小体

常染色质　　　　　　　　　　　　　异染色质

图 11 - 2　常染色质与异染色质

他方面几乎没有共同点。

四、染色质结构调节

　　相对于原核生物裸露的 DNA 存在形式,染色质的结构有利于组织和压缩真核生物的庞大的基因组 DNA,但同时也封闭了基因活性调节元件与 DNA 的相互作用。基因转录过程中无论是 RNA 聚合酶还是转录因子想要接触基因组 DNA,都会受到染色质结构的阻碍。所以,细胞具有一套严密而精确的调控机制介导核小体和其他染色质成分参与基因转录、染色体分离、DNA 复制和 DNA 修复等重要的生物学过程。染色质结构受到多种机制的严格调控,包括染色质重塑(chromatin remodeling)、DNA 甲基化(DNA methylation)、组蛋白修饰(histone modification)、组蛋白变体掺入(histone variant incorporation)和组蛋白驱逐(histone eviction)等。多种分子复合物之间形成复杂的相互作用网络,动态调节染色质 DNA 的可及性及染色体区域中的核小体组成，协同调节和重塑染色质结构，从而激活或抑制目标 DNA 的转录起始和延伸。

1. ATP 依赖的染色质结构重塑

为了帮助功能元件动态访问染色质上特定遗传区域的 DNA 并调整染色体区域中的核小体组成，细胞进化出一组特异的染色质重塑复合物。ATP 依赖的染色质重塑因子（ATP - dependent chromatin remodeling factor）通过水解 ATP 获得的能量来改变特定区域 DNA 模板上的染色质结构。ATP 依赖的重塑因子的作用导致核小体被重新定位或移除，组蛋白变体掺入或交换。核小体移位是指如果核小体的定位方式使重要的调节 DNA 元件无法与转录因子结合，则将该核小体重新定位到 DNA 的另一位置，从而暴露 DNA 结合位点并导致基因表达。ATP 依赖的染色质重塑因子调控基因转录激活和抑制并能够影响细胞周期和细胞分化，从而影响多细胞生物的发育。与之对应，ATP 依赖的染色质重塑因子的功能丧失或突变能够导致细胞功能损伤甚至是细胞死亡。ATP 依赖的染色质重塑因子不仅影响基因转录，DNA 复制同样依赖于核小体重塑。具有活性的 DNA 复制起始位点通过核小体定位暴露关键的调控序列。例如，酵母中 ATP 依赖的染色质重塑因子 SWI/SNF 复合物已被证明可以提高 DNA 复制的效率。

ATP 依赖的重塑因子通常存在于多蛋白复合物中。这些蛋白质复合物的一个共同特征是它们都包含一个能够水解 ATP 的 SNF2 样亚基。该家族中的成员根据其 ATP 酶结构域之外的序列特征分为几个亚家族：SWI/SNF 亚家族、ISWI/SNF2L 亚家族、Mi - 2/CHD 亚家族和 INO80（包括 SWR1 和 INO80）亚家族。SWI/SNF 染色质重塑家族蛋白复合物最初是在酵母中通过遗传筛选和鉴定 SWI（switch）或 SNF（sucrose nonfermenting）突变体和复合物功能发现的。SWI/SNF 亚家族的成员具有 BRM 或 BRG1 催化单位，它们具有约 75% 的同源性，但它们的前 60 个氨基酸不同。SWI/SNF 复合物能够以 ATP 依赖的方式增加核小体 DNA 的可及性。SWI/SNF 复合物是多种基因表达的调节因子，介导 FOS、CSF‑1、CRYAB、MIM‑1、p21、HSP70、VIM 和 CCNA2 等的表达。此外，SWI/SNF 复合物还可以调节基因的可变性剪接。研究发现，ISWI/SNF2L 亚家族的许多成员，比如 ACF 和 CHRAC，可以促进染色质组装并抑制转录。然而，该亚家族的另一个复合体 NURF 能够激活 RNA 聚合酶 II，从而参与转录激活。Mi‑2/CHD 亚家族中，一些成员参与核小体的移位和驱逐，促进基因转录；但也有一些成员如 Mi‑2/NuRD 复合物，具有抑制转录的作用，有些还具有组蛋白脱乙酰酶（histone deacetylase，HDAC）活性和甲基化 CpG 结合区（methyl‑CpG binding domain，MBD）蛋白功能。INO80 亚家族的成员参与多种细胞过程，包括转录激活、DNA 修复、端粒调节、染色体分离和 DNA 复制等。然而，此亚家族中的 SWR1 成员具有重组核小体的独特能力，能够去除 H2A/H2B 二聚体并替换为 H2A. Z/H2B 二聚体。

2. DNA 甲基化

DNA 甲基化是发生在真核生物基因组上的重要表观遗传修饰，参与介导胚胎发育、基因转录、染色质结构、X 染色体失活、基因组印记和染色体稳定性等重要生物学过程。DNA甲基化是在DNA甲基转移酶（DNA methyltransferase）的修饰下将甲基添加到胞嘧啶形成5-甲基胞嘧啶（5mC）或添加到腺嘌呤形成6-甲基腺嘌呤（m6A）的共价修饰。DNA甲基化的发生可以在不改变序列的情况下改变DNA分子的活性。DNA甲基化能引起染色质结构、DNA构象、DNA稳定性及DNA与蛋白质相互作用方式的改变，从而控制基因表达。原核生物和真核生物的基因组DNA都可以被DNA甲基转移酶修饰，发生DNA甲基化。原核生物的DNA甲基化最早被揭示是存在于细菌防御系统中，是细菌自我保护的一种措施，细菌基因组DNA发生甲基化从而可以区分自身的DNA与外源入侵的未甲基化的DNA，防止自身DNA被限制性核酸内切酶破坏，从而特异性降解外源DNA。随着研究的深入，越来越多的研究发现原核生物中DNA的甲基化修饰同样具有调控基因表达的功能。

真核生物中在胞嘧啶上的DNA甲基化修饰主要发生在三种不同的DNA序列：CG、CHG或CHH（H对应于A、T或C）。不同真核生物之间建立和维持这些不同类型甲基化的机制差异很大，这几种甲基化在DNA活性调节过程中的作用不同，对机体产生的影响也不同。在哺乳动物中CG以两种形式存在：一种是分散于DNA序列中；另一种是呈现高度聚集状态，这种状态被称为CpG岛（CpG island）。在哺乳动物中，DNA甲基转移酶主要对CG二核苷酸内胞嘧啶进行甲基化修饰，参与染色质结构和DNA活性的调节。非CG甲基化目前仅在干细胞的基因活跃转录区域中被观察到。在全基因组范围内，60%—80%的CG残基被甲基化。然而，在CpG岛与基因活跃转录的染色质区域中，只有 10% 的 CG 被甲基化。在正常细胞中，DNA 甲基化主要发生在基因组 DNA 序列高度重复区域，包括卫星 DNA 和长散在核元件（long interspersed nuclear element，LINE）、短散在核元件（short interspersed nuclear element，SINE）。而基因转录活跃区域的 CpG 岛，特别是启动子区域，通常是未甲基化的，而其他启动子在分化过程中被甲基化修饰所抑制。在着丝粒附近发现并分散在整个基因组中的重复序列 DNA 的甲基化对于维持基因组的完整性极为重要。

哺乳动物的 DNA 甲基化修饰由三部分作用因子构成，DNA 甲基转移酶（DNA methyltransferase，DNMT），负责建立和维持 DNA 甲基化修饰；甲基化 CpG 结合蛋白（methyl‑CpG binding proteins，MBD），负责"读取"DNA 上的甲基化标记并将这些信息传递给其相互作用分子；DNA 去甲基化酶（DNA demethylase），负责清除 DNA 上的甲基化标记，动态调控 DNA 甲基化修饰，也有研究发现 DNA 去甲基化酶有助于在胚胎发育过程中调节 DNA 甲基化模式。哺乳动物中主要存在三种活性的 DNA 甲基转移酶：DNMT1、DNMT3A 和 DNMT3B。DNMT1 是一种维持性甲基转移酶，DNMT3A 和 DNMT3B 则是能够从无到有修饰 DNA 的甲基转移酶。然而，这些酶类的功能区别并不是绝对的。根据重复元件的类型，DNMT1 可以表现出与 DNMT3A 或 DNMT3B 相同的从无到有修饰 DNA 的甲基转移酶活性。

相对发生在染色质的多种修饰方式，DNA 甲基化修饰在染色质上是相对稳定存在的，但这并不是说 DNA 的甲基化是不可逆的。研究中已观察到了染色质上 DNA 甲基化的丧失或 DNA 去甲基化。

DNA甲基化的去除或者丧失可能是主动发生的,也可能是被动发生的。主动发生的DNA去甲基化是指从5-甲基胞嘧啶中去除DNA上甲基修饰的酶促过程。被动发生的DNA去甲基化是指在没有DNA甲基化维持机制作用的情况下,在连续几轮复制过程中新合成的子链丢失了原先模板DNA上的5-甲基胞嘧啶,导致DNA甲基化丧失。主动发生的DNA去甲基化可以由至少三个酶家族介导,第一个为10-11易位甲基胞嘧啶双加氧酶(ten-eleven translocation,TET)家族,作为5-甲基胞嘧啶的双加氧酶将5-甲基胞嘧啶转变成5-羟甲基胞嘧啶(5-hmC)。TET家族由TET1、TET2与TET3组成,所有三种TET蛋白都包含一个C端催化结构域,但只有TET1和TET3包含一个CXXC结构域,可结合未甲基化的CpG岛。第二个为AID/APOBEC家族,介导单链多核苷酸上的5-甲基胞嘧啶或5-羟甲基胞嘧啶脱氨基。第三个是参与碱基切除修复(Base excision repair,BER)的胸腺嘧啶糖苷酶(thymine DNA glycosylase,TDG)家族。

控制DNA甲基化的复杂机制出现问题时,可能会导致许多遗传性疾病和癌症的发生。那么,细胞的DNA甲基化模式是如何在发育过程中建立并在体细胞中维持的?有研究发现,染色质状态,如组蛋白修饰(乙酰化和甲基化)和ATP依赖的染色质重塑因子调控的核小体定位信息等,决定了DNA甲基化模式。此外,与DNA甲基转移酶相互作用的各种调节因子可以将其引导至特定的DNA序列,调节DNA甲基转移酶的酶活性,DNA甲基化的发生能够通过抑制特定转录因子的结合从而直接抑制转录。

3. 组蛋白及组蛋白变体

组蛋白按照在染色质上的位置可分为核心组蛋白和连接组蛋白。核心组蛋白有 5 种类型,分子量都比较小,约有 100 多个氨基酸编码,没有种属及组织特异性,进化上也非常保守,特别是 H3 和 H4 是所有已知蛋白中最为保守的。而连接组蛋白的分子量大约是核心组蛋白的 2 倍,在不同生物中的序列变化较大。组蛋白富含碱性氨基酸,在细胞的正常 pH 条件下带正电荷,可以与带负电荷的 DNA 相互作用,消除 DNA 分子中的静电力。组蛋白是细胞内含量极为丰富的蛋白质,在真核细胞中组蛋白的含量与 DNA 含量相同。组蛋白的表达在转录水平和翻译水平都受到严格的调控,染色质上的大多数组蛋白仅在细胞周期的 S 期合成,并通过与 DNA 聚合酶协同互作定位到新复制的 DNA 上。其他真核生物的基因是以断裂基因的形式存在,而组蛋白多以无内含子多拷贝的形式存在于基因组内的组蛋白基因簇中,但也有一些组蛋白变体(histone variant)是由这些标准组蛋白簇之外的基因编码的,通常在基因组中只存在一个或两个拷贝,具有内含子,存在可变性剪接。有些组蛋白变体在细胞中是广泛表达的,有些组蛋白变体的表达具有组织特异性,有些变体在不同物种中高度保守,而有些则在不同的物种进化谱系中不断分化。组蛋白变体在染色体上沉积和选择性驱逐/或再循环均受特定分子伴侣或染色质重塑复合物的调节。组蛋白变体也有高度相似的亚变体(主要由假基因编码),这些亚变体在物种间不保守,可能在调节组织特异性基因表达中发挥作用。组蛋白及其组蛋白变体的功能详见表 11-1。

表 11-1　组蛋白及其组蛋白变体的功能

组蛋白	组蛋白变体	功　　能
H2A	H2A. Z	转录调控,调节基因组稳定性、染色体分离和端粒稳定性
	H2A. X	与 DNA 双链断裂修复相关,抑制 rDNA 转录并限制细胞增殖,减数分裂基因沉默
	macroH2A	参与基因组转录调控,细胞周期调节,抑制细胞重编程和可塑性,多效性肿瘤抑制因子,衰老的标志物
	H2A. 22(H2A. J)	促进衰老相关炎症基因在具有持续 DNA 损伤的细胞中表达
	H2A. W	存在于异染色质中,与基因沉默相关
	短 H2A 家族(H2A. B、H2A. L、H2A. P、H2A. Q)	短的 H2A 变体缺失 C 末端,在睾丸中表达,可能在精子发生过程中起重要作用
H2B	H2B. 1	在生殖系中发挥作用,在精子发生和受精后受精卵中起重要作用
	H2B. W	在精子中检测到,并在培养细胞中表达时定位于端粒,功能上没有明显特征
	H2B. L(subH2B)	定位于精子中,称为亚顶体的核周结构,尽管在精子中表达丰富,但 H2B. L 的确切功能仍然未知
	H2B. K	主要在卵巢和早期胚胎中表达,在其 N 末端尾部有一个可变长度的聚谷氨酰胺束,可以促进蛋白质-蛋白质相互作用
	H2B. N	主要在卵巢和早期胚胎中表达,可能在女性生育力和早期发育中发挥关键作用;H2B. N 具有显著的 C 末端截短,去除了 αC 结构域,提高了非核小体功能的可能性

组蛋白	组蛋白变体	功　　能
H2B	H2B.O	在鸭嘴兽的睾丸或卵巢中表达,表达水平较低,功能尚不明确
	H2B.21(H2B.E)	在调节神经元转录和寿命方面发挥着重要作用
	TH2B	可能与精子染色体的高度浓缩有关
H3	H3.1	在染色质上的不同定位取决于细胞代谢状态和生物体发育阶段,可调控基因的打开或关闭
	H3.2	标记异染色质位点
	H3.3	富集于活跃转录基因、基因调节区,在某些情况下也存在于异染色质
	H3.6	H3.6形成的核小体具有类似于H3.3核小体的分布模式,稳定性差
	CENP-A	着丝粒的形成和稳定,动粒复合体的募集(染色体分离)
H4	H4.7(H4.G)	定位于核仁,并在rDNA上形成不稳定的核小体样结构和开放的染色质结构,促进rRNA转录
H1	H1.0	在分化过程中对多能性基因具有调节作用,在肿瘤细胞中异质表达
	H1.X	主要富集在不易接近的染色质结构域中,当它在G_1期积聚在核仁中时,具有依赖细胞周期的核分布,而在S期和G_2期,它在细胞核中均匀分布
	H1.7(H1T2)	睾丸特异性H1交体,定位于圆形和伸长精子细胞顶端的染色质结构域,这对精子细胞伸长和组蛋白与鱼精蛋白的交换至关重要,从而导致染色质凝聚
	H1.8(H1oo)	是H1的卵母细胞特异性变体,对卵母细胞的减数分裂成熟非常重要,通过维持多能性基因的表达来阻止其分化
	H1.9(HILS1)	睾丸特异性H1交体,在精子发生的晚期精子细胞阶段表达,有助于染色质压缩

组蛋白在细胞核内包装和组织压缩 DNA。在体外实验中,向裸露 DNA 分子中添加核心组蛋白可导致基因转录的关闭。但有研究发现,组蛋白不仅仅是染色质的骨架,组蛋白上还存在着复杂且种类繁多的翻译后修饰,在染色质结构和基因活性的调控方面均具有重要的功能。除此之外,组蛋白变体还导致了基因组表观遗传调控的复杂性。组蛋白变体的特点是具有独特的蛋白质序列和特异的分子伴侣并和染色质重塑复合物相互作用,从而调节其在基因组中的定位。此外,组蛋白变体可以通过特定的翻译后修饰来富集,这反过来可以为组蛋白变体特异性相互作用蛋白招募到染色质以提供支架。因此,通过这些特性,组蛋白变体的存在赋予染色质特定区域独有的特征和功能。组蛋白变体通过组蛋白变体序列特异性效应和其在招募不同染色质相关复合物中的作用共同影响染色质性质(如核小体稳定性和局部染色质环境)。例如,着丝粒特异性组蛋白变体着丝粒蛋白 A(centromere protein A, CENP - A)特异的存在并标记了染色体的着丝粒区域,而组蛋白变体 H3.3 与染色质动力学和核小体更新密切相关。此外,许多不同的组蛋白变体(如 H2A 的变体等)通过参与 DNA 修复、基因调控和其他过程来影响 DNA 活性。

(1) 组蛋白 H2A 的变体

H2A 是核心组蛋白中包含变体数量最多的,包括 H2A.Z、H2A.X、H2A.Bbd(H2A bar-body-deficient)、macroH2A 和在睾丸特异性表达的缺少 H2A C 末端的短的 H2A 变体(H2A.B、H2A.L、H2A.P 和 H2A.Q)。H2A.Z 和 H2A.X 无论在酵母中还是在人体细胞中都非常保守。H2A.Z 与标准组蛋白 H2A 具有 60% 序列同源性,并参与多种生物学过程,包括转录调节、异染色质沉默和进展以及染色体分离。酵母 SWR1 复合物和人体 SRCAP 复合物负责 H2A. Z 在染色质上的沉积。组蛋白变体 H2A. X 在其 C 端含有一个保守的丝氨酸残基,受损 DNA 位点两侧的核小体上的组蛋白 H2A. X 第 139 位丝氨酸残基会被磷酸化,称为 γ - H2A. X,这一过程是 DNA 双链断裂损伤诱导的细胞早期反应。γ - H2A. X 磷酸化水平的检测已成为检测 DNA 损伤起始和修复的高度特异性和敏感性的分子标记。H2A. Bbd 和 macroH2A 是脊椎动物中特有的 H2A 组蛋白变体,其特征是具有特定的染色体定位。H2A. Bbd 与转录激活相关,并且在很大程度上被排除在高度浓缩沉默 X 染色体"Barr 体"之外,而 macroH2A 变体通过其 C 末端结构域与组蛋白脱乙酰酶 HDAC 相互作用,并在雌性哺乳动物的"Barr 体"中富集。组蛋白变体 H2A. B 与标准组蛋白 H2A 差异较大,既缺少带负电荷的"酸性口袋"(acidic patch)和 C 端的 α 螺旋和尾部,而这些都是组蛋白—组蛋白相互作用和核小体稳定性所需要的。组蛋白变体 H2A. B 在 DNA 修复位点、DNA 复制位点和基因组中的活跃转录区域富集。组蛋白 H2A 的变体进入染色质并从染色质上移除与其特异的组蛋白分子伴侣并和 ATP 依赖的染色质重塑因子互作,如核小体装配蛋白 1(nucleosome assembly protein1,NAP1)和促染色质转录复合物(facilitates chromatin transcription,FACT)。

(2) 组蛋白 H3 的变体

在哺乳动物中发现了多种组蛋白 H3 的变体,包括 H3. 1、H3. 2、H3. 3、H3. 6、H3t 和 CENP - A,它们在细胞中发挥着不同的功能。H3. 1 与 H3. 2 是复制偶联的组蛋白变体。H3. 2 与 H3. 1 相比,差异仅在第 96 位的一个氨基酸(Cys96 和 Ser96)。H3. 3 由两个不同的基因编码，H3F3A 和 H3F3B(也称为 H3 - 3A 和 H3 - 3B)，H3.3 与 H3.1 相比具有 4 个或 5 个氨基酸的差异。组蛋白分子伴侣能够通过蛋白质核心氨基酸基序区分 H3.1/H3.2 和 H3.3。H3.1 和 H3.2 中氨基酸 87—90 为 SAVM 基序，而 H3.3 中 87—90 为 AAIG 基序。H3.1/H3.2 和 H3.3 之间的另一个差异在其 N 端尾部，丙氨酸位于 H3.1 和 H3.2 的第 31 位，而在 H3.3 中则被高度保守的丝氨酸取代。CENP - A 是着丝粒特异性 H3 组蛋白变体，H3t 是仅存在于睾丸中的组织特异性 H3 组蛋白变体。此外，H3 组蛋白变体受到不同的翻译后修饰，这决定了它们在染色质中的位置。H3.1 在染色质上的不同定位取决于细胞代谢状态和生物体发育阶段，并调控基因的打开或关闭。H3.2 通常标记异染色质位点。H3.3 在活跃转录的染色质区域积累。尽管 H3.3 核小体在结构上与 H3.1 核小体基本相同，但 H3.3 沉积是常染色质的特征，并与活性调节元件(包括增强子和启动子)相关。H3.3 沉积由组蛋白分子伴侣 HIRA(histone regulation)、UBN1(ubinuclein 1)、UBN2(ubinuclein 2)及 CABIN1 (calcineurin-binding protein 1)多聚复合物介导，H3.3 在转录活性区的掺入可能来自新合成的 H3.3 的从头沉积或来自现有核小体上的 H3.3 再循环。

(3) 组蛋白修饰

核心组蛋白呈球状，但组蛋白的 N 端"尾巴"是无规则卷曲的松散结构。核心组蛋白有两个结构域：组蛋白折叠结构域和尾部氨基末端结构域。组蛋白折叠结构域是组蛋白—组蛋白相互作用和核小体装配所必需的。组蛋白上有 60 多种不同的残基，许多位点都可以被修饰，这些修饰可通过特定抗体或质谱法检测到。目前发现的组蛋白修饰至少有 8 种,包括乙酰化、甲基化、磷酸化、泛素化、ADP 核糖基化、小泛素化、脱氨基化和脯氨酸异构化(图 11-3)。组蛋白修饰具有数量庞大、复杂和不均一等特点,如赖氨酸或精氨酸的甲基化可能是三种不同形式之一:赖氨酸的单甲基、二甲基/三甲基和精氨酸的单甲基/双甲基(不对称/对称甲基化)。组蛋白修饰的这种特性为其功能多样性提供了巨大的潜力。利用修饰特异性抗体进行染色体免疫共沉淀结合基因阵列技术(ChIP-on-CHIP)大大拓展了科研人员对组蛋白多种翻译后修饰的认知。组蛋白在具有转录活性染色质区域上的修饰具有一些共同的特征,如组蛋白乙酰化在启动子和

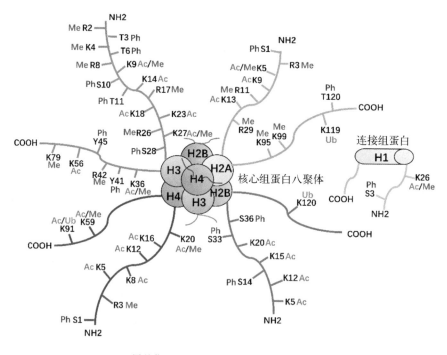

Me:甲基化;Ac:乙酰化;Ph:磷酸化;Ub:泛素化

图 11-3 核心组蛋白和连接组蛋白的翻译后修饰

编码区的 5′ 末端的特定位点富集；转录起始位点两侧的两个核小体在某些赖氨酸位点低乙酰化并富含 H2A 变体 Hzt1。酵母中 3 个已知的甲基化位点（H3K4、H3K36、H3K79）中的每一个都有特定的分布模式。但是，ChIP－on－CHIP 也存在不足之处，该技术虽然可以检测范围 2—3 个核小体甚至单个核小体上的修饰状态，但无法确定同一核小体内不同组蛋白的修饰状态，因此，无法确定组蛋白的两个拷贝是否在单个核小体中被完全相同地修饰，或是每个核小体上的修饰都存在不同的模式。

组蛋白修饰可以直接参与染色质结构的重塑，或通过招募非组蛋白间接参与 DNA 模板上发生的多个过程。组蛋白修饰由不同类型的酶介导，特异发生在组蛋白的一个或多个残基上，其中大多数修饰可通过反作用酶实现逆转。目前，研究较多的组蛋白修饰包括组蛋白甲基化、组蛋白乙酰化和组蛋白磷酸化。

组蛋白甲基化：组蛋白的甲基化修饰由组蛋白赖氨酸甲基转移酶（histone lysine methyltransferase，HMTase）和蛋白质精氨酸甲基转移酶（protein arginine methyltransferase，PRMT）催化甲基，使其从 S－腺苷甲硫氨酸（SAM）转移到赖氨酸（K）侧链的 ε－氨基或精氨酸（R）的 ω－胍基。赖氨酸甲基化可通过赖氨酸特异性去甲基化酶（lysine-specific demethylase，LSD）去除。目前已在真核生物中发现了 H3K4、H3K9、H3K27、H3K36 和 H3K79 以及 H4K20 位点的组蛋白赖氨酸甲基化。H3K4 和 H3K36 甲基化与转录激活有关，而 H3K9、H3K27 和 H4K20 甲基化与基因沉默和异染色质形成有关。此外，赖氨酸残基可以发生单甲基化、二甲基化或三甲基化，这使得组蛋白甲基化调控机制更加复杂。组蛋白赖氨酸甲基转移酶

(HMTase)通常包含一个保守的 SET 结构域,其长度约为 130 个氨基酸。SET 结构域是以最初在果蝇中鉴定出的 3 种蛋白质的首字母组合命名的,它们分别是 Su(var)3 – 9、E(z) 和 Trithorax(Trx),该结构域具有酶活性。然而,介导组蛋白的球状核心内 H3K79 甲基的转移酶 Dot1 却不包含 SET 结构域。蛋白质精氨酸甲基转移酶(PRMT)有两种,即 I 型酶和 II 型酶,两种酶一共有 11 个成员,其作用是介导精氨酸的甲基化。组蛋白甲基化曾被认为是一种不可逆的修饰,直到 2004 年,赖氨酸特异性去甲基化酶 1(lysine-specific demethylase 1,LSD1)首次被发现。LSD1 利用黄素腺嘌呤二核苷酸(flavin adenine dinucleotide,FAD)作为辅因子,但只能去除赖氨酸上发生的单甲基化和双甲基化,不能去除三甲基化。2006 年,能够介导三甲基赖氨酸去甲基化的酶 JMJD2 被发现。JMJD2 的酶活性位于 JmjC – jumonji 结构域内,能够介导 H3K9me3 和 H3K36me3 去甲基化。赖氨酸甲基转移酶与赖氨酸特异性去甲基化酶均对底物赖氨酸残基具有高度的底物特异性。去甲基化酶对赖氨酸甲基化的程度也具有选择性,一些酶只能对单甲基和二甲基底物进行去甲基化,而另一些酶则可以对甲基化赖氨酸的所有三种状态进行去甲基化。

组蛋白乙酰化:组蛋白的乙酰化主要发生在赖氨酸残基上。赖氨酸的乙酰化是高度动态的,受两个具有相反作用的酶家族的动态调控。组蛋白乙酰化由组蛋白乙酰转移酶(histone acetyltransferase,HAT)介导,组蛋白去乙酰化由组蛋白脱乙酰酶(histone deacetylase,HDAC)介导。HAT 利用乙酰辅酶 A 作为辅助因子,催化乙酰基转移到赖氨酸侧链的 ε-氨基。赖氨酸的乙酰化能够中和赖氨酸侧链基团所带的正电荷,从而可能削弱组蛋白和 DNA 之间的相互作用。HAT 分为两种,即 A 型和 B 型,其中,B 型 HAT 高度保守,主要作用于细胞质游离组蛋白,而不是细胞核中染色质组蛋白。B 型 HAT 对新合成的组蛋白 H4 的第 5 位和第 12 位赖氨酸,以及组蛋白 H3 内的某些位点进行乙酰化,影响组蛋白在染色体的组装和定位。根据氨基酸序列同源性和蛋白质结构,A 型 HAT 至少可分为三个蛋白家族:GNAT、MYST 和 CBP/p300。A 型 HAT 负责修饰染色质组蛋白尾部 N 末端的多个氨基酸位点,中和组蛋白所带的正电荷,破坏组蛋白-DNA 的相互作用,促进基因的转录激活。除了组蛋白 N 端尾部,在组蛋白的球状核心中还存在其他乙酰化位点,如核心组蛋白 H3 的第 56 位赖氨酸。HDAC 介导组蛋白赖氨酸的去乙酰化作用,恢复赖氨酸所带的正电荷,有助于稳定局部染色质结构,抑制基因转录。HDAC 具有相对较低的底物特异性,一种 HDAC 便能够使组蛋白内的多个位点去乙酰基化。由于 HDAC 通常存在于多个不同的复合物中,因此酶募集和特异性的问题更加复杂。HDAC 有四类:第一类与酵母 RPD3 蛋白同源,分布在细胞核内,主要发挥抑制基因转录的功能。第二类与酵母 HDA1 蛋白具有同源性,分布在细胞质,同时在细胞核与细胞质之间穿梭。第三类是 NAD+依赖性组蛋白脱乙酰酶,与 ADP 核糖基化转移酶共同参与调节多种细胞过程,如存活、衰老、应激反应和新陈代谢。第四类仅有一个成员,即 HDAC11。HDAC 对染色体的结构修饰和基因表达调控均发挥着重要的作用。

组蛋白磷酸化:与组蛋白乙酰化相似,磷酸化是一种动态可逆的蛋白质翻译后修饰,蛋白质的磷酸化和去磷酸化分别由激酶和磷酸酶介导:组蛋白激酶将磷酸基团从 ATP 转移到目标氨基酸侧链的羟基上,而组蛋白磷酸酶负责去除磷酸基团的修饰。核心组蛋白的丝氨酸/苏氨酸/酪氨酸残基均是潜在的磷酸化位点。组蛋白磷酸化被认为与有丝分裂和减数分裂期间的染色体浓缩有关。磷酸化修饰能够增加组蛋白所带的负电荷,影响染色质结构。哺乳动物的激酶MAPK1内部含有一个DNA结合域,从而能够特异性募集到与其结合的DNA,然而,对于大多数激酶如何准确地募集DNA至其染色质的作用位点,其机制目前尚不明确。大多数组蛋白磷酸化位点位于其N端尾部。但是,组蛋白的球状结构及其内部也存在磷酸化的位点,如组蛋白H3的第41位酪氨酸残基的磷酸化,它由非受体酪氨酸激酶JAK2介导。组蛋白磷酸酶的作用目前还有待进一步研究,然而鉴于特定组蛋白磷酸化位点的高度可变性,细胞核内必定具有相应的磷酸酶。

(4)核小体装配

组蛋白无法自组装到DNA上形成核小体的结构,需要组蛋白分子伴侣(histone chaperone)的协助。根据其结合组蛋白的能力,组蛋白分子伴侣可分为H3－H4组蛋白分子伴侣和H2A－H2B组蛋白分子伴侣。其中,研究比较深入的组蛋白分子伴侣有:H2A－H2B组蛋白分子伴侣NAP1和FACT;H3－H4组蛋白分子伴侣包括CAF－1(chromatin assembly factor 1)、HIRA 和 ASF1(anti-silencing function 1)。

核小体装配是在核小体装配因子调节下,由DNA链和组蛋白组装成核小体的过程。装配先以两分子H3/H4组蛋白构成的四聚体与DNA结合,再结合上两分子H2A/H2B组蛋白构成的四聚体,形成核小体核心颗粒,再与H1组蛋白连接形成核小体。H3/H4四聚体由CAF－1介导沉积,而NAP1被认为是主要的组蛋白H2A/H2B

分子伴侣。连接组蛋白在核小体装配的后期被整合到核小体中,由细胞中未知的分子伴侣介导,但有证据表明 NAP1 也可能参与这一过程。核小体的解聚是核小体装配的反向过程。

本章小结

染色质结构作为基因组 DNA 的骨架,其功能也不仅仅是简单的 DNA 压缩。核小体是染色体的基本功能单位,体外实验中发现核小体形成能够阻碍基因转录,而组蛋白及其 N 末端尾部缺失能够引发 DNA 活性改变,这些都表明染色质结构以及染色质上的重要组成成分组蛋白对基因转录、DNA 复制等具有重要调控作用。随着研究的深入,依赖 ATP 的染色质重塑复合物及负责染色质修饰,如 DNA 甲基化和组蛋白乙酰化、磷酸化、甲基化等的各种酶类物质的发现也表明了非组蛋白成分在调节染色质结构中起着关键作用。染色质结构影响几乎所有与 DNA 相关的代谢过程,包括转录、复制、重组、DNA 修复、着丝粒形成、染色体分离等。

随着研究的深入和技术的进步,科研人员也已经充分认识到除了 DNA 序列(遗传)信息,染色质结构信息同样可能被遗传并在后代的表型中呈现,关于染色质的研究也已经走到了现代表观遗传学的前沿。但染色质结构信息的遗传机制等表观遗传学中的重要问题还有待深入研究。

思考与练习

1. 原核生物和真核生物的遗传信息的载体分别是什么?

2. 染色质结构调节的分子机制包括哪些方面?

3. DNA 甲基化和组蛋白甲基化对染色质调控功能的分子机制有何异同点?

4. 依赖 ATP 的染色质重塑复合物对染色质具有哪些调控功能?

5. 组蛋白和组蛋白变体对染色质具有哪些调控功能?

本章参考文献

[1] Bošković A，Rando OJ. Transgenerational epigenetic inheritance. *Annual review of genetics*. 2018；52(1)：21 - 41.

[2] Portela A，Esteller M. Epigenetic modifications and human disease. *Nature biotechnology*. 2010；28：1057 - 1068：

[3] McGinty RK，Tan S. Nucleosome structure and function. *Chemical reviews*. 2015；115(6)：2255 - 2273.

[4] Herrera-Vázquez FS，Hernández-Luis F，Medina Franco JL. Quinazolines as inhibitors of chromatin-associated proteins in histones. *Medicinal chemistry research*. 2019；28(4)：395 - 416.

[5] Fyodorov DV，Zhou BR，Skoultchi AI，et al. Emerging roles of linker histones in regulating chromatin structure and function. *Nature reviews molecular cell biology*. 2018；19：192 - 206.

[6] Kouzarides T. Chromatin modifications and their function. *Cell*. 2007；128(4)：693 - 705.

[7] Babu A，Verma RS. Chromosome structure：euchromatin and heterochromatin. *International review of cytology*. 1987；108：1 - 60.

[8] Dillon N，Festenstein R. Unravelling heterochromatin：competition between positive and negative factors regulates accessibility. *Trends in genetics*. 2002；18(5)：252 - 258.

[9] Morrison O，Thakur J. Molecular complexes at euchromatin，heterochromatin and centromeric chromatin. *International journal of molecular sciences*. 2021；22(13)：6922.

[10] Li B，Carey M，Workman JL. The role of chromatin during transcription. *Cell*. 2007；128(4)：707 - 719.

[11] Clapier CR，Cairns BR. The biology of chromatin remodeling complexes.

Annual review of biochemistry. 2009; 78(1): 273 - 304.

[12] Becker PB, Hörz W. ATP-dependent nucleosome remodeling. *Annual review of biochemistry*. 2002; 71(1): 247 - 273.

[13] Narlikar GJ, Ramasubramanian S, Owen-Hughes T. Mechanisms and functions of ATP-dependent chromatin-remodeling enzymes. *Cell*. 2013; 154(3): 490 - 503.

[14] Du JM, Johnson LM, Jacobsen SE, et al. DNA methylation pathways and their crosstalk with histone methylation. *Nature reviews molecular cell biology*. 2015; 16: 519 - 532.

[15] Robertson KD. DNA methylation and human disease. *Nature reviews genetics*. 2005; 6(8): 597 - 610.

[16] Kohli RM, Zhang Y. TET enzymes, TDG and the dynamics of DNA demethylation. *Nature*. 2013; 502(7472): 472 - 479.

[17] Venkatesh S, Workman JL. Histone exchange, chromatin structure and the regulation of transcription. *Nature reviews molecular cell biology*. 2015; 16: 178 - 189.

[18] Martire S, Banaszynski LA. The roles of histone variants in fine-tuning chromatin organization and function. *Nature reviews molecular cell biology*. 2020; 21: 522 - 541.

[19] Jin JJ, Cai Y, Li B, et al. In and out: histone variant exchange in chromatin. *Trends in biochemical sciences*. 2005; 30(12): 680 - 687.

[20] Talbert PB, Henikoff S. Histone variants at a glance. *Journal of cell science*. 2021; 134(6): jcs244749.

[21] Raman P, Rominger MC, Young JM, et al. Novel classes and evolutionary turnover of histone H2B variants in the mammalian germline. *Molecular biology and evolution*. 2022; 39(2): msac019.

[22] David Allis C, Jenuwein T. The molecular hallmarks of epigenetic control. *Nature reviews genetics*. 2016; 17: 487 - 500.

[23] Tollervey JR, Lunyak VV. Epigenetics: judge, jury and executioner of stem cell fate. *Epigenetics*. 2012; 7(8): 823 - 840.

[24] Keppler BR, Archer TK. Chromatin-modifying enzymes as therapeutic targets-Part 1. *Expert opinion on therapeutic targets*. 2008; 12(10): 1301 - 1312.

[25] Jambhekar A, Dhall A, Shi Y. Roles and regulation of histone methylation in animal development. *Nature reviews molecular cell biology*. 2019; 20: 625 - 641.

[26] Bannister AJ, Kouzarides T. Regulation of chromatin by histone modifications. *Cell research*. 2011; 21: 381 – 395.

[27] Tessarz P, Kouzarides T. Histone core modifications regulating nucleosome structure and dynamics. *Nature reviews molecular cell biology*. 2014; 15: 703 – 708.

[28] Bannister AJ, Schneider R, Kouzarides T. Histone methylation: dynamic or static?. *Cell*. 2002; 109(7): 801 – 806.

[29] Formosa T, Winston F. The role of FACT in managing chromatin: disruption, assembly, or repair?. *Nucleic acids research*. 2020; 48(21): 11929 – 11941.

[30] Sauer PV, Gu YJ, Liu WH, et al. Mechanistic insights into histone deposition and nucleosome assembly by the chromatin assembly factor – 1. *Nucleic acids research*. 2018; 46(19): 9907 – 9917.

[31] Hammond CM, Strømme CB, Huang HD, et al. Histone chaperone networks shaping chromatin function. *Nature reviews molecular cell biology*. 2017; 18: 141 – 158.

[32] Goldberg AD, David Allis C, Bernstein E. Epigenetics: a landscape takes shape. *Cell*. 2007; 128(4): 635 – 638.

[33] Wang Y, Liu HJ, Sun ZS. Lamarck rises from his grave: parental environment-induced epigenetic inheritance in model organisms and humans. *Biological reviews of the Cambridge Philosophical Society*. 2017; 92(4): 2084 – 2111.

第十二章
分子流行病学

周　永　陈学禹

本章学习目标

1. 了解分子流行病学的概念及其主要研究内容。

2. 了解生物标志的概念及分类。

3. 了解分子流行病学常用研究方法及其注意事项。

　　疾病的发生是由先天性因素（如遗传因素）、后天性因素（如环境因素）以及多种其他因素共同作用所致，是一个综合结果。有些疾病的发生由环境因素主导，而有些疾病则由先天性因素主导。对于遗传因素所导致的疾病来说，其发生往往与基因有关，这种由基因主导的疾病，在过去并没有较为理想的预防和治疗措施。近三十年，随着生物学理论和技术的飞速发展，基因与蛋白质水平的研究不断深入，为此类疾病的筛查、诊断、防治等提供了新方法。

一、引言

流行病学研究对疾病的危险因素的研究和控制在流行性疾病的预防和治疗方面起着十分重要的作用。近年来，生物学技术取得了突破性的进展，并逐渐渗透到医学领域，发挥着重要作用。

随着医学研究的不断进步，流行病学的类别也在不断丰富，出现了多个重要的流行病学分支，分子流行病学便是其中之一。基于过去 30 年中分子生物学的方法学进展，分子流行病学主要应用基于核酸的技术来监测疾病的爆发、感染链和人群中的疾病传播模式。随着新的分析和定量工具的开发，分子流行病学也在不断发展，技术的每一次进步都有助于发现新的流行病学调查方法。人们对分子流行病学的理解随着分子生物学技术的进步而发展，这些技术改进了人们对微生物特性和动态的认识。分子流行病学结合了流行病学和分子生物学的理论和方法，有效地解决了流行病学在微观领域的局限性，使得疾病的防治手段更为有效。与传统流行病学相比，分子流行病学的特点是利用生物标记，特别是遗传标记来衡量疾病发生的可能性，作为疾病指标或暴露指标来研究疾病的分布和发生原因。

分子流行病学通过利用标志物提高了人们对疾病的发生、发展和预后的认识，以评估干预措施的有效性，为临床治疗和预防保健等决策提供重要的证据，并为相关工作提供参考。随着人类基因组计划的完善和分子生物技术的快速发展，分子流行病学将在流行性疾病的预防、控制和治疗中发挥更重要的作用。

二、概述

分子生物学技术的进步推动了流行病学的发展,改进了人们对微生物特性和动态的认识。在流行病学中,根据研究对象的共同特征进行分类,产生的亚组成为比较与分析的单位,而分子流行病学恰好使用分子微生物学的工具来生成这样的亚组数据,通过观察和试验进行技术分析。分子流行病学的这一特点打破了传统流行病学在微观领域的局限性,为流行性疾病的预防、控制和治疗提供了新的思路。

1. 分子流行病学的定义

2004 年以来,分子生物学新技术及其应用极大地拓展了传染病流行病学调查的范围和深度。分子流行病学(molecular epidemiology)是使用分子微生物学方法,研究人群和生物群体中医学相关生物标志的分布及其与疾病或健康的关系和影响因素,并研究防治疾病、促进健康的策略与措施的科学。

分子流行病学研究是以描述性或者分析性的方式,以实验室为基础开展的研究。随着新工具的开发,基于实验室的分子流行病学不断发展,同时也发现了更多流行性疾病的传播方式和危险因素,进而提出一系列的公共卫生干预和预防策略。

生物标志(biomarker)的应用是分子流行病学研究最大的特点,也是其进行技术分析的基础。生物标志是对相关的生物学状态具有指示作用的物质或现象(如某些特异抗原、相关的酶分子等),可以作为替代标志物预测较难观察的临床终点或中间结局。临床生物标志比直接测量临床终点更为便捷、经济,生物标志通常可在较短的时间跨度内进行测量。生物标志用途广泛,可用于疾病筛查、诊断、表征和监测预后指标;可用于开发个体化治疗干预;可用于药物不良反应的预测和治疗;可用于识别细胞类型;也可用于药效学和剂量反应的相关研究。目前,应用较多的主要是分子生物标志(蛋白质、核酸、脂类、抗体等)。

2. 分子流行病学的发展

(1) 产生背景

分子流行病学是新兴分子生物学理论和技术与传统流行病学相结合的产物,其产生主要基于两个方面:

一方面是疾病预防和控制的需求。

随着社会的发展和自然环境的变化,疾病预防与控制过程中出现了一些新的挑战,依靠传统流行病学方法难以解决。这些挑战主要表现为:

新的流行性疾病不断出现,如新冠肺炎、猴痘等。需要更有效、更快速的技术方法来阐明疾病发生的原因,并进行环境生物群落的研究和监测。

病原微生物呈现多样性和多变性,如流感病毒、HIV 病毒等。

疾病的流行规律与传播机制愈显复杂,向多因素方向发展;病因由单病因单效应发展至多病因多效应。

抗生素的滥用使得多种耐药性病原体不断出现(如结核杆菌、金黄色葡萄球菌等),并且其类型呈现不断上升的趋势。

另一方面是临床应用和流行病学发展的需求。

慢性非传染性疾病具有多病因、多阶段、涉及多基因、长期潜伏等特点,而传统流行病学主要是判断某个(些)暴露因素与某个(些)疾病的发生是否相关联,并不关注中间具体发展过程。以至于暴露因素作用于人体后的早期生物学效应、致病因素及其与疾病发生、发展的关系等都难以应用传统流行病学进行相关的研究。

人群易感性差别大。由于每个生物个体间的遗传基因和环境因素的差异,造成了不同个体或群体之间对于疾病的易感性差别很大,以往应用传统流行病学进行研究时,无法对这些差异进行有效的测量。

(2)分子生物学的发展

20世纪70年代以后,分子生物学作为一门新兴学科,其理论和技术得到飞速发展。近年来,随着人类基因组计划发展起来的生物芯片技术和新一代基因测序技术已得到了广泛应用,为基因和蛋白质结构与功能的深入解析及高通量检测提供了更为有效的手段。疾病防治中的一些难题也促使科研人员不断探索新的研究方法。应用传统的流行病学研究方法时,科研人员大都以发病结局为研究终点开展疾病的发布规律、影响因素及评价干预效果的研究。但随着研究的深入,科研人员逐渐意识到,如果将疾病发生、发展过程中的一连串中间指标作为测量结果,可以明显提高流行病学的研究效能;将个体间的遗传易感性纳入疾病病因或危险因素研究、防制效果评价的范畴,可获得更高的研究价值与实际效果。问题的关键是如何测量这些中间事件以及易感性。分子生物学理论和分子生物学技术的快速发展,为解决这一难题带来了可能。

分子流行病学概念的演变：

1972 年，基尔伯恩（Kilbourne）在美国传染病学会上发表的学术报告中首次提出了"分子流行病学"这一概念。1977 年，法国学者希金森（Higginson）进一步解释了分子流行病学：应用精细技术进行生物材料的流行病学研究。1982 年，佩雷拉（Perera）和温斯坦（Weinstein）提出"癌症分子流行病学"这一概念。1986 年，国外学者进一步明确了分子流行病学的核心：把先进的实验室方法和分析流行病学结合起来，在生化或分子水平确定人类癌症病因中起作用的特异性外源因素，查明外部环境和（或）宿主病因之间的联系。1993年，分子流行病学被定义为"是在流行病学中应用生物标志或生物学测量"；1996 年第十四届国际流行病学学术会议上，萨拉齐（Saracci）提出：分子流行病学研究从狭义上讲是测量作为暴露或效应的生物标志——信息分子，即 DNA、RNA 和蛋白质；广义上讲包括任何实验的、生化和分子生物学的测量，也包括血清流行病学等内容。分子流行病学相关概念的不断提出和发展，使得该学科的研究领域得到扩展，技术手段也日益精进。

人类基因组流行病学的产生和发展：

1998 年，库利（Khoury）和朵尔曼（Dorman）首次提出了"人类基因组流行病学"这一概念：应用流行病学方法与基因组信息数据相结合，开展以人群为基础的研究，评价基因组信息对人群健康和疾病的流行病学意义，是遗传流行病学与分子流行病学交叉的前沿领域。虽然，在 20 世纪 80 年代初就已经开始进行分子流行病学的研究，但是当时的研究仅限于传染病，比如轮状病毒腹泻、大肠杆菌腹泻等。到了 20 世纪 90 年代中后期，分子流行病学的研究开始得到了巨大的进步,逐渐推广到流行病学的各个领域。1997年,第四届中华流行病学会委员会首次设立分子流行病学组,次年召开了第一次全国分子流行病学学术会议。随着学科的发展,人类基因组流行病学进一步将流行病学与基因组学相结合,研究人群中基因组信息与疾病和健康状态的关系。近年来,基因组学检测平台快速发展,尤其是全基因组关联研究(genome wide association study,GWAS),特别适用于鉴定常见的复杂性疾病(如肿瘤、心脏病、糖尿病等)的易感基因。

分子流行病学在我国的发展:

我国分子流行病学的研究起步较晚,早期也局限于对传染病的研究。近十多年来,我国研究人员不仅在新发传染病病原体的快速鉴定、基因工程疫苗的研制和应用方面取得巨大成效,还在肿瘤、心血管病等慢性非传染性疾病的全基因组关联研究方面取得显著进展。目前,分子流行病学研究在我国流行病学研究领域得到了广泛关注,并成为下一步的重点研究对象。

分子流行病学的应用现状:

经过科研人员几十年来的刻苦研究,分子流行病学已经形成了一套比较完整的理论体系,研究技术和方法日益成熟,并且得到了广泛的应用,如艾滋病(HIV)及HIV携带者的监测及病毒变异和耐药性研究,SARS等呼吸道传染病以及霍乱、痢疾、病毒性腹泻等肠道传染病暴发或流行中传染源、传播途径的确定,疫苗相关病例的判定,流感病毒的变异及其监测,预防接种效果评价等,为传染病的研究和防治作出了积极贡献。

目前,应用分子微生物学工具解决的传染病流行病学问题的范畴主要取决于分子微生物学工具可以生成的信息类型。在核酸测序技术出现之前,大多数基因分型方法依赖于比较 DNA 或 RNA 片段的电泳条带模式。电泳带模式分析为解决各种流行病学问题提供了依据。随着技术的进步,后来引入的 PCR 技术和核酸测序技术扩大了电泳条带模式分析无法覆盖的研究范围。分子流行病学的研究方法可解决很多流行病学问题,如传染病病原体的地理和时间分布追踪、区分流行病和地方病的发生溯源、数据分层与完善研究设计、传染病的传播方式识别、传染病干预措施的监测和监测反应、寄生病原体的种群动态分析、非传染性的微生物组进行流行病学分析、传染源的传播方向和传播链的确定等。

当前,分子生物学检测技术正在经历重大变革,随着高通量检测技术的蓬勃发展,一些新兴组学研究领域正在迅速发展,比较有代表性的就是基因组学、蛋白组学等。这些组学研究的发展推动了分子流行病学研究不再局限于单一的生物标志与疾病之间的关系,而是将传统流行病学理论和多组学数据相结合,形成一个与疾病或表型相关的数据网络系统,这种新的研究模式整合了大量的信息,包括将遗传易感性、表观遗传改变、基因表达、代谢、肠道微生物等信息都整合进人群研究中,为深入理解疾病发生的内在分子机制提供了一个全面、系统的全新视角。因此,系统流行病学(systems epidemiology)的概念应运而生,已经逐渐成为一个由流行病学人群观察、干预研究与系统生物学概念交叉形成的新兴学科。

可以预见,随着流行病学的各个分支学科——分子流行病学、人类基因组流行病学、遗传流行病学和系统流行病学的发展,越来越多疾病的病因、发病机制、发生发展及转归规律等将会在分子、基因微观水平及宏观人群中得到系统的阐明。

三、生物标志

生物标志是对相关的生物学状态（如疾病等）具有指示作用的物质或现象，可以替代预测较难观察的临床终点或中间结局。使用临床生物标志比直接测量最终临床终点更为简便、经济，而且生物标志通常在较短的时间跨度内进行测量。它们可用于疾病筛查、诊断及其预后指标监测，开发个体化治疗干预方案，用于药物不良反应的预测和治疗，识别细胞类型，研究药效学和剂量反应等。要了解一个生物标志的价值，就必须了解该生物标志与相关临床终点之间的病理关系和生理关系。良好的生物标志应该有较好的临床效度（既可作为临床相关结果的衡量标准，又可作为临床相关结果的良好预测指标，且很少或没有系统的可变性）、反应性（随着治疗的变化而迅速变化）以及较大的信噪比（特定参数/信号值与非特异性参数如噪声的比值）。

生物标志的概念是相对的，对一种生物标志而言，根据研究的内容不同，它的分类也是不同的，例如，某基因的突变，当研究其与疾病发病的关系时，该突变为暴露标志；当研究影响其分布的原因时，它又成了效应标志。在对生物标志进行分类时，要根据具体情况而定。生物标志可分为诊断性生物标志、预后性生物标志、预测性生物标志、药效性生物标志、安全性生物标志、监测性生物标志。

1. 诊断性生物标志

诊断性生物标志用来确定目标疾病或病症的存在，或识别具有疾病亚型的个体。随着精准医学时代的到来，这种类型的生物标志发生了巨大的变化。诊断性生物标志不仅可以用来识别患病者，还可以用来重新定义疾病的分类。例如，癌症的检测正迅速转向基于分子和成像的分类，而不是主要基于器官的分类方案。

虽然诊断性生物标志可以在描述的使用环境下以足够的精度和可靠性进行测量，但是对该生物标志的评估仍然很复杂。对于诊断性生物标志，目前的研究趋势和目标是定义一种验证方法，以确保能够以低成本、可靠、精确和可重复地测量生物标志。但在很多情况下，测量结果并没有得到有效验证和评估，从而对诊断性生物标志的价值产生了误导性的假设，即诊断性生物标志仅适用于测量，对其结果的后续验证和评估往往很复杂，且可能是不准确的、缺乏价值的。

诊断性生物标志转向前瞻性研究或临床实践中的特定用途时，必须密切关注其使用环境。诊断性生物标志可能在一组临床情况下有用，但在另一种情况下完全误导。例如：在胰腺癌或卵巢癌等低患病率疾病中，采用新诊断方案时可能对病患的心理造成破坏或需要开展侵入性评估，为了尽可能避免这种情况，要求生物标志的假阳性率必须非常低。另一方面，在筛查高血压或高脂血症等常见疾病时，由于重复评估所带来的风险很小，因此，生物标志较高的假阳性率是可以接受的，而关注的焦点可能是其假阴性率。

受试者工作特征曲线（receiver operator characteristic curve，ROC curve）的使用，使诊断性生物标志的评估过程更为科学，但依然缺乏历史标准来定义疾病或病症的存在与否。此外，决策阈值和临床效用正在成为评估生物标志临床应用价值的重要指标。将来可能使用生物标志作为诊断信息的证据，但这对决策而言还不够充分。

关键问题将是以生物标志为代表的这类诊断信息是否足以导致临床决策的改变。

2. 预后性生物标志

预后性生物标志主要用于识别患有目标疾病或发生医疗状况的患者的临床事件、疾病复发或疾病进展的可能性。但此类识别并未得到医学界的一致接受。相关研究认为，应将预后性生物标志与易感性或风险性生物标志区分开来，后者涉及从健康状态到疾病的转变。

此外，预后性生物标志与预测性生物标志不同，后者用于识别与干预或暴露效果相关的因素。在临床试验中，预后性生物标志通常用于设定试验的进入和排除标准以识别高危人群。关键问题是试验的统计功效取决于事件的数量而不是样本量，以此方式丰富试验研究时，事件发生率会增加。这也表示，如果治疗有效，则作为治疗函数的结果差异会在数量上而非定性上放大。此外，预后性生物标志对于预测个体发生事件或不良结果的风险尤其重要。这些信息是决定住院时间、重症监护时间的关键。预后性生物标志的另一个主要用途是进行人口健康的资源分配。

基于预测性生物标志与预后性生物标志的区别，在评估治疗可能导致的疾病结果时，生物标志的选取至关重要。预后性生物标志与不同的疾病结果相关，预测性生物标志用于区分对治疗有反应或无反应的人。例如，心电图上的 ST 段偏差是一个预后性生物标志，但 ST 段变化的方向是一个关键的预测性生物标志，ST 段的升高可预测患者对纤溶治疗的反应，而 ST 段的降低则可预测患者对治疗缺乏反应。在"全有"或"全无"反应的情景下,诸如患者对治疗是否有反应等问题最容易得到可视化预测,其中治疗效果的差异则取决于生物标志的具体水平。

3. 预测性生物标志

预测性生物标志用于预测患者对某种治疗或干预措施疗效应答情况的生物标志物,可以预测更好或更差的症状效益、疾病缓解或生存获益,也包括预测不良事件等。预测性生物标志反应的是个体的生物特征、疾病过程或其他医疗条件的特征。

4. 药效性生物标志

药效性生物标志是反映患者在接受治疗后产生生物学应答的生物标志物,即当生物标志的水平因暴露于医药产品或环境因素而发生的变化。这种类型的生物标志在临床实践和早期治疗开发中都非常有用,出现预期的临床终点往往需要相对更大样本及更长的周期,而通过药效生物标志物,可以在早期研发阶段探索反应信号,可以用于剂量确认及概念验证阶段的探索。

5. 安全性生物标志

安全性生物标志是在暴露于医学干预或环境因子之前或之后测量安全性的生物标志,此类生物标志以毒性作用作为不良事件的可能性、存在或程度的指示。在许多治疗方案的试验前或试验后,常采用安全性生物标志来监测肝、肾或心血管毒性以确保治疗方案的安全性。

安全性生物标志也可用于识别正在经历治疗不良反应的患者。例如,当患者服用抗心律失常药物后,心电图上 QT 间期的延长被用作安全性生物标志,因为,它可以预测发生致命性心律失常尖端扭转型室性心动过速的风险,并可用于识别需要采取紧急治疗措施的患者。此外,安全性生物标志也可用于监测在暴露于风险环境或暴露于风险环境后的人群。

6. 监测性生物标志

当某类生物标志可以进行连续测量以评估疾病或医疗状况的状态,寻找暴露于医药产品或环境因子的证据,或检测医药产品或生物因子的影响时,这类生物标志即可被认为是监测性生物标志。监测性生物标志可以用于监测包括药物代谢、治疗效果、疾病的进展或复发,以及监测毒性等。但在广义上,可以通过重复多次检测来对疾病状态进行动态评估的生物标志都可以作为监测性生物标志使用。

监测性生物标志在临床应用中具有重要作用。当治疗血压或使用低密度脂蛋白(low density lipoprotein,LDL)降胆固醇药物时,会监测血压或 LDL 胆固醇水平。同样,在治疗 HIV 感染时,也会监测 CD_4 计数。虽然出于临床目的所进行的监测一般都比较直观,但要更准确地了解生物标志的变化所对应的临床过程或治疗决策的特定变化目前还是比较复杂和困难的,且结果并不准确。例如,糖化血红蛋白、血压、和 LDL 胆固醇的目标测量值仍然存在争议。同样,科研人员对于测量之间的时间间隔或应该进行测量的临床过程的持续时间还缺乏足够的经验。临床实践中常规使用的许多生物标志的操作特性也尚不明确,因此,还需要进一步的开展相关研究。

在开发医药产品时,生物标志的变化通常用于决定是否已达到关键阈值,从而使科研人员可以通过该产品对生物学目标的影响来决策是否继续开发活动。用于此目的的大多数初始生物标志测量对假定干预目标的影响,因此,生物标志物的变化表明目标相关的活动。

监测性生物标志对于确保研究人员的安全也很重要。例如,通过连续测量肝功能测试来监测可能具有肝毒性的药物的安全阈值,通过使用连续肌钙蛋白测量心血管事件等。监测性生物标志还可用于测量药效学效应、检测治疗反应的早期证据以及检测疾病或治疗的并发症。如国际标准化比值(INR)是一种基于监测性生物标志的经典的药效学指标,用于调整华法林抗凝剂的剂量。同样,在治疗血压时,血压测量值的降低提供了治疗有效的证据。

监测性生物标志的变化虽然可以较好地衡量患者或人群的可能结果。然而,在许多情况下,变化是监测治疗本身是否有效的最佳方式。例如,血管紧张素转换酶(ACE)抑制剂可能导致血清肌酐和/或钾升高,这虽然可以作为药物作用的衡量标准,然而对患者或研究参与者而言,该药物的风险主要取决于实际的肌酐或钾水平,而不是用药前后水平的变化。

四、分子流行病学的研究方法

分子流行病学是从实验室微观角度,将传统的流行病学宏观方面与新兴生物学技术、某些临床疾病、各种研究方法相结合的流行病学分支学科,是从现场流行病学调查研究转进到实验室生物分子检测的技术领域。分子流行病学是流行病学重要的分支和发展趋势,将对未来的流行病发展和疾病的三级预防产生重要的影响。目前常用的分子流行病学方法主要有：脉冲场凝胶电泳、多位点序列分型、全基因组测序和基于 PCR 的方法。

1. 脉冲场凝胶电泳法（PFGE）

分离大分子 DNA 的电泳技术有很多，其中最重要的是最近几年刚刚发展起来的脉冲场凝胶电泳（pulsed field gel electrophoresis, PFGE）。该项技术出现于 20 世纪 80 年代，在此之前，可分离大分子 DNA 的长度却十分有限。例如，采用琼脂糖凝胶电泳分离的 DNA 最大限度为 50 kb，应用场景具有较大的局限性，电泳带型会由于 DNA 长度超过了最大限度而无法进行大分子筛选，得不到理想的结果。PFGE 正是在此基础上，突破了之前方法的限制，通过高分辨率将脉冲场凝胶电泳范围扩大，可以扩大基因读取数从而更好地了解人类基因和生物结构和功能，其应用场景几乎覆盖所有的大分子 DNA 结构。PFGE 具有结果稳定、可重复性好、可分辨能力强、有明确的判断标准、不易受混杂因素的干扰等优点，是一种较为可靠的分子分型技术，可以帮助科研人员更好地追溯疾病病因和生物之间的亲缘关系。

PFGE 的步骤流程详见图 12-1。其基本原理为：低溶点琼脂糖对完整生物体的染色体 DNA 进行包埋，限制性核酸内切酶在大分子 DNA 稀有切点处进行原位酶切步骤，外加正交变脉冲电场重新定向不同大小的 DNA 序列，重排所需要的时间与 DNA 序列长度成正比。如果使正交变电场方向不断变化，交替的结果可使改变后的 DNA 更好地被分型检测。

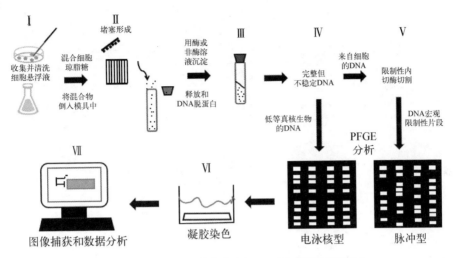

图 12-1　脉冲场凝胶电泳法(PFGE)步骤流程示意图

2. 多位点序列分型法(MLST)

在革兰阴性脑膜炎奈瑟球菌(*Neisseria meningitides*)自然变异的研究过程中,为了便于实验的操作和进行,MLST这种研究技术便应运而生。该技术已经被广泛应用于如环境菌、真核生物以及众多病原菌基因结构的研究(图 12-2)。基于 MLST 的多种研究方案在已在不同的研究中被开发并应用,多位点酶凝胶电泳(multi locus enzyme electrophoresis,MLEE)便是第一带病原菌检测方法。MLEE 是利用不同生物个体的遗传物质多位点酶的差异来进行监测的表型分型技术,不同结构的酶蛋白在电泳过程中条带数量及位置有差异,可通过综合分析多个酶基因位点的数量和位置以及两个等位基因在同一基因的存在情况来获得病原菌的基因型。

近年来,高通量测序技术越来越成熟,在自身基础上与传统的群

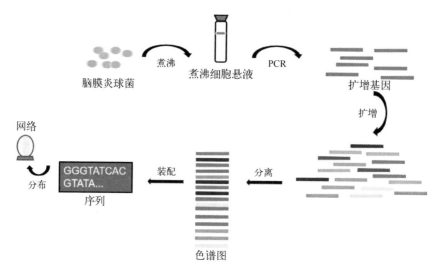

图 12 - 2 脑膜炎奈瑟球菌的多位点序列分型法(MLST)过程示意图

体遗传学技术相结合,碰撞出不一样的火花,这就是新型的 MLST
(multi locus sequence typing)电泳技术。该技术在不同的群体病原
菌和生物学进化领域有不同的分型系统显示,在现场流行病学调查
情景以及细菌生物学遗传结构的基础研究中起着重要作用。目前,
病原菌的变异情况的掌握对于实际应用有着至关重要的作用,新型
MLST 电泳技术对新疾病的流行控制,疾病的最新变异株分型、追踪
和分析耐药菌和病原菌的分子流行病学结构都有着重要意义。

3. 基于 PCR 的检测方法

20 世纪 80 年代中期,DNA 或 RNA 片段的选择性体外扩增技术
慢慢发展起来,解决了之前的特异度不高、产率低、敏感性差、效度
低、繁杂、可重复性差、人工耗时耗力等一系列缺陷,发展出了聚合酶
链反应(PCR)技术,即 PCR 技术。该技术诞生至今已有几十年的时

间,已广泛应用于各项领域快速对各种病毒准确检测,完全不同于传统检测方法,其有着更显著的成效和作用。DNA 在生物个体的自发复制过程即为 PCR 的基本原理,其依赖于寡核苷酸引物对靶序列的两端特异性的天然复制过程,步骤简化为变性之后退火在延伸的三个基本反映过程。一个循环的时间为 2—4 分钟,每次循环都会以前一次复制的结果为基础再次进行复制,因此,在几个小时内就能几百万倍地扩增靶核苷酸,能够更好地为临床疾病的复发及预防治疗监测提供依据,更广泛地应用到核酸、生物医学以及临床应用的研究。

在细胞增殖过程中,DNA 不断复制进行自发指数型增长,可将原来的和新合成的 DNA 片段作为复制的模板,寡核苷酸片段可与模板互补,重复该过程可大量扩增 DNA 片段。利用 DNA 聚合酶的特异作用沿着半保留复制模板链的机理完成新的 DNA 合成是该技术的基本原理。以 PCR 技术为基础的遗传疾病的新型基因诊断技术打破了以往扩增 DNA 分子的局限性,具有高灵敏性、高特异性、高检测速度等优点,操作起来方便、快速、简洁,完全优于以往传统诊断传染性疾病的生物化学、血清学及形态学等方式。通过 PCR 技术可以轻松地鉴别目标基因,探究疾病发病与易感复发的遗传本质,可高效识别基因纯合并有表现症状的个体,特别适合疾病的早发现、早诊断以及早治疗。该技术已成为近几年来研究传染性疾病的最有力的病原学和流行病学诊断技术。

4. 全基因组测序技术

全基因组测序技术是一门描述生物个体全部的染色体和基因遗传物质的科学试验方法,是 1924 年诞生的"基因组"这一词汇的副产物,包含了全部遗传信息(DNA 或者 RNA)。全基因组测序技术囊括了众多领域,如功能组、结构组、表观组、微观组以及宏观组等,并开展融合应用,广泛地应用于基础临床研究、精准医学、循证医学等相关领域来分析和发现特异性疾病内在基因组结构突变,结果稳定可靠。

桑格(Frederick Sanger,1918—2013)的双脱氧链终止法是第一代基因测序技术,而化学降解法则是另一种基础的 DNA 测序技术,起初的全基因组测序技术是将两种基础的技术融合,但是得到的结果并不理想,有着所测 DNA 长度有限、操作冗杂、耗费资源巨大等缺点,限制了其初期的发展。为了更好地、更多地以及更系统地适用该技术,进行了第二代基因测序技术和第三代基因测序技术的研发,形成了现在的全基因组测序技术,其彻底摒弃了以往技术的缺点。随着生物信息技术、模式识别方法以及网络分析方法的不断发展,全基因组测序技术与时俱进地与它们相互融合,获得了生物个体与群体更加整合的大通量测序手段,其具有代表性的表现方式有单核苷酸多态性(single nucleotide polymorphism,SNP)、核心基因组多位点序列分型(core genome multilocus sequence typing,cgMLST)以及不同个体的基因图谱,通过这些表现方式,个体间的基因差异能够被直观地显现出来。

五、分子流行病学的应用与展望

1. 在传染病防治方面的研究与应用

如今,分子流行病学在传染性疾病方面的研究主要集中在群体遗传的结构分布与基因分型的相关分析、快速诊断传染病的基因诊断、新型疫苗构建的候选基因工程、序列分析与主要的传染病毒力基因克隆等四个方面。分子流行病学应用传染病诊断性生物标志,更加灵活地阐述了传染性疾病的流行规律及分布特征,借助分子或基因分子来揭示疾病的传播过程,已经成为传染病分子流行病学研究的热点趋势。其主要优点体现在病原体结构的快速检测与分型、传染源的追溯与踪迹、潜在的易感人群的确定以及基因疫苗的相关安全性判别上。其中,基因疫苗的接种在传染病的防治过程中起着关键性作用,而分子流行病学的结合提高了免疫接种的实施效率。例如,我国已对流行性脑脊髓膜炎、脊髓灰质炎、白喉、麻疹、流行性乙型脑炎等传染病进行了广泛、有效、安全的免疫接种,使得这些传染病的发病率大幅下降。分子流行病学研究的进展,再加上分子生物学和免疫学在传染病疫苗研制中的充分发展,解决了之前存在的疫苗毒力的返祖现象、副作用、疫苗的逃逸等疫苗应用的一些问题,并且对这些问题的产生机制进行了比较清晰的研究和分析。

2. 在慢性病防治方面的研究与应用

相较于传染性疾病防治的挑战,心血管系统疾病及恶性肿瘤等慢性疾病的发病率和死亡率不断上升。受饮食结构不合理、作息不规律等各方面综合因素的影响,使得当今社会的慢性病患病率逐年上升,并不断呈现年轻化的趋势,成为威胁人类健康的主要疾病。分子流行病学的发展让慢性病的定义有了新的开拓,在分子水平和遗传层面阐明了慢性病的发生发展规律。从早期的病因机制方面的研究,到疾病的预防及治疗,分子流行病学的慢性病研究领域不断扩大并提供了不少针对慢性病防治的技术手段和方法。随着医疗技术不断提高及精准医疗器械的研发应用,基因组医学和精准治疗逐渐替代传统医学诊疗,因此,分子流行病学的慢性病研究领域也迅速发展。

全基因组关联研究(genome-wide association study,GWAS)这一方法的出现,可以精准地找寻众多与慢性病发病相关的遗传易感位点。慢性病相关遗传易感位点的发现虽然仅揭示了其发生发展中的一小部分原因,但却提示了慢性病发病相关的遗传因素的研究方向和研究重点。相互作用因子和异质性相关因子等众多复杂因子相互作用,构成了慢性病发生发展的千丝万缕的网络,提示慢性病的研究需要在基因网络、异位显性,以及基因多效性等相关问题上做出突破。在长期探索的过程中,慢性病的数量性状、基因表型易变性、等位基因异质性、位点异质性、性状异质性、基因拟表型和基因相互环境的作用等问题不断浮现,需要在慢性病分子流行病学研究中加以重视。

3. 在肿瘤防治方面的研究与应用

有关人类基因组的大规模测序工作已经告一段落,并且在人类基因组学功能方面取得了重大的研究成果。分子流行病学的快速发展为肿瘤防治带来了新鲜的医学力量,并在肿瘤的潜在病因、发生发展、影响因素、有效诊断、积极治疗、良好预后以及警示预防等方面有了比较广泛的应用。分子流行病学与传统的单一流行病学不同,其融合了分子生物学和分析遗传学的肿瘤分子流行病学,在鉴定人类癌症危险因素方面有着更突出的贡献。各种肿瘤标记物与肿瘤的发生、发展、分型以及预后的相关性的成功建立，打破了仅依赖于环境暴露和肿瘤表型检测和诊断的传统基础确定疾病的方式。肿瘤分子流行病学的研究方向众多，其中包括肿瘤的诊断和治疗指导、揭示肿瘤的易感因素等。实践证明，肿瘤分子流行病学对人类肿瘤相关研究发挥着不可替代的作用。

4. 分子流行病学存在的问题

在微观领域中存在着许多传统方式难以解决的问题，分子流行病学的出现使得这些问题得到了较好的解决，因为它结合了传统流行病学与分子生物学新兴技术，从而使得预防疾病的手段得以更好地发挥。但生物标志在应用中存在着与生物监测筛查一样的问题，那就是在外界复杂环境或者综合因素的干扰下有时会出现错误的结果，对社会造成潜在的危害。此外，在目前情况下，还有很多生物标记无法对疾病做出稳定预测，同时也无法对个体危险性做出定量估计，只能评估其暴露、剂量以及潜在危险性。

虽然针对一些家族遗传性癌症及其后期的遗传易感性的检测手段正在不断更新，但是遗传性检测手段在一些方面依然存在着缺陷，如疾病遗传基因与基因、癌症患者宿主与基因、周围环境因素与宿主之间存在着错综复杂的联系，这些都导致了遗传性检测手段无法清晰、准确地确定疾病遗传基因对个体的危险并预测患病的发生发展。所以，一些遗传性检测手段在某些临床疾病的筛查和诊断中并没有广泛的应用。

对家族遗传性疾病的治疗措施或者有效的干预发病手段仍然匮乏，基因层面的技术标准把控、质控测试、安全监管体系都还缺少可靠性。此外,一项新兴遗传性检测技术的应用除了技术层面的完善外,需要在群体意愿、社会经济效益、影响价值等方面加以考虑,比如某些垂直传播的高危癌症个体在接受相关服务时的精神层面和心理层面的压力、对其身心健康和正常生活造成不良的负面影响等。

本章小结

基因、基因组学及基因谱,代谢组学、蛋白组学、遗传物质组学、表型组学等各种学科技术发展迅速,许多科研人员在各自的研究领域已有重大发现与成果。为了完善人类基因组单体型图计划和人类基因蓝图工作,越来越多的领域融合发展,将以生物标志与分子生物学技术结合,高级统计与大数据协作引入的方式,完成人群队列和生物个体大型样本库的记录工作。分子流行病学在各领域的应用随着社会的发展得到了突破与延伸。

近些年来,针对分子流行病学、基因组流行病学相关领域的研究发展迅速,成为许多科研机构和科研人员的研究热点。为了在此基础上更快地健康成长,应及时把握发展中存在的问题,有针对性的高效解决。其中,以下几点应重点注意:

第一,任何一个领域都不是独立发展的,需要加强领域之间的合作。尤其是基础医学、流行病学、临床医学以及现场专家之间应当加强合作交流,不能让公共卫生与预防医学领域的流行病学与实际应用脱节。各科研队伍要团结协作,取其精华去其糟粕,创新性地提出科研设计方案,不断加强自身的实验质量和分析水平。

第二,科技水平随着社会发展突飞猛进,基因组在人类群体中的相关研究应该不断地贴近现实,更好地将研究成果转化为社会经济效益。有关基因组学的生物芯片技术应与临床疾病的诊疗过程相融合,如疾病的诊断、治疗、预防、复发及预后等。人类基因组研究和蛋白质多组学研究要不断深入,做到理论与实践共同进步,研究彼此之间存在的交互作用,阐明其可能在个体疾病发生发展过程中起到的作用与影响。

第三,科学是不能与社会脱节的,我国科研人员应当在符合国情的前提下做好各自领域的研究。随着社会生活水平的升高,肿瘤、心血管疾病、糖尿病等疾病逐渐成为高发疾病,科学就是为了解决实际问题而存在的,应当更好地结合现代技术和人类基因等分子水平的相关协作研究,找到易感疾病的病因和暴露因素。目前,多学科交叉共同发展十分流行,如将分子流行病学与其他学科进行有重点的融合研究,可以前瞻性地利用大规模的协作研究和现场调查的优势,更加灵活地将有关人类疾病的相关创新性发现应用于克服临床的难关及疑难问题。如何最大限度地利用学科研究成果,高效阐明人类疾病的病因、发病机制、诊疗过程等都是未来应当着重注意的临床实践点。

思考与练习

1. 分子流行病学的生物标志主要有哪几类?

2. 分子流行病学的主要研究方法有哪些?

3. 脉冲场凝胶电泳、多位点序列分型、全基因组测序的原理分别什么?

4. 分子流行病学目前存在哪些问题?

5. 谈一谈对分子流行病学未来的展望。

本章参考文献

［1］　Riley LW，Blanton RE. Advances in molecular epidemiology of infectious diseases：definitions，approaches，and scope of the field. *Microbiology spectrum*. 2018；6(6)：Advances1 - Advances12.

［2］　段广才,陈帅印.分子流行病学进展——机遇和挑战[J].中华流行病学杂志，2016,37(8)：1059 - 1062.

［3］　Tümmler B. Molecular epidemiology in current times. *Environ microbiol*. 2020；22(12)：4909 - 4918.

［4］　Boffetta P. Molecular epidemiology. *Journal of internal medicine*. 2000；248(6)：447 - 454.

［5］　Aronson JK，Ferner RE. Biomarkers-A general review. *Current protocols in pharmacology*. 2017；76：9.23(1 - 17).

［6］　Capecchi R，Puxeddu I，Pratesi F，et al. New biomarkers in SLE：from bench to bedside. *Rheumatology*. 2020；59(Suppl 5)：v12 - v18.

［7］　Schulte PA，Rothman N，Hainaut P，et al. Molecular epidemiology：linking molecular scale insights to population impacts. *Iarc scientific publications*. 2011；(163)：1 - 7.

［8］　Spitz MR，Bondy ML. The evolving discipline of molecular epidemiology of cancer. *Carcinogenesis*. 2010；31(1)：127 - 134.

［9］　Grant SFA. The TCF7L2 locus：a genetic window into the pathogenesis of type 1 and type 2 diabetes. *Diabetes care*. 2019；42(9)：1624 - 1629.

［10］　Brucker N，do Nascimento SN，Bernardini L，et al. Biomarkers of exposure，effect，and susceptibility in occupational exposure to traffic-related air pollution：a review. *Journal of applied toxicology*. 2020；40(6)：722 - 736.

［11］　Abraham K，Monien B，Lampen A. Biomarker der internen Exposition gegenüber toxikologisch relevanten Kontaminanten in Lebensmitteln. *Bundesgesundheitsblatt-gesundheitsforschung-gesundheitsschutz*. 2017；60 (7)：761 - 767.

［12］　Basu AK. DNA damage，mutagenesis and cancer. *International journal of molecular sciences*. 2018;19(4)：970.

［13］　Singer JB. Candidate gene association analysis. *Methods in molecular biology*. 2009;573：223 - 230.

［14］　黄涛,李立明.系统流行病学[J].中华流行病学杂志,2018,39(5)：694 - 699.

［15］　Park JY，Choi JS，Choi JY. Network analysis in systems epidemiology. *Journal of preventive medicine and public health*. 2021；54(4)：259 - 564.

［16］ Schonian G, Tietz HJ, Thanos M, et al. Application of molecular biological methods for diagnosis and epidemiology of human fungal infections. *Mycoses*. 1996; 39(Suppl 1): 73 - 80.

［17］ Kralik P, Ricchi M. A basic guide to real time PCR in microbial diagnostics: definitions, parameters, and everything. *Frontiers in microbiology*. 2017; 8: 108.

［18］ Aird D, Ross MG, Chen W, et al. Analyzing and minimizing PCR amplification bias in Illumina sequencing libraries. *Genome biology*. 2011; 12(2): R18.

［19］ Chen Y, Perfect JR. Efficient, cost-effective, high-throughput, multilocus sequencing typing (MLST) method, NGMLST, and the analytical software program MLSTEZ. *Methods in molecular biology*. 2017; 1492: 197 - 202.

［20］ Gonzaga-Jauregui C, Lupski JR, Gibbs RA. Human genome sequencing in health and disease. *Annual review of medicine*. 2012; 63: 35 - 61.

［21］ Aboutalebian S, Mahmoudi S, Mirhendi H, et al. Molecular epidemiology of otomycosis in Isfahan revealed a large diversity in causative agents. *Journal of medical microbiology*. 2019; 68(6): 918 - 923.

［22］ Cafarchia C, Iatta R, Latrofa MS, et al. Molecular epidemiology, phylogeny and evolution of dermatophytes. *Infection, genetics & evolution*. 2013; 20: 336 - 351.

［23］ Duarte-Escalante E, Frías-De-Leónb MG, Zúñigac G, et al. Molecular markers in the epidemiology and diagnosis of coccidioidomycosis. *Revista iberoamericana de micología*. 2014; 31(1): 49 - 53.

［24］ Larsen MV, Cosentino S, Rasmussen S, et al. Multilocus sequence typing of total-genome-sequenced bacteria. *Journal of clinical microbiology*. 2012; 50(4): 1355 - 1361.

［25］ Kamps R, Brandão RD, Bosch BJ, et al. Next-generation sequencing in oncology: genetic diagnosis, risk prediction and cancer classification. *International journal of molecular sciences*. 2017; 18(2).

［26］ Perez-Losada M, Cabezas P, Castro-Nallar E, et al. Pathogen typing in the genomics era: MLST and the future of molecular epidemiology. *Infection, genetics & evolution*. 2013;16: 38 - 53.

［27］ Wang X, Spandidos A, Wang H, et al. PrimerBank: a PCR primer database for quantitative gene expression analysis, 2012 update. *Nucleic acids research*. 2012; 40(D1): D1144 - D1149.

［28］ Besser J. Pulsed-field gel electrophoresis for disease monitoring and control.

Methods in molecular biology. 2015; 1301: 3 – 7.

[29] Ogino S, Nishihara R, VanderWeele TJ, et al. Review article: the role of molecular pathological epidemiology in the study of neoplastic and non-neoplastic diseases in the era of precision medicine. *Epidemiology*. 2016; 27(4): 602 – 611.

[30] Vernikos G, Medini D, Riley DR, et al. Ten years of pan-genome analyses. *Current opinion in microbiology*. 2015; 23: 148 – 154.

[31] Heather JM, Chain B. The sequence of sequencers: the history of sequencing DNA. *Genomics*. 2016; 107(1): 1 – 8.

[32] van Dijk EL, Jaszczyszyn Y, Naquin D, et al. The third revolution in sequencing technology. *Trends in genetics*. 2018; 34(9): 666 – 681.

第十三章
生物信息学算法与应用

赵 娟

本章学习目标

1. 了解生物信息学发展的过程和意义；

2. 了解芯片技术及高通量测序技术；

3. 理解差异基因及其分析方法；

4. 理解基因富集分析；

5. 了解网络的概念以及基因调控网络；

6. 了解常见的生物信息学数据库。

　　生命科学是一门实验科学，然而随着生命科学技术的发展，产生了海量的实验数据。如何存储和分析这些数据成为科研人员面临的棘手问题。如何用复杂的实验数据阐述和解释生物学现象？如何通过数据寻找实验相关的关键基因？基因表达数据揭示了基因之间怎样的调控关系？

人们常说要"透过现象看本质"。实验数据不过是一些数据的堆叠,数据所揭露的真理才是我们需要挖掘的真谛。简单的数据背后往往隐藏着复杂的生物学规律。

一、引言

随着生物技术的快速发展,海量的实验数据不断产生。从人类基因组计划到高通量测序技术的发展,生命科学逐渐步入大数据时代。面对复杂而庞大的数据,如何从中归纳总结出对物种、器官、细胞乃至基因有意义的信息成为生物学科研人员共同关心的问题。正是在这样的背景下,生物信息学开始产生并发展。可以说,生物信息学是生物学、数学、统计学、计算机和物理等学科的综合交叉。

生物信息学主要利用数理统计的方法构建生物系统模型,探索生物数据中所蕴含的本质。近年来,随着生物技术,特别是高通量测序技术的发展,生物信息学也得到了迅速的发展,对生物信息学的人才需求也逐渐加大。本章将首先介绍生物信息学的基本概念以及发展过程,接着将从基因组学和蛋白质组学的角度分别介绍基因和蛋白的一些知识点以及常用的算法,再介绍网络生物学的主要内容,最后介绍一些常见的生物信息学数据库资源。通过这一章节的学习,大家将会理解生物信息学的基本概念,学会生物信息学的基本分析方法。

二、生物信息学绪论

1. 生物信息学的基本概念和发展过程

生物信息学（bioinformatics）是综合计算机科学、信息技术和数学的理论和方法来研究生物信息的交叉学科，包括生物学数据的研究、存档、显示、处理和模拟，基因遗传和物理图谱的处理，核苷酸和氨基酸序列分析，新基因的发现和蛋白质结构的预测等。

生物信息学是近 20 年飞速发展起来的，然而它产生要从 20 世纪中期说起，即 20 世纪 50 年代 DNA 双螺旋结构的发现开始。1953年，DNA 双螺旋结构的发现成为人类社会发展过程中的一个历史性突破。此时，基因序列还未被破译，DNA 测序技术也还未开始发展，但是 DNA 双螺旋结构的发现是生物信息学发展的重要基石。

生物信息学发展的开端是 1955 年桑格测定的完整的牛胰岛素蛋白序列结构。这是生物信息学发展的重要基础。十年后，戴霍夫（Margaret Oakley Dayhoff，1925—1983）构建了蛋白序列的置换矩阵。1970 年，Needleman‐Wunsch 序列比对算法问世。20 世纪 80年代生物信息学逐渐成长。1981 年 Smith‐waterman 序列比对算法问世。不久后，Genbank 数据库公开，美国成立国家生物技术信息中心（NCBI）。20 世纪 90 年代至 21 世纪初，生物信息学迎来真正的发展。人类基因组计划的实施，对生物信息学的发展起到了巨大的推动作用。人类基因组计划最初于 1986 年由美国生物学家，诺贝尔奖获得者杜尔贝科（Renato Dulbecco，1914—2012）在《科学》杂志（*Science*）上发表的文章中提出的，主要目标是测出人类基因组 DNA

碱基对的序列,绘制人类基因组图谱,并且辨识其载有的基因及其序列,达到破译人类遗传信息的最终目的。人类基因组项目在 1990 年左右正式启动。2000 年 6 月,国际人类基因组组织宣布基因组草图完成。2003 年 4 月人类基因组项目完成。至此生物信息学迎来飞速发展的时期。

我国生物信息学是紧跟着国际生物信息学发展逐步成长起来的。在人类基因组计划及其项目的实施中,中国也作了巨大的贡献。我国的"人类基因组计划"于 1994 年在中国国家自然科学基金委员会的支持下启动,并得到国家高技术发展计划和国家自然科学基金的资助。1999 年,中国科学院遗传研究所人类基因组中心向美国国立卫生研究院(NIH)的国际人类基因组计划(HGP)递交加入申请。HGP 在网上公布中国注册加入国际测序组织,中国成为继美国、英国、日本、德国、法国之后的第六个加入该组织的国家。1999 年 11 月 10 日,人类基因组计划"中国部分"(1%计划)被列入中国国家项目,并确定由北京华大基因研究中心(华大基因)牵头,国家基因组南方中心、北方中心共同参与。2000 年,中国完成了人第 3 号染色体上 3 000 万个碱基对的工作草图。近年来,国内对生物信息学的发展和人才培养越来越重视,生物信息学学科发展也如火如荼的,生物信息学的科研人员也在为申请生物信息学作为一级学科而努力。

2. 生物信息学应用领域

生物信息学的应用领域非常广泛,包括生物、医药、脑科学、植物学和神经科学等各个领域,是其研究中的方法论和工具。此外,生物信息学也在不断开发新的理论和算法,产生了如计算生物学等新兴研究领域,推动以生物信息学算法为核心的研究。

生物信息学在生物学中主要应用于基因、蛋白序列的研究。随着测序技术的不断发展,生物学研究已离不开芯片技术和第二代测序技术的支撑,通过对基因组学、蛋白质组学的分析,研究基因突变、表达以及蛋白互相调控的关系,进行生物学机制研究。

在医药领域,生物信息学主要用于对癌症等各类疾病的样本的收集整理和分析,研究疾病的发病机制和原理,识别疾病的致病基因,为人类攻克癌症等疾病提供重要的分析工具。此外,生物信息学在寻找药物靶点、筛选药物等方面为药物研发提供了重要的理论基础和帮助。

在脑神经科学领域中,科研人员利用生物信息学方法对核磁共振、脑部图像等进行分析,研究脑部疾病和神经发育的机理。

三、转录组学

1. 测序技术

测序技术(sequencing technology)对生物信息学的快速发展起着重要的推动作用。第一代测序技术即桑格测序,采用由桑格提出的双脱氧终止法,是测定 DNA 核苷酸序列的链终止法。桑格测序一直应用于 DNA 测序,是人类基因组计划的主要测序方法。桑格测序的优点是方法简单,分辨率高,读取片段长、成本低;缺点主要在于测序速度慢、通量低。

随着测序技术的发展,基因芯片技术成为重要的基因表达检测技术。基因芯片技术是将上万个核苷酸或者 DNA 作为探针,密集排布于硅片等支撑物上,将研究的样本标记后与微点阵杂交并检测基因表达。芯片技术的优点是准确率高、速度快;缺点是通量低、价格昂贵。

第二代测序技术即高通量测序(high-throughput sequencing),与传统的测序技术相比有质的飞跃。第二代测序技术利用并行处理进行聚合酶链反应(PCR)扩增,一次可以读取上万个 DNA 片段。高通量测序使得科研人员可以对样本的转录组和基因组进行更加全面的分析,不仅可以检测基因表达,还可以寻找突变位点、进行基因融合等分析。第二代测序技术的原理主要是基于 PCR 扩增,平台主要包含罗氏 454、Solexa、SOLID 等。第二代测序技术不仅降低了测序成本,还大幅提高了测序速度,准确性也较高。第二代测序技术的应用包括全基因组测序、转录组测序、表观组学测序、染色质免疫共沉淀测序和 DNA 甲基化测序等。

第二代测序技术发展的同时,第三代测序技术也在不断涌现。第三代测序技术即单分子测序(single molecule sequencing),其测序过程不依赖 PCR 扩增。第三代测序技术进一步提高了测序的读长和质量,同时进一步降低了测序成本,因此也得到了广泛的应用。

随着人类基因组计划的完成,生命科学也进入了后基因组时代。转录组学是在整体水平上研究细胞中基因转录的情况及转录调控规律的学科,其研究的对象是转录产物 mRNA、rRNA、tRNA、ncRNA 等,因此被称为转录组学。测序技术的发展为转录组学提供了更多可能。

2. 基因表达

基因表达(gene expression)是基因中的 DNA 序列经过转录和翻

译,最后生产出具有生物活性的蛋白质的过程。基因表达的第一步是将 DNA 转录成 mRNA。因此,通常所说的基因表达值指的就是 mRNA 水平的表达。基因表达的检测方法包括基因芯片和高通量测序。通过对原数据预处理最后得到基因表达矩阵。基因表达矩阵表示的是在不同条件下或者不同样本中,每个基因的表达量的高低。假设 E 是有 n 个样本的 m 个基因的表达矩阵,我们用每一行表示一个基因,每一列代表一个样本,g_{ij} 表示第 i 个基因在样本 j 中的表达,那么基因表达矩阵 E 可以表示为如下形式:

$$E = \begin{bmatrix} g_{11} & g_{12} & \cdots & g_{1n} \\ g_{21} & g_{22} & \cdots & g_{2n} \\ \vdots & \vdots & g_{ij} & \vdots \\ g_{m1} & g_{m2} & \cdots & g_{mn} \end{bmatrix}$$

基因表达矩阵可以利用矩阵的计算方法来分析和处理。基因表达矩阵可以进行归一化、降维、聚类、可视化等处理方法。对基因表达矩阵分析是个复杂而烦琐的过程。我们可以从基因表达矩阵中挖掘出隐藏在数据背后的生物学本质。这就要借助数学和统计的方法来实现。

3. 差异基因分析

基因表达是基因在不同样本或者实验条件下的表达水平。由于样本之间的个体差异或者实验条件的不同,样本细胞组织的不同基因会呈现出不同的表达状态,从而导致表达量水平不同。采用差异基因分析便可以通过比较对照组和实验组的表达量水平,找出在特定实验条件下高表达或者低表达的基因集合。

　　计算差异基因的方法非常多，具体使用取决于数据本身的分布性质。最简单的计算差异基因的方法是倍数法（fold change）。倍数法的计算结果是将每个基因实验组均值除以该基因在对照组中的均值所得到的值。假设基因 g 在实验组的表达为向量 g_A，在对照组的表达为向量 g_B。那么该基因在实验组和对照组的表达的倍数可以表示为：

$$FC = \frac{\overline{g_A}}{\overline{g_B}}$$

其中，$\overline{g_A}$，$\overline{g_B}$ 分别为基因 g 在实验组和对照组的平均表达量。若 FC 大于 1，则表示基因 g 在实验组中表达量上调；若 FC 小于 1，则表示基因 g 在实验组中表达量下调。为了方便计算，具体实践中常会将倍数取以 2 为底的对数，即 $\log_2 FC$。这样，当倍数大于 1 时，结果就会大于 0；当倍数小于 1 时，结果就会小于 0。我们可以根据倍数取完对数后结果的正负来直观地看出基因 g 的上调或者下调。而 $\log_2 FC$ 的绝对值则可以表示上调或者下调的程度，绝对值越大则变化程度越大。运用上述的计算方法便可以根据具体需要选择合适的阈值来挑选变化程度大的基因。常用的阈值可以选择 $\log_2 FC$ 的绝对值大于 1.5、2、10 等。不过倍数法的缺点是无法进行统计显著性检验，也无法根据倍数的大小知道基因是否时显著上调或者下调。鉴于倍数法主要用于识别基因上调还是下调，因此，很多情况下不会只选择用倍数法来进行差异基因分析，而是将倍数法作为备选方法之一。

通常我们根据统计学方法来寻找差异基因。统计学中计算差异的方法取决于变量本身的分布特征。对于正态分布的数据，可以用 T 检验进行差异分析。同样的对基因 g，T 检验假设基因在对照组和参照组中均服从正态分布，那么 T 检验的统计量可以表示为：

$$T = \frac{\overline{g_A} - \overline{g_B}}{\sqrt{\dfrac{S^2}{n_A} + \dfrac{S^2}{n_B}}}$$

其中，S 表示基因 g 在实验组或者对照组的标准差，n_A，n_B 分别表示实验组和对照组中样本个数。

R 语言中的 R 包 limma 是应用比较广泛的计算差异基因的方法，limma 的假设条件也是数据服从正态分布，利用广义线性模型进行拟合。limma 主要用于对基因芯片所测的基因表达进行差异分析。对于 RNAseq 数据所得表达矩阵，通常我们假设数据服从负二项分布，常见的分析工具包括 DEseq2、edgeR 等。

4. 基因富集分析

基因富集分析是对基因根据先验信息进行分类的过程。基因富集分析可以分为基因本体论富集分析和通路富集分析等。基因本体论（gene ontology，GO）是对基因根据物种、产物进行系统性的注释过程。基因本体论主要从三个角度注释基因，注释的条目称为 GO term，每个条目有唯一的识别号，该识别号由 GO 代码和数字组成。基因本体论注释的三个角度分别是生物学过程（biological process）、细胞成分（cellular component）、分子功能（molecular function)。基因通路是由基因和基因间调控关系构成的网络图结构。目前,应用最广泛的通路是由日本京都大学生物信息学中心建立的 KEGG 数据库。

基因富集分析工具大部分都具有在线分析功能,如 DAVID、AmiGO、GREAT、Webgestalt 等,用户只需提供一组基因集列表就可获取相应的富集分析结果。富集分析的显著性检验是利用超几何分布计算,假设 N 是背景基因的总数,M 是被注释到的 GO term 或者 KEGG 数据库中的基因数量,n 是给定的差异基因个数,k 是该列表中被标注到 GO term 或者 KEGG 数据库中的基因数。那么 p - $value$ 的计算公式如下:

$$p = 1 - \sum_{i=n}^{k-1} \frac{C_i^M C_{n-i}^{N-M}}{C_n^N}$$

其中 C 表示组合。通常还需要对 p - $value$ 进行多重校验修正。

富集分析的也可以利用 R 语言的函数包来完成,应用比较广泛的 R 包是 clusterProfiler 包。如图 13 - 1 和图 13 - 2 所示,分别是由 clusterPfile 绘制的 GO term 富集分析示例和 KEGG 数据库通路富集分析图示例。图 13 - 1 中横坐标表示富集的程度,纵坐标为富集的 GO term 条目,条带的颜色深浅代表富集的显著性。图 13 - 2 中纵坐标为 KEGG 数据库通路,图中的圆点颜色深浅表示显著性 p - $value$ 的程度,颜色越深表示 p - $value$ 越显著;圆点的大小表示富集到对应通路上的基因数目。

基因富集分析的缺点是只利用差异基因表达进行富集分析,而差异基因表达的选择依赖阈值选取,具有一定的主观性。因此,有

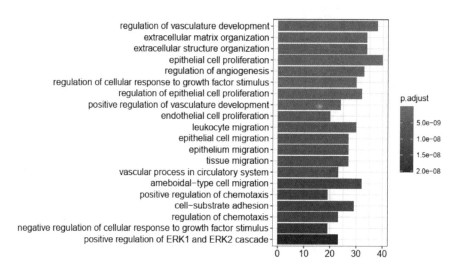

图 13‑1 GO富集分析结果示例

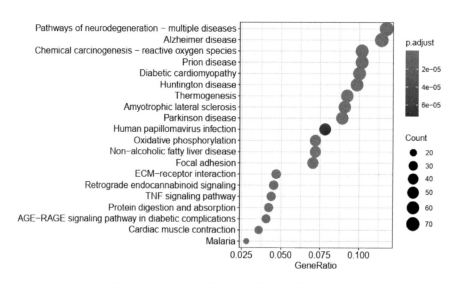

图 13‑2 KEGG数据库通路富集分析结果示例

科学家提出了基因集富集分析（gene set enrichment analysis，GSEA）的方法。GSEA 虽然不需要选取差异基因表达，但是 GSEA 需要给出基因排序或者基因的表达矩阵，并且要有对照组和实验组两个组别。GSEA 有专门的工具软件，软件首页如图 13 - 3 所示。所需要的数据包括文本格式的基因表达矩阵和 .cls 后缀的表型数据。将待分析数据直接导入并设定好参数便可自动进行分析。GSEA 运行成功后会生成相应的文件夹，文件夹包含富集图（如图 13 - 4 所示），以及结果汇总信息等（如表 13 - 1 所示）。表 13 - 1 是某个富集通路分析结果汇总信息，给出了富集的分数和归一化的富集分数、p - $value$ 以及 q - $value$。不过 GSEA 目前只针对人的基因集，因此，需要分析其他物种前还必须将该物种的基因先映射到人的同源基因中。

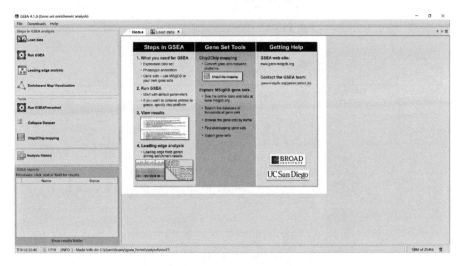

图 13 - 3　GSEA 软件首页

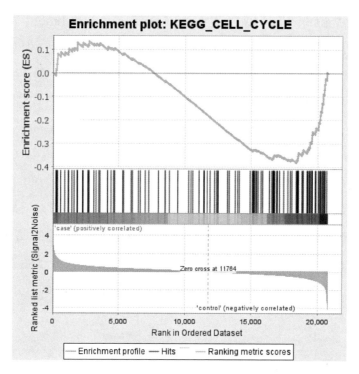

图 13 - 4 GSEA 生成的富集图

表 13 - 1 GSEA 结果汇总信息

Dataset	dataname. phenotype. cls♯case_versus_control
Phenotype	phenotype. cls♯case_versus_control
Upregulated in class	control
GeneSet	KEGG_BUTANOATE_METABOLISM
Enrichment Score (ES)	−0. 536 408 25
Normalized Enrichment Score (NES)	−1. 798 457 3
Nominal p-$value$	0. 004 484 305

续　表

FDR $q\text{-}value$	0.022 681 676
FWER $p\text{-}Value$	0.133

四、蛋白质组学

1. 蛋白质组学的概念

蛋白质组学(proteomics)是阐明生物体各种生物基因组在细胞中表达的全部蛋白质的表达模式及功能模式的学科。包括鉴定蛋白质的表达、存在方式(修饰形式)、结构、功能和相互作用等。蛋白质组学与转录组学或者基因组学相对应。从人类基因计划实施开始，生命科学的研究主要是基因组学层面，但是基因组学存在一定的局限性。基因与蛋白质之间不是一一对应的关系。一个基因可能转录翻译成不同的蛋白质，因此，在蛋白质层面各基因存在很大的差异，而在基因组层面则无法看到这样的差异。蛋白质组学研究主要通过对蛋白质结构和功能的预测、蛋白质翻译后修饰、蛋白质间相互作用等研究来解释生物学现象。

2. 蛋白质结构的预测

蛋白质具有空间立体结构，蛋白质结构的特征与蛋白质本身的功能是密切相关的。蛋白质是由氨基酸首尾相连折叠而成的多肽链。蛋白质结构的预测一直是个热门的研究课题。通过实验的方法预测蛋白质结构是比较困难的，而且耗费的人力物力比较多。随着机器学习和计算机技术的发展，人工智能预测蛋白质结构的方法逐渐兴起，为蛋白质组学研究开辟了新的章程。

五、网络生物学

1. 网络的概念

在理论范畴内，网络可以视为由变量和边构成的图模型，边代表节点之间的调控关系。假设 V 是变量的集合，E 是边的结合，那么网络 G 可以表示为 $G = \{V, E\}$。根据网络中的边是否有方向，可以进一步将网络分为有向网络和无向网络。有向网络中边的方向代表变量之间的正负调控关系，即抑制或激活。网络是生物学在 21 世纪发展出的一个非常重要的概念，在各个领域的研究中都是个热门的研究课题，包括生物、物理、工程和社交等研究。网络分为多种类型，包括社交网络，生物网络，计算机网络，电网络和通信网络等。其中生物网络可以分为蛋白质-蛋白质相互作用网络、基因调控网络、细胞信号通路网络和神经网络等。随着大数据时代的到来，网络特别是生物网络的研究也迎来了新的机遇和挑战。

2. 基因调控网络

基因调控网络（gene regulatory network）是由基因和基因之间的调控关系构成，是细胞内一组基因之间通过调控 RNA 或蛋白质而建立起来的非直接作用的关系网络。基因调控网络是生物体内很重要的网络，影响着基因表达和遗传进化。基因调控对寻找网络标记物、驱动基因、样本分类、划分模块等有很大的帮助。基因调控网络的研究能够帮助科研人员更全面地了解生物学过程,对疾病机理的研究也有重要的重用。根据基因调控网络,科研人员可以寻找疾病相关的基因标志物,为疾病机制的研究提供新的思路。通过动态网络分析,科研人员进一步提出网络标志物的概念。网络标志物相比传统的基因标志物,可将生物学过程刻画得更加清晰。

预测基因之间因果关系对于理解细胞中的生物过程发挥着关键的作用。随着第二代测序技术和单细胞测序技术的发展,从基因表达数据重构基因调控网络的研究引起了越来越多科研人员的关注。如何预测基因是基因调控网络的一项具有挑战性的工作。

3. 蛋白质调控网络

蛋白质-蛋白质相互作用(protein-protein interaction,PPI)网络是由蛋白质和蛋白质之间的相互作用关系构成的图模型。蛋白质-蛋白质相互作用网络是生物学研究中的重要网络,因此被广泛应用于生物学研究中。蛋白质-蛋白质相互作用网络涉及的是蛋白质分子层面的相互调控关系。不同的蛋白质会有一些共同的功能,在很多情况下,他们往往不是独立发挥功能的,而是两个或者多个蛋白相互联动,协同合作地发挥功能和作用,完成特定的生物学过程。这就是蛋白质-蛋白质相互作用的核心,它对细胞内的几乎所有的生物学过程都至关重要。

蛋白质-蛋白质相互作用类型大致分为蛋白质-DNA、蛋白质-RNA、蛋白质-辅因子以及蛋白质-受体等相互作用关系。一部分的蛋白质-蛋白质相互作用关系都已被科研人员发现并建立了很多数据库,以便快速查找到这些已经被证实的蛋白质-蛋白质相互作用关系。常见的蛋白质-蛋白质相互作用关系数据库有 STRING,BioGRID,MINT 等。其中,STRING 最广为人知,并且 STRING 不仅包含已知的相互作用,还可以预测蛋白质之间的调控关系。用户输入蛋白质列表,STING 数据库根据算法会给出相关蛋白质-蛋白质相互作用列表,其相关数据也可供科研人员下载。

4. 构建基因调控网络的算法

有很多方法可用于基因调控网络的建模,包括微分方程、随机模拟、信息论、通量平衡分析、图形模型等。

（1）基因共表达网络

基因共表达网络被越来越多地用于探索基因的系统级功能。基因共表达网络的构建在概念上很简单。每个节点代表基因,当相应的基因在所选择的组织样本中显著地共同表达时,那么就将这些基因的节点连接起来构成基因共表达网络。加权基因共表达网络分析是构建基因共表达网络中应用最广泛的方法,该方法基于皮尔逊相关系数来计算基因与基因之间的相关性。

对于基因 X 和基因 Y,我们可以将它们的基因表达看作两个变量,那么它们之间的皮尔逊相关系数可以表示为：

$$\rho_{XY} = \frac{Cov(X, Y)}{\sigma_X \sigma_Y}$$

其中,Cov 指的是变量协方差,σ_X 和 σ_Y 分别是基因 X 和基因 Y 的标准差。PCC 的取值为 1、-1 或 0,如果 PCC = 1 则说明基因 X 和基因 Y 存在正线性相关；PCC = -1 表示基因 X 和基因 Y 存在负线性相关;PCC＝0 表示 X 和 Y 之间没有线性关系。根据 T 检验可以计算出皮尔逊相关系数的 p-$value$ 值。给定 p-$value$ 阈值,就可以构建简单的基因共表达网络。皮尔逊相关系数是一种线性量化方法,而生物系统通常不是简单的线性系统。因此,可以选择非线性的度量方法计算基因之间的共表达关系。近年来,最常用的非线性方法主要是基于信息论的方法。

假设随机变量 X 和变量 Y 表示两个基因的表达,那么 X 和 T 之间的关系就可以通过互信息来量化。变量 X 和变量 Y 的互信息的含义是指当用变量 Y 去编码变量 X 的时候所需要的信息,反之亦然。互信息是在 KL 散度的基础上定义的。对于离散的变量 X 和变量 Y,互信息的计算方法如下:

$$MI(X;Y) = D(p(x,y) \parallel p(x)p(y)) = \sum_{x,y} p(x,y) \log \frac{p(x,y)}{p(x)p(y)}$$

其中,$p(x,y)$ 是变量 X 和变量 Y 的联合概率,$p(x)$ 和 $p(y)$ 分别表示变量 X 和变量 Y 的边缘概率。互信息取值范围在零到正无穷之间,互信息的值大于等于零,并且当且仅当两个变量是独立的情况下互信息等于零。因此,当互信息大于零时,表示这两个变量之间存在相互关系。根据这一点,便可以利用互信息作为计算变量非线性相关性的方法,相比而言,皮尔逊相关系数是计算线性关系的。

互信息和皮尔逊相关系数量化的都是间接相关性,因而,通过互信息和皮尔逊相关系数构建的基因调控网络存在大量假阳性结果。鉴于此类情况,科研人员提出利用偏相关性和条件互信息的方法量化基因之间的关系。

（2）网络去卷积

网络去卷积指的是去除网络中的冗余边，进而得到由节点之间的直接相关联组成的网络。已有科研人员利用动态相关性的方法沉默间接相关性来区别直接相关和间接相关，有研究成果也提出了用网络去卷积化的方法除去网络中的间接相关性。

细胞成分之间的交互作用限制了人们对隐藏在人类疾病背后的分子机理的理解和研究。而细胞之间的交互作用通常是基于实验数据的。例如，基因表达预测的相关性，这些相关性经常被直接路径和间接路径同时影响，所以，需要能够测量真实的关联的交互作用。科研人员利用动态相关的性质提出了一种能够沉默间接相关性的方法。该方法需要给定节点之间的相关性矩阵。目前，很多用于推断细胞功能及其物理的交互作用而设计的方法都需要依赖于一个全局反应矩阵，即：

$$G_{ij} = \frac{\mathrm{d}x_i}{\mathrm{d}x_j}$$

通过该矩阵能够计算出节点 i 的活性变化相对于节点 j 的变化。矩阵的数据可以直接从基因的敲除实验或者过表达实验中检测得到，或者间接通过相关性的度量方法，比如，皮尔逊相关系数、互信息以及格兰杰因果关系（Granger causality）等计算出。传统的预测关联性的方法是假设 G_{ij} 跟节点 i 和节点 j 之间直接连接的似然函数（likelihood function）相关。然而，G_{ij} 并不能区别直接相关性和间接相关性。因此，需要通过利用局部反应矩阵 S_{ij} 消除间接关系，即：

$$S_{ij} = \frac{\partial x_i}{\partial x_j}$$

跟 G_{ij} 相比，S_{ij} 只把局部的影响包括进去。所以 $S_{ij} > 0$ 就表明节点

i 和节点 j 是直接相联系的,即是直接相关性。S_{ij} 和 G_{ij} 之间的相关性可以通过下面的公式推导出来:

$$\begin{cases} \dfrac{\mathrm{d}x_i}{\mathrm{d}x_j} = 1 \\ \dfrac{\mathrm{d}x_i}{\mathrm{d}x_j} = \displaystyle\sum_{k=1}^{N} \dfrac{\partial x_i}{\partial x_k} \dfrac{\mathrm{d}x_k}{\mathrm{d}x_j} \quad i \neq j \end{cases}$$

从而推导得到:

$$S = (G - I + D(D - I))G^{-1}$$

有研究人员也指出,根据皮尔逊相关性、互信息等相关性度量方法计算出的网络结构通常都包含了大量的间接依赖关系,而相关性存在传递性。所以,基于消除这种传递相关性的初衷,研究人员发展并形成了网络去卷积化的理论框架。通常在研究中所观察到的相关性是直接关系和间接关系的加和。而间接相关性是由直接相关性转移多层之后的结果,即:

$$G_{indir} = G_{dir}^2 + G_{dir}^3 + \cdots$$

而 $G_{indir} + G_{dir}$ 就是网络总的相关性,即在研究中观察到的相关性。进而有:

$$G_{obv} = G_{dir} + G_{indir} = G_{dir}(I + G_{dir} + G_{dir}^2 + \cdots) = G_{dir}(I - G_{dir})^{-1}$$

因此,

$$G_{obv} = G_{dir}(I - G_{dir})^{-1}$$

由上面的推导过程不难看出,只需要获得 G_{obv},那么 G_{dir} 也就可以解出来了。G_{dir} 是研究中真正需要的节点之间的直接相关性。根据所得到的直接相关性,科研人员就可以很简单的构建直接关联的网络结构。

(3)布尔网络

布尔网络 $G(V, F)$ 是由变量的集合 $V=\{x_1, \cdots, x_n\}$ 和一组布尔函数的集合 $F=\{f_1, \cdots, f_n\}$,每个变量 x_i 都是二进制的(即 0 或 1),并且在 $(t+1)$ 时刻的值是由所有其他变量在 t 时刻通过布尔函数 $f_i \in F$ 所决定,也就是 $X_{i(t+1)}=f_i(x_{i1(t)}, x_{i2(t)}, \cdots, x_{ik(t)})$,这里 $\{i_1, i_2, \cdots, i_k\}$ 是 $\mathbf{N}^*$ 的一个子集。布尔网络模型适用于时间序列,并且变量值是 0 或者 1 的取值。布尔网络不仅可以推断变量之间的调控关系,而且能够预测下一个时间点变量的取值。表 13-2 是 3 个变量 X_1、X_2 和 X_3 分别在时间点 1,2,3,4 的值。这里可以选择线性关系作为布尔函数,并且假定系数为 0 或 1。那么根据表 13-2,可以构建如下 3 组线性方程组,对变量 X_1 构建的线性方程

$$\begin{cases} 1=a_{11} \cdot X_{11} + a_{12} \cdot X_{21} + a_{13} \cdot X_{31} \\ 1=a_{11} \cdot X_{12} + a_{12} \cdot X_{22} + a_{13} \cdot X_{32}, \ a_{11}、a_{12}、a_{13} \ \text{分别表示变量} \\ 1=a_{11} \cdot X_{13} + a_{12} \cdot X_{23} + a_{13} \cdot X_{33} \end{cases}$$

X_1、X_2、X_3 对 X_1 的调控关系。

表 13-2　变量 X_1、X_2、X_3 在时间点 1,2,3,4 的值

变　量	时　间　点			
	1	2	3	4
X_1	0	1	1	1
X_2	1	0	1	1
X_3	0	0	1	1

对 X_2 构建的线性方程 $\begin{cases} 0 = a_{21} \cdot X_{11} + a_{22} \cdot X_{21} + a_{23} \cdot X_{31} \\ 1 = a_{21} \cdot X_{12} + a_{22} \cdot X_{22} + a_{23} \cdot X_{32}, \\ 1 = a_{21} \cdot X_{13} + a_{22} \cdot X_{23} + a_{23} \cdot X_{33} \end{cases}$

a_{21}、a_{22}、a_{23} 分别表示变量 X_1、X_2、X_3 对 X_2 的调控关系。

对 X_3 构建的线性方程 $\begin{cases} 0 = a_{31} \cdot X_{11} + a_{32} \cdot X_{21} + a_{33} \cdot X_{31} \\ 1 = a_{31} \cdot X_{12} + a_{32} \cdot X_{22} + a_{33} \cdot X_{32}, \\ 1 = a_{31} \cdot X_{13} + a_{32} \cdot X_{23} + a_{33} \cdot X_{33} \end{cases}$

a_{31}、a_{32}、a_{33} 分别表示变量 X_1、X_2、X_3 对 X_3 的调控关系。

根据以上 3 个方程组带入具体数值可以推断出 X_1、X_2、X_3 之间的调控关系如下：

$$\begin{cases} X_1(t+1) = X_1(t) + X_2(t) - X_3(t) \\ X_2(t+1) = X_1(t) \\ X_3(t+1) = X_1(t) \end{cases}$$

X_1、X_2、X_3 之间调控关系可视化显示如图 13 - 4。根据调控关系，还可以预测变量 X_1、X_2、X_3 超过时间点 4 后的值，如可以计算出

X_1、X_2、X_3 在时间点 5 的值分别是 1、1、1。此时可以发现，在时间点 4 以及后续时间点，变量 X_1、X_2、X_3 的取值分别一直为 1、1、1。这是其实表示的是变量 X_1、X_2、X_3 的一个稳定状态，可称（1，1，1）为变量 X_1、X_2、X_3 所组成的布尔网络的吸引子，代表网络系统随着时间趋于稳定。通过对吸引子的分析可以研究网络的动态性质，根

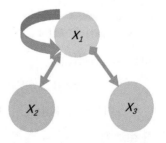

图 13 - 5 根据布尔网络推断 X_1、X_2、X_3 之间的调控关系

据动力学分析探索生物系统现象背后隐藏的本质。

六、生物信息学数据资源

对生物信息学科研人员来说,最难获取的资源便是实验数据,不管是开发新的算法还是新的软件,都需要利用真实的实验数据来验证算法和软件的效果和准确性。而生物信息学的研究很难获得第一手的实验或者临床数据,如基因表达、蛋白质表达、代谢、基因突变以及癌症患者和正常样本的对比数据等。幸运的是,科研人员建立了多种生物大数据共享平台,大部分是免费向科研人员开放的,科研人员可以根据需求下载各类数据并进行数据挖掘或者是用于算法的验证。这些生物大数据共享平台中常见的生物数据库网站有:

1. GenBank 数据库

GenBank 是美国国家生物技术信息中心(National Center for Biotechnology Information,NCBI)的基因序列数据库,注释、收集了几乎所有公开获取的 DNA 序列。GenBank 数据库是国际核算序列数据库合作协议的一部分。GenBank 数据库旨在为科学界提供和获取最新和全面的 DNA 序列信息。因此,NCBI 对 GenBank 数据库的使用没有限制。

在 GenBank 数据库中搜索数据的方式主要有:

用 Entrez Nucleotide 搜索 GenBank 数据库中的基因序列标识符和注释;

使用 BLAST(Basic Local Alignment Search Tool)搜索 GenBank 数据库中的基因序列并将其与查询序列比对;

使用 NCBI e-实用程序以编程方式搜索、链接和下载序列。

2. 癌症基因组图谱(TCGA)

癌症基因组图谱(the cancer genome atlas，TCGA)。癌症基因组图谱(TCGA)利用 12 年的时间收集、表征和分析了超过 1.1 万名癌症患者的样本。TCGA 的数据量超过 2.5 Pb，包含基因组、表观基因组、转录组和蛋白质组等组学数据。

TCGA 的数据可以通过基因组数据共享(GDC)数据门户网站获取(图 13-6)。TCGA 的数据包含 28 个主要身体部位的数据，涵盖了 30 多个癌症类型。其数据类型包括 RNA-seq、基因表达、单核苷酸变异、拷贝数、DNA 甲基化、患者临床信息等，用户可在数据门户网站下载、分析数据。

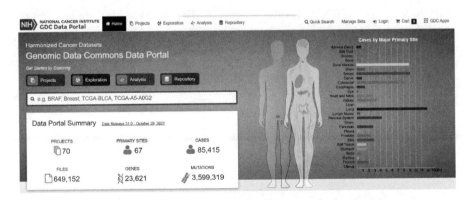

图 13-6 基因组数据共享(GDC)数据门户网站界面

3. 国际癌症基因组联盟(ICGC)

国际癌症基因组联盟(International Cancer Genome Consortium，ICGC)。ICGC 是在 2008 年成立的为全世界的癌症基因组科研人员提供共享资源平台的国际组织。目前,ICGC 的数据库包含了来自全球 50 种癌症类型或亚型的大规模癌症基因组研究数据和成果。ICGC 的数据库整合了 TCGA 数据,是更全面的癌症数据库。ICGC 的数据库相比于 TCGA 的信息更加完善,数据来源更加多元。该数据库有来自美国、中国、法国等 16 个国家的患者样本,科研人员不仅可以根据癌症类型筛选数据,还可以根据国家选择数据筛选,这些癌症数据涵盖人体 22 个部位,有超过 35 个大类的肿瘤样本和 11 种数据类型。

4. 基因型-组织表达(GTEx)

基因型-组织表达(GTEx)项目旨在建立一个综合性的公共资源,研究组织特异性基因表达和调控。其数据是从近 1 000 人的 54 个非病变组织部位采集的样本,主要用于分子分析,包括 WGS、WES 和 RNA‐Seq。剩余样本可从 GTEx 生物样本库获取。GTEx 的数据库门户网站提供了包括基因表达、数量性状基因座和组织学图像等公开数据。

思考与练习

1. 什么是生物信息学? 生物信息学主要研究哪些内容?

2. 如何进行差异基因分析? 差异基因分析有哪些方法?

3. 什么是基因富集分析? 基因集富集分析与一般的基因富集分析有什么区别? 如何解读基因富集分析?

4. 什么是基因调控网络?

5. 构建基因调控网络的算法有哪些?

6. 常见的癌症数据库有哪些?

本章参考文献

[1] 蔡禄编著.生物信息学教程[M].北京：化学工业出版社,2007.

[2] 刘娟主编.生物信息学[M].北京：高等教育出版社,2014.

[3] 陈铭主编.普通高等教育"十三五"规划教材 生物信息学 第 3 版[M].北京：科学出版社,2018.

[4] Zhao J，Zhou YW，Zhang XJ，et al. Part mutual information for quantify directed associations in networks. *Proceedings of the national academy of sciences of the United States of America*. 2016；113(18)：5130 – 5135.

[5] Shi JF，Zhao J，Li TJ，et al. Detecting direct associations in a network by information theoretic approaches. *Science China-mathematics*. 2018；62(5)：823 – 828.

[6] Zhang XJ，Zhao XM，He K，et al. Inferring gene regulatory networks from gene expression data by path consistency algorithm based on conditional mutual information. *Bioinformatics*. 2012；28(1)：98 – 104.

[7] Xiujun Zhang, Juan Zhao, Jin-Kao Hao，et al. Conditional mutual inclusive information enables accurate quantification of associations in gene regulatory networks. *Nucleic acids research*. 2015；43(5)：e31.

[8] Langfelder P，Horvath S. WGCNA：an R package for weighted correlation network analysis. *BMC Bioinformatics*. 2008；9(1)：1 – 13.